环境保护与生态污染防治

李晓东　庄志鹏　魏晓兰　著

吉林科学技术出版社

图书在版编目（CIP）数据

环境保护与生态污染防治 / 李晓东 , 庄志鹏 , 魏晓
兰著 . -- 长春 : 吉林科学技术出版社 , 2024.3
ISBN 978-7-5744-1119-7

Ⅰ. ①环… Ⅱ. ①李… ②庄… ③魏… Ⅲ. ①环境保
护—研究②环境污染—污染防治—研究 Ⅳ. ① X

中国国家版本馆 CIP 数据核字 (2024) 第 062495 号

环境保护与生态污染防治

著	李晓东　　庄志鹏　魏晓兰
出 版 人	宛　霞
责任编辑	郝沛龙
封面设计	刘梦杏
制　版	刘梦杏
幅面尺寸	185mm×260mm
开　本	16
字　数	324 千字
印　张	16.75
印　数	1~1500 册
版　次	2024年3月第1版
印　次	2024年12月第1次印刷

出　版	吉林科学技术出版社
发　行	吉林科学技术出版社
地　址	长春市福祉大路5788 号出版大厦A 座
邮　编	130118
发行部电话/传真	0431–81629529 81629530 81629531
	81629532 81629533 81629534
储运部电话	0431–86059116
编辑部电话	0431–81629510
印　刷	三河市嵩川印刷有限公司

书　号	ISBN 978-7-5744-1119-7
定　价	98.00元

前　言
PREFACE

随着人口的快速增长及社会经济的迅猛发展，人类对资源的需求量逐渐增大，资源过度利用及开发方式不合理的现象频发，使得原本自然环境较差的地区在受到外界的干扰后，自然调节及恢复能力更差。日益严重的生态环境问题已成为社会发展的绊脚石。

作为发展中国家，我国正面临着发展经济和保护环境的双重任务，并且在全面推进现代化建设的过程中将保护环境作为基本国策之一，把实现可持续发展作为一项重要战略。同时，随着我国可持续发展战略的实施，与之相关的法律法规也应同步匹配，基于此，有必要对生态环境保护与环境法进行研究。

随着我国经济快速发展，生态环境问题也越来越被重视。近年来，生态环境保护逐渐成为我国社会日益关注的话题。为了平衡生态环境保护与发展之间的关系，我国均投入了大量的精力，在水环境、大气环境、土壤生态、固废管理及环境风险等方面都采取了一系列举措。为保障发展的可持续性，我们有必要对城市生态环境中的典型问题进行分析，为可持续发展提供相关建议。

对城市生态环境的保护需要在减轻经济压力、减少生态文明建设与经济发展矛盾的前提下，开辟出生态建设的空间，进行生态系统的搭建。在此过程中，不仅要构建生态模式，还应注意生态的可持续发展，结合短期的生态计划与长远的生态建设目标，分析如何因地制宜地开展生态保护。

本书围绕"环境保护与生态污染防治"这一主题，以生态环境保护为切入点，由浅入深地阐述生态环境保护的重要性与发展历程、生态环境污染与防治生态环境保护与可持续发展，并系统地分析了环境保护总体规划理论及技术方法、生态污染机理、生态污染防治技术等内容，诠释了大气污染物控制技术、环境应急管理发展等理论，以期读者理解与践行环境保护与生态污染防治技术。本书内容翔实、条理清晰、逻辑合理，兼具理论性与实践性，适用于从事相关工作与研究的专业人员。

最后，限于作者水平，本书难免存在一些不足，在此恳请读者批评指正！

目　录
CONTENTS

第一章 生态环境保护概述

第一节 环境及其组成

一、环境的概念

（一）环境

人类的产生和发展，依赖于自然环境为人类提供的必要的物质条件。18世纪哲学家孔德把环境系统概括起来，称为"环境"；19世纪社会学家斯宾塞把环境概念引入社会学。20世纪60—70年代，环境科学逐渐脱离多个学科而形成独立的学科体系。当代环境科学研究的环境范畴，主要是指人类的生存环境，可以概括为："作用在以人为中心客体上的，一切外界事物和力量的总和，既包括自然因素，又包括社会因素和经济因素。"法律规定的环境是以人为中心的自然因素和人为因素的总体。《中华人民共和国环境保护法》第二条明确规定："本法所称环境，是指影响人类生存和发展的各种天然的和经过人工改造的自然因素的总体，包括大气、水、海洋、土地、矿藏、森林、草原、湿地、野生生物、自然遗迹、人文遗迹、自然保护区、风景名胜区、城市和乡村等。"环境地球物理学涉及的环境是以人类为中心的各种天然和经过人工改造的自然因素，包括岩石圈（土壤）、水圈、生物圈、大气圈，直至宇宙空间。

（二）人居环境

关于人居环境的含义，不同的学者从不同的视角对其做了具体阐释。在人居环境研究的萌芽阶段，道萨迪亚斯在20世纪中期创立了人类聚居学。他清晰明确地指明人类聚居涵盖自然、人类、社会、建筑、支撑网络五个元素。基于此我国建筑师吴良镛提出了"人居环境科学"，将人居环境定义为：人居环境是人类聚居生活的地方，是与人类生存活动密切相关的地表空间，它是人类在大自然中赖以生存的基地，是人类利用自然、改造自然的主要场所。从范围上可以简化为全球、区域、城市、社区（村镇）、建筑五大层次。

　　广义的人居环境是指人类的居住系统，由物理环境、社会环境和经济环境三部分组成。狭义的人居环境特指人的生产生活的空间，包括日常活动场所、社交场所和与自然接触的空间。除此之外，不同领域的学者从不同角度进行了分析。从资源意义上来说，人居软环境包括社会经济发展水平、教育和医疗服务、信息化程度等；人居硬环境包括住房条件、交通出行便利程度、基础设施等。从生态美学意义上来说，人类居住的环境除了要满足基本的起居需求，还要在建筑风格上满足人们的审美需求。概而言之，人居环境指的是人类赖以生存的自然地理环境、居住环境和社会文化环境的总称。其涵盖人类居住环境卫生、居住条件、公共基础设施、教育和文化基础等各方面。

（三）生态环境

　　"生态环境"这一汉语名词最早由英语单词"ecotope"翻译而来。若以生物为主体，生态环境可定义为"对生物生长、发育、生殖、行为和分布有影响的环境因子的综合"；若以人类为主体，生态环境可定义为"对人类生存和发展有影响的自然因子的综合"。生态环境质量是指生态环境的优劣程度，是由相互制约、相互联系的各种污染要素与社会要素构成的综合体，反映实现绿色发展、可持续发展成为全世界学者共同的研究话题。

　　基于不同的学科和角度，生态环境主要分为两种概念：一种是空气、水资源、土壤等纯粹自然的生态环境，另一种是生物活动与自然生态因子的一种互动关系，代表的是人为影响的生态因子。生态环境代表的不仅仅是一种自然环境，在一定程度上更是一个整体。但对于不同的主体，生态环境有不同的含义，当围绕人类活动展开研究时，生态环境更多的是指与人类活动息息相关的，在一定范围内空气、土壤、动植物、水源等组成的整体的生态环境系统。随着经济社会的发展，从不同角度研究生态环境时，又有广义和狭义之分，广义上的生态环境包括人类生态环境、动植物生态环境等，主要是指对生物的成长产生影响的生态因子的总和。从狭义上来说，城市生态环境是指与城市主体有关的生态环境，以及与人类活动直接相关的环境因子的总和。城市是人类活动的主要聚集地，城市中各类主体之间的生态关系是十分复杂的。城市生态环境主要是指人类的工作、社会生产、城市的建设等对自然环境的改造活动，是以人为中心的生态环境。

二、环境的组成

　　环境通常分为自然环境与社会环境。自然环境指未经过人的加工改造而天然存在的环境，包括人类生存的空间及其可以直接或间接影响人类生活和发展的各种自然因素，同时给人类提供保障健康的一些自然条件，如适时适宜的光照、干净的大气等。这些对维持正常的代谢、调整体温、提高免疫力、促进成长发育具有重要作用。但其中也存在很多危害人类身体健康的因素，如自然灾害、恶劣的天气、威胁人类安全的飞禽走兽、自然存在的化学物质、地壳运动以及自然存在的放射性物质，等等。伴随社会的发展，人类不断地改造自然环境，预防各种恶劣的环境和不利因素，但还是有很多危害是我们人类不能控制的。

自然环境按环境要素可分为大气环境、水环境、土壤环境、地质环境和生物环境等，主要指地球的五大圈——大气圈、水圈、土圈、岩石圈和生物圈。

环境科学所研究的社会环境是人类在自然环境的基础上，通过长期有意识的社会劳动所创造的人工环境，它是人类物质文明和精神文明发展的标志，并随着人类社会的发展不断丰富和演变，是经过人的加工改造所形成的环境或人为创造的环境。人工环境与自然环境的区别，主要在于人工环境对自然物质的形态做了较大的改变，使其失去了原有的面貌。

社会环境受自然的规律以及经济、社会规律的制约。其发展的质量代表着人类物质文明及精神文明的成熟程度。

第二节　生态环境保护的重要性与发展历程

一、生态环境保护的重要性

（一）生态环境保护与治理的必要性

处理与生态环境之间的关系是人类生存和发展的必修课。相较于人类社会，自然界的复杂性有过之而无不及。自然界在为人类提供生产和生活资料的同时，其反噬效应理应引起人类对自然生态的敬畏之心。全球生态保护与治理的必要性首先表现为当前人类社会所面临的生态环境形势使然。近年来，许多因为人类活动的不当而引发的自然灾害愈发频繁。地震、山洪、泥石流以及传染病等区域性或全球性事件频发，其所造成的各方面损失难以估量。

全球生态保护与治理的必要性还表现为世界各国重新反思工业化发展道路的需要。产业革命后，西方工业化道路主导全球经济的发展。在"人类主宰自然"观念的引导下，人类为发展经济不得不以牺牲自然环境为代价。相对于经济增长的可观绩效，环境破坏不过是在所难免的小问题，人们甚至认为环境是经济收入增加后才会被需要的奢侈品。随着工业化的全球扩张，过度开发利用自然资源不仅造成了经济发展的不可持续，还极度恶化了人类的生存环境。以"征服自然"为口号的经济增长模式将人与自然武断割裂，生态系统的强烈报复使得传统的工业化发展道路难以为继。人与自然是生命共同体，人类必须尊重自然、顺应自然、保护自然。人类只有遵循自然规律才能有效防止在开发利用自然上走弯路，人类对大自然的伤害最终会伤及人类自身，这是无法抗拒的规律。工业化的发展道路将自然进行绝对的商品化，这种只关注短期经济效益的短视行为严重忽视了长期的发展后果。实际上，自然资本对经济的持续增长至关重要，保护和增加自然资本对国家和全球发展战略而言都是极其重要的。

宇宙只有一个地球，人类共有一个家园，没有任何一个主权国家能够单枪匹马地应对全球性的生态问题。正是由于生态环境问题的这一基本属性，我们在根本上呼吁全球性的"协同"治理。理论的论证和历史的经验均已表明，当国际体系处于"混沌点"的时候，对未来前景具有关键形塑作用的抉择通常意义重大。当代国际体系转型的特征之一，是国际体系自主性的式微，并正在走向一个各领域、各层次都空前相互依存的"协作式"国际体系。全球的繁荣稳定要求世界各国同舟共济、共渡难关。

全球生态保护与治理需要世界人民的集体智慧与共同实践。充分发挥世界各国政府和人民以及各类国际关系行为体的积极性、主动性和创造性，对于人类命运共同体的成功构建具有重要意义。

（二）生态环境保护对我国发展的重要性

改革开放以来，在经济持续高速增长的同时，中国的生态问题也日益凸显，生态环境的日趋恶化严重制约了中国经济的可持续发展。随着中国特色社会主义进入新时代，中国加快了生态文明建设的步伐，从借鉴西方发达国家生态保护与治理的经验，到积极参与全球生态治理，再到提出并践行"人类命运共同体"的理念，中国始终秉承交流互鉴、共建共治、互利共赢的生态治理理念，与各国建立双边或多边环境保护关系，不断引领国际生态合作。中国不仅在自身的生态文明建设中取得了辉煌的成就，而且也为推动全球生态治理提供了中国智慧和中国方案。作为全球影响力日益提升的发展中大国，中国在全球生态保护与治理中发挥着越来越重要的作用，并正以积极的姿态主动参与全球范围内的各种环境保护与生态治理活动，严格履行自身在全球生态治理中的职责，与各国分享自身的治理经验，成为构建人类命运共同体的主要推动力量。

绿水青山就是金山银山。"我们既要绿水青山，也要金山银山"是在环境保护的基础上发展经济；"宁要绿水青山，不要金山银山"是在选择上突出了理论的重点；而且"绿水青山就是金山银山"也已经表明中国生态环境保护的思路。"绿水青山就是金山银山"生动形象地阐述了经济与环境之间的辩证关系，为美丽中国建设和生态文明建设提供了理论指导和思想指引。"绿水青山就是金山银山"不仅有重大理论价值，也具有实践意义。同时我们也应看到，"绿水青山"和"金山银山"的关系并不是完全对立的，如何调整"两山"之间的关系，主要在于调整发展思路，改变发展模式。经济发展不能完全依赖于破坏生态环境，不能竭泽而渔；而生态保护工作也不能完全舍弃经济发展，要追求"两山"之间的均衡发展，坚持新发展理念，深刻认识生态环境的重要性，要有意识地保护生态环境，改善生态环境。经济的快速发展不能以牺牲生态环境为代价，我们要坚持新发展理念，加强对生态环境的保护，让良好的生态环境成为经济发展的动力，成为人民幸福生活的支点。

二、生态环境保护的发展历程

（一）国内生态环境保护的发展历程

当人们使用自然资源的个体或集体行为造成生态环境退化，威胁到生态系统的可持续性，产生了影响人类福祉的副作用后，生态环境治理引起了人们的广泛关注。

受国内社会发展阶段和国际形势的影响，1973年第一次全国环境保护会议的召开拉开了中国环境治理事业的序幕。基层环境治理实践的起步同中央层面相比更为迟缓些，一度存在摇摆反复或持观望态度的情况。尽管1974年国家级环保机构即国务院环境保护领导小组办公室成立，环境保护被正式列入政府职能范围，而后中央层面机构的沿革从环保办到部门内的环保局再到国家环保局，国家层面的制度和法律相继颁布，但是，直到1984年国务院印发的《关于环境保护工作的决定》明确要求各级地方人民政府成立相应的环保机构，全国范围内直抵基层的环保职能部门才陆续建立并固定下来。1989年试行十年的《中华人民共和国环境保护法》正式颁布，根据该法规定，基层人民政府对本辖区内的环境质量负责。1996年《国务院关于环境保护若干问题的决定》进一步要求实行"环境质量行政领导负责制"，明确了基层行政领导的环保责任。

党的十九大报告提出了构建"共建共治共享"的社会治理理念和"人与自然和谐共生"的生态文明建设理念。在此背景下，各级政府对生态环境保护的认识逐渐加深、保护力度逐渐加大、举措逐渐落实、推进速度逐渐加快、成效逐渐变好。但我国面临的生态环境治理任务仍很艰巨，特别是跨区域生态环境治理问题，仍未得到彻底解决。

生态环境治理实质上在于引导和激励人类的行动，避免环境污染和生态退化等后果，最终实现生态环境的保护与可持续发展等。特别是环境变化的成本和收益难以平等地分配在行为体之间，带来了环境结果的受益者与受损者，这种结果的产生往往同既有的社会结构和权力格局相关又将不可避免地放大或缩小现存的社会和经济不公。

专门致力于处理环境问题的治理体制即环境体制，涉及包括权利、规定、决策过程等在内的一系列制度安排。具体而言，常见的环境问题包括直接涉及环境资源开发利用的集体行动问题、环境副作用的外部性问题、由治理体系决定的分配问题等。命令、控制型管制、环境税、交易许可证、自愿协议等手段都在环境治理工具箱中。

（二）国内环境保护的治理方向

1.多元治理

从现有文献来看，学者们对"多元治理"基本内涵的理解并不统一，存在一些细节上的差异，但就最根本的治理主体问题和治理手段问题，基本达成了共识。一方面，多元治理的主体是多元的，不仅包括政府，还包括社会组织、市场组织、社会民众等；另一方面，多元治理的手段是复合的，比如在公共物品供给方面，除了政府通常采用的行政手段和市场手段，还存在市场组织采用的市场手段，还有社会组织采用的市场手段以及社会动员手段。从多元治理的内涵本质来看，政府作为唯一主导力量的行政管理体制的合理性被彻底打破，政府把部分公共物品供给的职责给了市场和社会，并得以从繁杂的事务中解脱出来，更好地发挥全局性统筹协调的作用；公民由政府行为的相对方转为参与社会治理，公民与政府的关系转为管理与被管理、服务与被服务、监督与被监督的多重关系；社会治理责任承担方式也由政府单方面承担转向政府、市场和社会共同承担。共治的思想由来已久，其实践也遍布多个领域。

多元共治在国家治理体系和治理能力现代化的背景下被提出，又被赋予了更为丰富的内涵，它是一个多维的概念，包括以下几点。

（1）治理主体多元。具体包括哪些主体，不同的学者理解也不相同，其中，执政党、政府、人大、政协、司法机关、人民团体、社会组织、企业组织、大众媒体、民众等都被不同的学者纳入共治的主体中来，但诸多研究都将众多主体概括归纳为政府、市场、社会三大类。

（2）共治方式多元。诸如不同主体间的对话、协商、集体行动、竞争、合作等皆为共治的方式，其中公私合作是多元共治的主要方式，这种方式是对传统方式的极大突破。

（3）共治客体多元。如宏观方向的政治、经济、文化等治理，追求单一片面的经济治理，可能导致经济治理与政治、文化治理相脱节，进而产生严重的社会问题；微观亦是如此，共治客体的多元强调了协同的重要性。

（4）共治结构多元。无论是国家、社会还是家庭，任何组织结构都需要治理，且治理因结构不同而不同。比如，纵向结构更注重系统治理，而横向结构更注重组织与区域治理，且治理结构往往被认为能够反映多元治理的本质特征。

部分学者对多元治理和多元共治两个概念的认知比较笼统，甚至认为两个概念的内涵和外延完全重叠。实质上，多元治理与多元共治是两个不同的概念。多元治理更强调治理主体的多元化，而多元共治显示了更为宽泛的维度，不仅强调主体的多元化，还强调方式、对象、结构的多元化。多元治理和多元共治所反映和聚焦的社会关系并不相同,多元治理更多地关注同类治理主体之间或非同类治理主体之间的关系,如府际关系、政企关系、政社关系;多元共治在关注治理主体间的关系以外,还关注国家公权力和民间私权利的关系、国家法律与民间规范的关系、自主治理与共同治理的关系等。由此,多元共治是比多元治理内涵更丰富、外延更广阔的概念。多元共治概念的提出也更加适合当前国家治理体系和治理能力现代化的时代要求。

党的十九大提出的"生态环境多元共治"是基于治理理论的环境治理新理念,其实质是对政府、企业、社会公众进行深层次的统合,并以此构建多主体参与、负责、共享的生态环境治理新格局,它更强调治理主体的多元特征和协同特征。生态环境多元共治理念的提出为解决日益复杂化的环境治理问题提供了新的方向。从历史演进的角度来看,构建生态环境多元共治机制既是我国新发展阶段应对长期性、全局性、复杂性生态环境问题的客观反映,也是克服单一治理弊端进而推进和实现生态环境治理现代化的必然要求。

在特定的体制环境下,我国长期保持了以政府为主导的单一化管制型环境治理方式,主要是采用带有刚性特征的行政命令手段对环境主体行为进行严格规制。这种单一化、强制化的干预对环境污染末端治理较为有效,但对更倾向于环境风险防控的治理新理念而言,"政府权威治理"的方式不但增加了政府治理的成本,而且制约了企业、公众参与环境治理的能动性。在背景下,政府加强与企业、公众等多元主体的合作便成为一种现实选择。

生态环境资源作为公共物品具有公共性、外部性和整体性特征,公共性特征意味着所有社会主体都置身于环境之中,都应秉承保护和治理环境的责任,因而生态环境治理需要不同社会主体的参与;外部性导致了市场机制调节失效,需要多元共治的制度设计来促使不同治理主体沟通、协调、互动,并在环境政策实施过程中互相配合、协同推进,促使外部性内部化;整体性决定了生态环境不能人为划分份额和独立占有,环境保护和治理必须按照自然生态的整体性、系统性及其内在规律要求,进行整体保护、系统修复和综合治理。由此,环境多元共治必然成为环境外部性内部化处理的最佳选择。

2.跨域环境治理

跨域治理理念是对组织理论、公共选择理论、新区域主义以及新公共管理理论的整合创新。在国内外关于跨域治理的学术研究当中,学者们对"域"的理解和界定并不统一。国外的文献当中,与跨域治理相关的概念有"区域治理""都会区治理""广域行政""整体政府""协同政府""跨部门协作""网络化治理""复合辖区""多中心治理"等,但以"跨界治理"为题进行表述的文献居多;国内的多数文献则把对跨域治理的基本内涵理解作为研究的逻辑起点,促成了"地理域"与"组织域"的认知分野。以李长宴等为代表的学者将跨域治理视为跨越不同范围的行政区域,建立协调、合作的治理体制，以解决区内地方资源与建设不协调的问题。这种"地理域"视角下的跨域治理定义强调跨域治理要件，突出跨域治理中的地理域或界线，但未论及跨域治理兴起的缘由以及跨域治理的目的。以张成福等为代表的学者提出，跨域治理是指两个或两个以上的治理主体，包括政府（中央政府和地方政府）、企业、非政府组织等，基于对公共利益和公共价值的追求，共同参与和联合治理公共事务的过程。这种"组织域"视角下的跨域治理定义强调了政府、市场、社会等多元主体之间互动谈判、协商合作并实现共同治理的内在关系，这种关系可能基于法律授权、地理毗邻、业务相似或者治理客体的特殊性，与地理（行政区）界线并无必然的关联。在这两种认知以外，学者丁煌、马奔等认为，"为应对跨区域、跨部门、跨领域的社会公共事务和公共问题，政府、私人部门、非营利组织、社会公众等治理主体需携手合作建立伙伴关系，综合运用法律规章、公共政策、行业规范、对话协商等治理工具，共同发挥治理职能"，他们试图建立一个融合"地理域"与"组织域"特征的"整合域"分析框架。以上这些方面的理解认知也为跨域环境治理研究视角的选择提供了根据。

第三节　生态环境污染与防治法

一、大气污染与防治法

（一）大气污染主要危害

1.影响人体健康

大气污染对人体健康造成的影响是多方面的，主要表现为呼吸道疾病和生理机能障碍，尤其是工业生产排出的废气、烟尘，含有大量二氧化碳、一氧化碳、二氧化硫等物质。人们吸入这些污染物质以后，会对身体健康造成极大的不利影响。

大气污染物以$PM_{2.5}$居多，这些颗粒小到可以无视人体器官的层层阻挡进入人体的肺部和血液，引发严重疾病。据研究表明，空气中$PM_{2.5}$的浓度每升高$10\mu g/m^3$，患呼吸和肺部疾病的概率就会增加1到10个百分点，因心血管疾病死亡的概率就会升高1.19倍。另外，因大气污染产生的硫化物、氮氧化物、碳氧化物和臭氧均会不同程度地对人体造成损害，全球每年将近400万过早死亡的人群中，有18%是因肺疾病和呼吸道感染所导致的，有6%是因肺癌所导致，这与大气污染的加重有着很大的联系。

2.影响植物生长

二氧化硫、氟化物等对植物生长的危害较为严重，当这些污染物浓度较高时，植物叶子的表面会产生伤斑或枯萎脱落；当污染程度较低时，植物也会在慢性伤害中出现生理机能障碍，在降低产量的同时，品质也会急剧下降。

3.影响天气和气候

大气污染对天气和气候带来的不利影响，主要通过减少到达地面的太阳辐射量、增加大气降水量、升高大气温度等实现。尤其是在工业城市烟雾不散的日子里，到达地面的太阳辐射量急剧减少，对人和动植物的生长发育会产生不利影响；而污染物二氧化硫经过氧化形成硫酸后，伴随雨水降落，会对森林、农作物造成严重损坏；大量废热排放到空气中形成的热岛效应，也是全球变暖的主要原因。

4.影响交通出行

大气污染物主要以细颗粒物为主，这是产生雾霾的最直接原因。每年冬天随着集体供暖的开始，不少城市都会受到雾霾的影响，对交通造成了严重的影响，高速公路因严重的雾霾天气不得不关闭，频繁的封路和限行使得企业和居民的生产生活都受到不同程度的影响。严重的雾霾使得能见度非常低，增大发生交通事故的概率。雾霾不但导致交通不便，更会影响居民的出行。

（二）大气污染防治存在的问题

1.防治手段不科学

大气污染防治要想取得理想效果，需要多种技术手段从旁提供支持，以推动污染防治工作高质量完成。然而，从实际情况来看，开展大气污染防治工作所采用的技术手段及措施还不够科学合理，并且技术方法的运用也缺乏系统性，使得污染防治效果大打折扣。

2.防治机制不健全

一套完善的防治机制可以为防治工作有条不紊地进行提供有力指导，相应污染源监管的精准性和防控针对性也能得到可靠保证。但实际上，目前不健全的防治机制在降低大气污染防治工作成效的同时，还制约了该项工作的健康发展。

3.政府监管不到位

在省政府层面，环保厅和省气象局等部门的协调能力不足且缺乏专业的监管能力。省政府将监管任务向下级政府传达时，各相关政府部门权责不清，加上治理的范围较大，严格监管很难做得面面俱到。

（三）环保税法规制大气污染

1.我国环保税法治理大气污染的困境

（1）环保税税率设置不够清晰合理。环保税是指通过价格机制将污染的外部成本内化为企业的生产成本，从而推动企业节能减排，实现经济绿色发展。其中，环保税的税率标准是企业税负水平的标志，也是经济发展和环境保护的平衡器。若税率过高，虽有利于环境保护，但企业负担过重，抑制其扩大生产和改革创新的活力，阻碍了经济发展和人民生活质量的提高；若税率过低，虽有利于经济短期繁荣，但过低的污染成本使得企业缺乏节能减排、转型发展的动力，加重了污染对公众健康的威胁，阻碍了经济社会的可持续发展。

环保税税率标准的设置是否清晰合理直接决定了环保税能否有效发挥其环境经济效应，以及能否实现环保税法保护环境、促进社会可持续发展的目的。税率设置是环保税立法的关键，也是测度其效应的核心。目前，我国环保税税率设置在立法和实践中主要存在的问题有：第一，《中华人民共和国环境保护税法》对应税污染物税额标准的规定不够清晰；第二，在实践中，地方政府具体设置的环保税税率也不够合理。

（2）环保税收益在分配和使用中存在的问题。环保税作为一种典型的调节税，主要功能是通过税收杠杆调控企业的污染行为，促进企业节能减排和绿色生产。但作为一种普通税收形式，其也是政府筹集环保资金的重要手段。环保税收益的纵向分配是否合理及税款能否专款专用是落实环保税基础理论，即"污染者负担"原则的关键。根据相关规定，我国环保税收入全部归地方政府所有，这是鼓励地方环境自治和健全地方税体系的有效举措，实践中却阻碍了大气污染的跨区域、跨部门协同治理。另外，法律法规也未对各省及省级以下地方政府如何分配环保税收入及收入如何使用作出明确规定，导致实践中地方政府无法科学合理地配置权利以及有效使用环保税收益，进而影响环保税环境经济效应的有效发挥。

2.我国环保税法治理大气污染的对策

（1）计税方法合理化设置。要解决科学设置环保税税率的问题，需要先明确环保税的立法目的。手段为目标服务，只有目标清晰，才可谈论手段。然而，环保税法关于立法目的的规定较为死板，有必要对其含义进行讨论澄清，然后才能据此讨论计税及征管方法。

（2）污染物排放量监测机制的完善建议。除计税方法之外，有效的排放量监测机制，对于环保税法的落实至关重要。目前，环保税征缴环节也存在一些问题，特别是污染物排放监测机制薄弱，导致漏征、少征情况普遍，影响了环保税法的实施效果。要解决上述问题，首先，需要明确环保部门和税务部门的职责分工。其次，无论由哪个部门具体承担该项职责，都需要根据实际监测成本，加强必要的经费支持。最后，应加大对企业和第三方检测机构偷排、虚报监测数据等行为的处罚力度，增加其违法成本，以弥补执法成本的不足。

二、水污染与防治法

（一）水污染现象

1.地下水污染

我国地下水质量状况虽有提高，但总体情况不容乐观，仍面临较为明显的污染问题，对防治工作的开展提出了更高要求。实践中导致地下水污染问题发生的主要原因如下：

（1）农业区和城市周边地区地下水氮污染较严重。由于农药、化肥的不合理使用，其在地表会存在一定的残留，然后以污水的形式渗透到地下水中，对其造成污染。

（2）工业密集区监测到的有毒、有害、有机污染物。工业固体废物未采取有效的贮存或处置措施，甚至有些企业通过逃避监管的方式偷排废水，直接或间接地污染了地下水。

（3）其他风险源。部分垃圾填埋场的渗滤液、加油站渗漏严重等都会污染地下水。地下水与地表水之间相互渗透、相互转化的特点，不仅对地下水具有保护作用，对地表水的污染防治也有重要作用。河流、湖泊或近海等地表水体的污染会影响到地下水；被污染的地下水也会渗透到河流、湖泊或近海等水体中，成为地表水体污染的来源之一。为了能够有效地控制和治理地表水体的污染，应构建切实可行的防治体系，确保具体的作业计划执行状况良好。

2.地表水污染

地表水常见污染物及其特点如下。

（1）营养物质污染。水体富营养化主要出现在湖泊、水库以及城市运河中，同营养物质在水体中的大量积聚关系密切。如今，我国诸多静水水体均存在程度不一的富营养化现象。富营养化的水体发绿发黑，水质浑浊，并伴有一定的恶臭气味。营养物质的大量积聚会引起水体中的浮游藻类快速繁殖，使水中的溶解氧含量下降，从而导致其他水生生物大量死亡，进一步降低了生物多样性。水生生物尸体腐化还会对周围环境造成影响，形成恶性循环，加重污染。

（2）抗生素污染。水体中抗生素的长期积累会促进耐药性细菌的形成，从而对水生生物的生存环境及人体健康造成影响。

（3）重金属污染。目前我国工业正处于高速发展阶段，需要高度重视地表水的重金属污染问题。研究显示，重金属在水体中的含量具有时空差异性。不仅不同重金属在水体中的含量峰值期存在差异，而且同类重金属在水体中的含量在不同时期也存在差异。水体中富集的重金属具有隐匿性、长期性，降解困难。重金属在水体中长期积累，会随着水循环进入人体，从而对人体健康造成严重危害。

（4）油污染。油类主要分为矿物油和动植物油脂。其中，前者为烷烃、多环芳烃等烃类有机混合物，后者为多组分烃基脂肪酸类有机混合物，二者长期存在于水体环境中，会对环境造成直接危害。油污染多由食品加工业、纺织业、造纸业及工业排放的含油废水引起，集中处理比较困难。比如，松花江、海河的主要污染物均为油类。油脂形成的油膜覆盖在水面上，会导致水体严重缺氧，引发水生生物死亡，还会通过食物链进入人体，从而对人体健康造成严重危害。另外，油气挥发后还会污染大气。

（二）水污染防治法

1.我国水污染的行政管理制度

《中华人民共和国水污染防治法》规定："县级以上人民政府环境保护主管部门对水污染防治实施统一监督管理……县级以上人民政府水行政、国土资源、卫生、建设、农业、渔业等部门以及重要江河、湖泊的流域水资源保护机构，在各自的职责范围内，对有关水污染防治实施监督管理。"该条规定确立了环保部门主管，其他相关部门配合的管理原则。

该法修改后的一大亮点就是第5条规定的"河长制"，所谓河长制，即在全国建立省、市、县、乡四个层级的河长，分别由各级的党政负责人担任，由河长负责各自管理区域内的水资源保护、水污染防治等工作。河长制最先开始于江苏省无锡市，2007年由于太湖水污染严重，蓝藻大量繁殖、堆积、腐烂，分解出大量硫化物，严重影响了太湖的水安全。

2.我国饮用水安全保障法律制度

中共中央、国务院高度重视饮用水源的保护工作，党的十九大提出"建设生态文明"，坚持人与自然和谐共生，把建设美丽中国作为全面建成社会主义现代化强国的重大目标，坚持可持续发展，推进美丽中国建设。

我国现行的关于饮用水源的法律并不是很多，主要有《中华人民共和国环境保护法》《中华人民共和国水法》《中华人民共和国水土保持法》《中华人民共和国水污染防治法》，其余均为行政法规和部门规章，在此不做赘述。《中华人民共和国环境保护法》从原则上给予了饮用水安全法律保障；《中华人民共和国水法》则在饮用水源的配置、饮用水源保护区等方面作出了规定；《中华人民共和国水土保持法》的重点放在了饮用水源地的水土保持及生态补偿制度上；《中华人民共和国水污染防治法》更是在其第5章单章强调了饮用水源的法律保护问题，确立了饮用水源保护区制度，规定饮用水源保护区内禁设排污口，明确了一、二级保护区内禁止的事项及需要采取一定措施才能进行的事项，新增了地方政府的调查评估责任及水质监测的相关内容。

3.我国的水污染防治公众参与制度

公众参与作为一项集中体现我国民主政治的制度，可以从立法、执法、司法三个方面体现出来。在《中华人民共和国水污染防治法》展开修订工作时，就在网上公开征求社会各界人士的意见，将这些意见经过筛选适当添加到新法中；在污染企业受到相关部门的处罚后，处罚书应当录入相关部门的网站及档案，供公众查阅监督，污染企业如对处罚决定不服，可以申请行政复议或提起行政诉讼；在审理环境公益诉讼案件时，原则上应当允许公民旁听，审判结果也应当公开，供公众查阅监督。

4.我国的突发性水污染事故应急制度

同普通的水污染事件相比，突发性水污染事故造成的损害往往更大，因为突发性水污染事故是不可预料的突发性事件，没有提前的保护措施，临时调配工作人员去处理也会耗费大量的人力、物力、财力，而且效果往往没有预期的理想，因此，突发性水污染事故应急制度的建立确有其必要。2015年施行的《中华人民共和国环境保护法》对突发事故应急制度做了相关规定，要求建立公共监测预警机制并制订相应方案。事故发生时，及时公布预警信息，启动应急措施。相应的应急工作结束后，须立即组织相关人员进行环境影响和损失评估，并将评估结果及时公布。

三、土壤污染与防治法

（一）国内土壤污染现状

经济的高速发展往往伴随着环境问题。当前，我国的土壤污染问题比较严重，尤其是在农业及工业活动较为频繁的地区，这些规模化的生产活动，对土壤造成了较为严重的破坏。经过对多个地区的土壤进行监测后发现，超过两成的监测土壤存在污染物超标的问题，其污染物主要为锌、镉、铜、铅等重金属。在对土壤分布进行研究时发现，我国南方地区的污染程度比北方地区更加严重，尤其是长三角以及珠三角地区，这也说明了经济发展程度较高以及工业发展程度较高的地区的土壤污染问题较为严重。

相比水污染及大气污染，土壤污染治理修复所需要的资金相对较大，加上土壤污染具有隐蔽性、地域性、积累性等特征，无论是减少土壤污染存量还是控制新污染的整体生成总量，都需要大量的经济和人力投入。

目前，我国土壤污染的调查评估、治理修复和后续管理一般需要依靠政府进行拨款。

（二）土壤污染防治法律制度

1.确立预防为主的法律原则

预防为主、防治结合是我国环境保护法的一项基本原则。它的基本含义是国家在治理污染问题时采取各种措施，防止环境恶化；或者把环境污染控制在一定的限度内，在这个限度内它不会给经济的可持续发展、人类的生命财产安全带来危害；或者对已经产生的环境污染状况进行治理，防止逐步恶化。这个原则是西方国家经济发展中的重要教训。在经济发展的过程中，西方大多数国家都经历了"先污染、后治理"的过程，片面追求经济发展，忽视对环境的保护，导致很多公害事件频繁发生，给人民的生命财产造成了很大的损害，治理起来也是相当棘手。不仅耗费了大量的人力物力，还会出现治理不彻底等情况。

2.大力推广源头控制制度

源头控制制度是指在污染物没有产生或者产生之初就对其进行控制，它充分贯彻了以预防为主的原则，将污染的趋势扼杀在摇篮之中。源头控制制度是一项需要大力推广的制度。但要注意两个方面，首先，不仅要控制土壤污染的源头，更要从水污染、固体废弃物污染等源头控制土壤污染，做到二者的结合，统一于控制土壤污染的源头。修改、完善《中华人民共和国水污染防治法》《中华人民共和国固体废弃物防治法》当中的法律条文，做到与源头污染防治的结合。其次，要将源头控制制度与清洁生产、土壤污染调查、风险评估、环境监测等制度结合起来，形成以源头控制制度为中心的土壤污染预防体系。

四、噪声污染与防治法

噪声污染已成为当今世界公认的环境问题之一，它会影响人的心理和生理健康。假若把噪声污染给人体带来的健康风险用一个金字塔形来表示，那么位于金字塔最底层、受影响人数最多的负面结果是使人产生"不舒服感"，如导致扰民的情况；再往上就出现了"风险因素"，如患高血压等疾病的风险增加；再往上一层就是"疾病"，引起包括心血管疾病、失眠等；而金字塔的最顶层就是"死亡"。可见噪声污染的危害有多大。随着文化娱乐产业和商业的快速发展，群众的日常生活和休闲时光变得更加惬意，但歌厅、舞厅、酒店等场所的音响设备产生的巨大噪声给周边居民的工作、学习和休息带来了消极影响。

噪声污染防治的法律对策如下。

（一）明晰污染的界定标准

在完善环境噪声污染相关立法中可以这样规定：环境噪声污染是指所产生的环境噪声超过国家规定的区域环境噪声标准，造成声环境质量下降的现象。这样概括具有重要意义，可以更好地保护和改善声环境，增强实际可操作性。在实践中，只需要简单地将科学测量值与环境噪声标准做比较，就可以认定是否造成了环境噪声污染，这样既轻松又方便。超过环境噪声标准的便是有污染，没有超过的则为良好，这样有利于依法管理而且执法效率高。这样一来，污染方可以及时采取措施纠正违法行为，而且有利于保护被侵害人的权益，同时又不会侵犯排污单位的合法权益，一举两得。明确界定噪声污染的定义，可以避免很多不必要的纠纷，也可以预防滥诉行为。

（二）制定新型噪声污染源标准

立法是执法的依据。近年来，低频噪声成了引发大量纠纷的源头，检测人员实地测量后发现，低频噪声依然是小区内给住户带来不利影响的噪声源。而关于低频噪声污染认定的国家标准仍属空白，正是这样的立法漏洞致使在社会生活中存在的很多纠纷无法得到有效解决。

第四节 生态环境保护与可持续发展

一、生态环境保护与可持续发展的重要性

（一）生态环境保护对于可持续发展的意义

生态环境保护是指保护和修复自然生态系统，维持生物多样性和生态平衡的行为。它对于可持续发展具有重要意义。

第一，生态环境保护可以确保资源的可持续利用。自然资源有可再生和不可再生的两种类型，而生态环境的破坏和污染会导致资源的枯竭和浪费。通过保护生态环境，可以减少资源的消耗和浪费，实现资源的可持续利用。

第二，生态环境保护可以维护生物多样性。生物多样性分为生态系统的重要组成部分，它包括物种多样性、遗传多样性和生态系统多样性。保护生态环境可以保护物种的繁衍和生态系统的平衡，维持生物多样性的稳定和发展。

第三，生态环境保护可以消除环境污染和改善人居环境。环境污染对人类健康和社会稳定造成严重影响。而生态环境保护可以减少污染物的排放和处理，改善人居环境，提升人民的生活质量。

（二）生态环境保护与经济发展的关系

生态环境保护与经济发展是相互依存、相互促进的关系。第一，生态环境保护对于经济发展具有基础性作用。经济发展需要依赖生态环境提供的自然资源和生态服务，如水资源、土壤、气候调节等。如果生态环境受到破坏，将直接影响到经济的可持续发展。第二，生态环境保护可以促进经济结构的优化升级。随着人们环保意识的提高和环境法规的加强，企业在生产过程中需要更加注重环境保护，并采取节能减排和循环利用的措施。这将推动产业转型升级，促进经济的绿色和可持续性发展。第三，生态环境保护可以创造新的经济增长点。生态环境保护产业包括清洁能源、环保工程、生态旅游等，这些产业的发展可以带动相关产业链的增长，创造就业机会，促进经济的增长和繁荣。

（三）生态环境保护与社会发展的关系

生态环境保护与社会发展是紧密相关的。第一，生态环境保护可以提升社会的整体素质。生态环境的破坏和污染会对人类的身体健康和心理健康产生负面影响。而保护生态环境可以提供良好的居住和生活环境，提升人民的健康水平和生活质量。第二，生态环境保护可以促进社会的和谐稳定。生态环境的破坏和资源的过度消耗会引发社会矛盾和冲突。通过保护生态环境，可以减少资源的竞争和分配不均，避免因环境问题引发的社会不稳定。第三，生态环境保护可以促进社会的可持续发展。保护生态环境有助于实现社会的可持续发展目标，包括经济的持续增长、社会的公平与公正、人民的幸福与福祉。只有保护好生态环境，才能够为子孙后代留下一个美好的家园。

二、政府、企业和公众的合作

（一）政府在生态环境保护中的作用

政府在生态环境保护中发挥着重要的引导和监管作用。第一，政府应加强立法和政策的制定。通过制定环境法律法规和相关政策，明确环境保护的目标、原则和具体要求，为生态环境保护提供法律和政策支持。第二，政府应加大监管和执法力度。政府部门应加强对环境污染的监测和治理，对违法行为进行查处和惩罚，确保环境法律法规的执行和落实。第三，政府应加强生态环境保护的宣传和教育。政府可以通过宣传和教育活动，增强公众对生态环境保护的认识和理解，营造良好的环保氛围，推动公众的积极参与。

（二）企业在生态环境保护中的责任与作用

企业在生态环境保护中承担着重要的责任和作用。第一，企业应加强环境管理和技术创新。企业需要建立健全环境管理体系，制定环境保护措施和计划，加强环境监测和治理。同时，企业应推动技术创新，采用清洁生产技术，减少污染物的排放。第二，企业应加强资源的节约和循环利用。企业在生产过程中应注重节约资源，减少资源的消耗和浪费。同时，企业应推动循环经济的发展，通过废弃物的回收利用，实现资源的循环利用。第三，企业应加强社会责任的履行。企业应充分考虑社会和环境的利益，在经营过程中积极履行社会责任，推动可持续发展。

（三）公众的环境保护意识与行动

公众的环境保护意识和行动是推动生态环境保护的重要力量。第一，公众应加强环境保护意识的培养。公众应通过教育和宣传，了解生态环境的重要性和保护的必要性，树立环保意识，形成环保习惯。第二，公众应积极参与环境保护行动。公众可以参与环境保护组织和活动，提出环保建议和意见，监督环境污染行为，共同推动生态环境保护的实施。

三、现阶段生态环境保护存在的问题

（一）植被覆盖率低

近年来，我国建筑行业得到了迅猛发展，很多地区的土地资源都得到了开发，并且建立了高层和超高层建筑。虽然在全新的住宅建设要求下，很多新的住宅小区的绿化率达到了40%甚至以上，但总体的植被覆盖率还是比较低。尤其是在城市化发展当中，一些城市区域为了拓展自身的经济建设形势，会不断完善基础设施建设，这就需要利用大量土地资源，导致道路越来越宽，人们的居住空间越来越大，然而地面上的植被越来越少。道路和建筑工程项目建设都需要以混凝土为主，导致植被的再生率非常低，不仅会影响整个城市的水文环境，还会因导致空气中的灰尘难以被吸附，从而产生较大的雾霾。在植被覆盖率较低的情况下，城市的噪声污染也难以得到有效解决，大气污染问题不断加剧，使得城市环境污染问题加重，给经济建设发展造成了阻碍。

（二）耕地资源破坏

对于我国的综合经济建设发展来说，农业生产起到了非常大的作用，为了满足人们的日常生活所需，我国农业建设生产规模不断增大，给人们提供了越来越多的绿色蔬菜和肉禽类食品。但在近几年的发展过程中，很多农村的耕地资源遭到了严重破坏，导致农业生产活动的核心条件受到了影响。在农业生产面积扩大的情况下，工业化和城市化建设用地逐渐开始占据土地资源，水土流失问题也逐渐加剧使得耕地资源减少。部分区域在开发土地的过程中存在不合理开发建设的现象，破坏了土壤结构，降低了土壤稳定性，很容易引发水土流失问题。除此之外，还有一些区域存在耕地污染问题，在耕地灌溉的过程中使用了工业废水，其中的重金属和有害物质等流入了耕地造成土壤结块问题，影响农作物的生长，使得我国的农业生态环境遭受严重的破坏。

四、可持续发展的解决方案

（一）绿色发展和低碳经济

绿色发展和低碳经济是实现可持续发展的重要路径。①绿色发展强调经济增长与环境保护的协调。通过加强环保技术和管理，推动产业结构的优化升级，推动清洁能源的开发利用，减少污染物的排放，实现经济增长与环境保护的良性循环。

②低碳经济强调减少温室气体排放和应对气候变化。通过提高能源效率，发展清洁能源，推行低碳技术和低碳生产方式，减少对化石能源的依赖，降低碳排放，实现经济发展与碳排放的剥离。

（二）资源的可持续利用和循环利用

资源的可持续利用和循环利用是实现可持续发展的关键。①加强资源管理和节约资源。通过建立资源管理体系，制定资源节约措施和政策，加强资源监测和评估，提高资源利用效率，减少资源的浪费和消耗。②推动循环经济的发展。通过废弃物的回收利用、再制造和再利用，实现资源的循环利用，减少废弃物的产生和对环境的负面影响。

（三）社会的可持续发展和公平正义

社会的可持续发展和公平正义是实现可持续发展的重要目标。①加强社会公平和福利保障。通过建立健全社会保障体系，提高社会公平和福利水平，减少社会的贫困和不平等现象，实现社会的可持续发展。②推动公平正义和社会和谐。通过加强法治建设，保障公民的权益和利益，维护社会的公平正义，减少社会矛盾和冲突，促进社会的和谐稳定。

第二章　环境保护总体规划理论及技术方法

第一节　环境保护总体规划的理论基础

一、环境保护总体规划的理论体系

环境保护总体规划的理论体系由核心理论、基本理论和相关理论构成。核心理论是指制订环境保护规划时必须遵守的支撑理论，是环境保护总体规划理论体系的灵魂和归宿；基本理论和相关理论是编制环境保护规划应该运用的理论，构成了环境保护总体规划理论体系的骨和肉。这些理论的综合运用使环境保护总体规划具有了与相关规划协调的理论基础。

（1）核心理论。如可持续发展与人地系统理论、环境承载力理论、循环经济理论。

（2）基本理论。如产业生态理论、城市空间结构理论、生态城市理论、环境保护公共服务均等化理论。

（3）相关理论。如城市规划理论、土地规划理论、经济学理论。

二、环境保护总体规划的核心理论

（一）可持续发展与人地系统理论

可持续发展观是科学发展观的核心内容，是指既满足当代人的需要，又不损害后代人满足需要能力的发展。作为时代的最强音，它既要作为环境保护总体规划的指导思想，又要成为环境保护总体规划的最终目标。对可持续发展的追求，应贯穿于环境保护总体规划的始终。

1.城市可持续发展

城市可持续发展是指其人口、经济与环境相协调、持久发展的最理想状态，即在一定的时空尺度上，以适度的人口、高素质的劳动力、高质量的经济增长、高级化的产业结构、综合的经济效益、无污染或少污染的环境质量、高投入的环境建设资金、可持续利用的资源及其合理消费，取得城市发展的集聚效应，从而既满足当代城市发展的需求，又满足未来城市发展的需求。

2.人地系统

人地系统实际上就是人类社会和其所赖以生存的地理环境之间通过物质能量信息的流动所连接起来的不断发展变化的整体。人地系统由人类子系统和地理环境子系统组成，两个子系统之间、子系统与外界之间都发生着复杂的物质、能量和信息交换。其中人类子系统是人的思想、政治、经济活动的总和，具有鲜明的主动性和能动性，是人地系统的调控中心和中枢，决定人地系统的发展方向和具体面貌。地理环境子系统是人类赖以生存的自然环境和自然资源的总和，是人地系统存在和发展的物质基础和保障，是人地系统发展的前提。

3.人地系统的可持续发展

人地系统在经历了畏惧自然、崇拜自然的天命论和地理环境决定论，发展到工业文明时期的征服论。当人地矛盾越来越尖锐，自然界通过反馈机制把人类带给地球的灾难不断报复给人类的时候，人类终于认识到人与自然是平等的关系。人类要想进一步发展，除了加强对自然的调控，更重要的是要加强人类自身的调控。建立在合理的管理与干预下的经济发展与人口、资源、环境等的协调统一体，是人地系统发展到一定阶段的要求和表现。

4.环境保护与人地系统的可持续发展

可持续发展提出的最直接原因是环境的恶化和资源的日益耗竭，因此如何保护环境和有效利用资源就成为可持续发展首要研究的问题。资源的永续利用和环境保护的程度是区分传统的发展与可持续发展的分水岭。从环境保护角度促进人地系统的可持续发展，在实践与观念上应注意以下几方面的问题。

第一，经济发展要与地球生物圈承载能力相适应。地球生态系统对人类的需求有着基本限度，即生态阈限。在这一限度内，它能够承载人类利用自然资源的负荷，吸收人类排放的废弃物，自动调节生物圈的平衡。而一旦人类的生产和消费超过了这一限度就会严重影响生物圈的自我调节能力，这种状况若持续时间过长，则生态系统可能会崩溃。剧增的人口是对地球生物圈承载力的最大压力，因此控制人口数量成为可持续发展战略亟待解决的问题。

第二，正确处理环境权利与环境义务的关系。可持续发展强调"代际间的公平"。当代人不应只为自己谋利益而滥用环境权利，在追求自身的发展和消费时，不应剥夺后代人理应享有的同样的发展机会，即人类享有的环境权利和承担的环境义务应是统一的。

第三，提高资源利用效率，减少废弃物产出。可持续发展要求人们放弃传统的高消耗、高增长、高污染的粗放型生产方式和高消费、高浪费的生活方式。地球所面临的最严重的问题之一，就是不适当的生活和生产模式导致环境恶化、资源短缺、贫困加剧和各国的发展失衡，这要求人类使生产能够尽量少投入、多产出，使消费能够尽可能地多利用、少排放，以减少经济发展对资源和能源的依赖，减轻对环境的压力。

第四，建立生态观念。可持续发展要求人类摒弃以人为中心的传统世界观，转而建立起新的生态观念。传统的世界观把人类利益放在处理与自然关系的首位，以战胜自然获取各种资源为目的，这是导致生态失衡的深刻思想根源。而新的生态观念强调人是自然不可分割的一部分，人类要同自然协调发展才能促使双方的共同繁荣，要始终真正把自然界看作人类的生命源泉和财富源泉。

第五，建立自然资源核算体系。可持续发展承认自然资源具有价值，要求建立自然资源核算体系，合理进行资源定价。资源定价的客观基础取决于一个社会未来可持续发展需要的全部资源的维持与发展费用，应满足并遵循价值规律。具有价格标准的资源使用费用应由使用者和政府共同承担，双方承担的比例和承担的具体方式可因不同发展水平的国家和人类发展的不同阶段而异。同时，在条件成熟时，可促成资源利用成为一种有利可图的产业，将其纳入市场经济良性运行的轨道。

（二）环境承载力理论

人类赖以生存和发展的环境是一个具有强大的维持其稳态效应的巨系统，它既为人类活动提供空间和载体，又为人类活动提供资源并容纳废弃物。环境系统的价值体现在能对人类社会生存发展活动的需要提供支持。环境的这种属性是其具有"承载力"的基础。由于环境系统的组成物质在数量上存在一定的比例关系，在空间上有一定的分布规律，所以它对人类活动的支持能力有一定的限度，或者说存在一定的阈值，这个阈值就是环境承载力。

以保护和建设可持续的生态环境为最终目标的环境保护总体规划，其根本任务实质上是要协调人类的社会经济行为与生态环境的关系。这一切必须建立在对生态环境支持阈值的研究，即对环境承载力的研究基础之上。所以，环境承载力的提出和深入研究，不仅为环境保护总体规划提供了量化依据，提高环境保护总体规划的科学性和可操作性，而且对于完善环境保护总体规划的理论和方法体系将产生极大的促进作用。

（三）循环经济理论

循环经济是对物质闭环流动型经济的简称，是一种资源利用效率更高的经济发展模式。循环经济倡导的是一种经济系统与生态系统和谐的发展模式。它要求把经济活动组织成一个"资源—产品—再生资源"的反馈式流程，所有的物质和能源在不断进行的经济循环中得到合理和持久的利用，从而把经济系统对生态系统的影响降低到尽可能小的程度。

与传统经济相比，循环经济的特征如下：一是循环经济可以充分提高资源和能源的利用效率，最大限度地减少废物排放，保护生态环境；二是循环经济可以实现社会、经济和环境的"共赢"发展；三是循环经济可以在不同层面上将生产和消费纳入一个有机的可持续发展框架。

循环经济理论系统地认识到传统直线经济的局限性，并以此建立了一组以"减量化、再使用、再循环"为内容的行为原则（简称"3R"原则）。每一个原则对循环经济的成功实施都是必不可少的。其中，减量化或减物质化原则属于输入端方法，旨在减少进入生产和消费流程的物质量；再利用或反复利用原则属于过程性方法，目的是延长产品和服务的时间强度；再生利用或资源化原则是输出端方法，通过把废弃物再次变成资源以减少最终处理量。

三、环境保护总体规划的基本理论

（一）产业生态理论

从"社会—经济—自然复合生态系统"的角度，产业生态学是一门研究社会生产活动中自然资源从源流到汇合的全代谢过程，组织管理体制以及生产、消费、调控行为的动力学机制，控制论方法及其与生命支持系统相互关系的系统科学，将产业系统看作一类特定的生态系统，模仿自然生态系统的运行规则构建经济与产业体系，实现人类可持续发展。

产业生态系统是按生态经济学原理和知识经济规律组织起来的，基于生态系统承载能力、高效的经济过程及和谐的生态功能的网络化生态经济系统。产业生态学是一门研究产业系统与经济系统、自然系统相互关系的科学，是一门研究产业可持续发展能力的科学。

产业生态学的理论体系由以下原理构成：生态位原理、竞争共生原理、反馈原理、补偿原理、循环再生原理、多样性主导性原理、生态发育原理、最小风险原理、系统论原理、投入产出原理、自组织原理、等级系统原理和尺度原理。

产业生态学兴起的四大前沿理论包括：生态经济学或循环经济学（产业的生态转型和生产、流通、消费、还原和调控环节的横向、纵向、区域和社会耦合）；人类生态学或社会生态学（以人为本、天人合一的道理、事理、哲理和情理、生态现代化及社会转型理论）；景观生态学（地理、生物、气候、经济、人文生态的格局、功能与过程，以及其时、空、量、构、序多维耦合关系）；复合生态系统生态学（整体、协同、循环、自生的生态控制论和辨识、模拟、调控以及规划、设计管理的生态整合方法）。

（二）城市空间结构理论

城市空间结构是指各种经济活动在城市内的空间分布状态及空间组合形式，是城市人类与自然、经济、社会和文化等因素相互作用的结果在城市地域内的综合反映，是城市形态在空间上的物质表现形式，它对城市的集聚与扩散过程起着基础性的作用。城市空间结构的历史和现实状态集中反映了城市发展的轨迹与特征，城市空间结构的拓展则是城市发展的外在表现和城市空间结构生命力的体现。

城市空间结构生态化是解决城市问题的关键，是改变传统的城市空间结构发展以经济导向为主的状况、改变粗放型城市发展模式的有效途径，也是人类对理想的城市空间结构模式和理想城市的一种探求。城市空间结构生态化研究是生态学原理与城市空间结构理论相结合的产物，其最明显的特征是应用生态学原理，分析和研究城市空间结构的状态、效率、关系和发展趋势，为城市空间结构科学合理的发展提供生态学意义的支持和理论依据。城市空间结构生态化研究是城市可持续发展研究的重要组成部分，将为传统的城市空间结构研究提供新的思路，这是走符合新的发展观的、人与自然和谐共存的城市发展道路的重要举措。

生产力布局对环境的影响，主要体现在对自然资源消耗的分布，以及对产业和生活废物排放的分布影响上。对生产力布局的研究，一般分为宏观、中观和微观三个层次。宏观的布局主要研究城镇体系的配置；中观的布局主要是在合理功能分区的基础上，确定工业区的分布；微观的布局主要是针对每个污染源的选址与定位。一般情况下，环境保护总体规划以中观层次的研究为主，其次为微观层次的研究。

（三）生态城市理论

生态城市是根据生态学原理，综合研究城市社会—经济—自然复合生态系统，并应用生态工程、社会工程、系统工程等现代科学与技术手段而建设的社会、经济、自然可持续发展，居民满意、经济高效、生态良性循环的人类住区。其中人和自然和谐共处、互惠共生，物质、能量、信息的高效利用，是生态城市的核心内容。生态城市的发展目标是实现人与自然的和谐，包含人与人和谐、人与自然和谐、自然系统和谐三方面，其中追求自然系统和谐、人与自然和谐是基础与条件，实现人与人和谐才是生态城市的目标和根本所在。

将环境保护总体规划引入生态城市建设是指在进行生态城市规划时建立引导城市生态化的环境保护总体规划体系，使城市的发展更好地顺应环境条件，避免生态环境在城市发展中遭受大的破坏。环境保护总体规划主要从保护生产力的第一要素——人的健康出发，以保持或创建清洁、优美、安静和适宜生存的城市环境为目标。因此，环境保护总体规划是生态城市建设的重要组成部分之一。

以生态理论为导向的环境保护总体规划，绝不只是单纯追求优美的自然环境，而应以人与自然相和谐，社会、经济、自然持续发展为价值取向。所以，它的研究视野就不应只局限于物质环境上，而是要扩展到人与自然共荣、共存、共生的复合系统。其规划目标和评价标准要从社会、经济和自然三方面来衡量。其规划方法应广泛应用和吸收现代科学的理论技术和手段，去模拟、设计和调控系统内的生态关系，提出人与自然和谐发展的调控对策。

（四）环境保护公共服务均等化理论

作为基本公共服务的内容之一，环境保护公共服务与其他基本公共服务相同，应具有保障性、普惠性（广覆盖）和公平性3个属性特征。环境保护公共服务的保障性，是指环境保护公共服务供给的基本目的在于为公民提供健康安全的基本生存环境；环境保护公共服务的普惠性，是指环境保护公共服务的供给范围应面向所有社会公众，而不应具有排他性和局部性；环境保护公共服务的公平性是指在服务供给过程中，所有公民享受服务的权利、机会与结果基本一致和平等。

环境保护公共服务旨在为公民提供安全、舒适的生活工作环境所必需的基本保障。根据环境生态问题的现实紧迫性以及各类服务所涉及的公共利益的重要性，环境保护公共服务的核心内容可以界定为环境监管服务、环境治理服务和环境应急服务三项。同时，环境监管、环境治理与应急服务的效率和产出并不仅仅取决于政府的投入以及硬件设施等公共产品与服务的提供，在很大程度上还有赖于相关政策与制度的建设、环境信息公开、公众参与和社会监督以及环境宣传教育中企业、社会环境保护意识与努力程度的提高。因此，为保证服务的有效性、综合性和完整性，从政府履行环境保护责任的角度出发，对于环境保护公共服务的范围与内容的界定，需要将环境治理和环境保护的整个过程中政府所应提供的公共产品与服务都纳入其中。根据政府环境责任的主要内容，环境保护公共服务的范围应主要包括6个方面：

（1）环境政策服务。法律法规、政策、规划与技术标准的制定。

（2）环境监管服务。政府决策与规划的环境影响评价，建设项目的环境许可与审批，环境监测，环境法制，完善行政监督和社会监督。

（3）环境治理服务。环境基础设施的投资、建设、运行与管理，环境污染治理，自然生态保护。

（4）环境应急服务。环境污染突发事件的有效预防与处置，包括预警、处置与事后恢复、赔偿等。

（5）环境信息服务。环境质量状况与环境治理等信息的收集、整合与公开，支持、推动公众环境保护活动，促进公众参与。

（6）环境教育服务。环境保护宣传，公众教育，支持、鼓励企业环境保护行为。

四、环境保护总体规划的相关理论

与总体规划相关的理论较多，有城市规划方面的理论，有土地规划方面的理论，有经济学方面的理论等。城市规划理论中，田园城市规划理论、现代城市规划理论、有机疏散理论等比较常用；土地规划理论中，地租地价理论、区位理论比较常用；经济学理论中生态经济等理论比较常用。特别应该注意城市规划、土地规划理论的应用，只有综合运用这些理论，才能保证环境保护总体规划在实际运用中与相关规划得到很好的融合。

第二节　环境保护总体规划的技术方法体系

一、环境保护总体规划的技术方法平台

（一）环境保护总体规划的方法研究平台

环境保护总体规划方法研究平台主要由6个方法组成：调查方法包括实地调查、文献调查、实验调查、分析统计调查、网络搜索、专家和相关部门咨询等；分析方法包括对比分析、类聚分析、归纳、分类与推理、GIS（Geographic Information System）解译与空间分析和专家咨询等；评价方法包括环境质量评价、环境承载力分析和污染源评价等；预测方法包括定性分析预测法、时间序列预测法和回归分析预测法等；区划方法包括GIS空间分析与制图方法、土地适宜度分析区划法、生态功能区划和环境功能区划等；决策方法包括费用效益法、单目标决策法和多目标决策法等。

（二）环境保护总体规划的技术设计平台

环境保护总体规划编制的技术设计平台由6个方面组成，主要包括计算机辅助设计技术、3S技术、GIS形象设计技术、图件绘制与美工技术、数据与信息处理技术和虚拟现实系统技术。

（三）环境保护总体规划的规划编制平台

规划编制平台主要包括规划编写与排版操作平台、规划图件制作操作平台和规划成果制作平台。

二、环境保护总体规划的评估方法

在环境保护总体规划编制过程中，对环境各要素的现状评估是一切工作的基础。通过环境现状评估，核算环境资源容量（或承载力），可以掌握和比较环境质量状况及其变化趋势，寻找污染治理重点，为确立环境保护总体规划目标和措施的制定提供科学依据。

（一）地面水环境评价方法

现状评价是水质调查的继续。评价水质现状主要采用文字分析与描述，并辅之以数学表达式。在文字分析与描述中，可采用检出率、超标率等统计值。数学表达式分两种：一种用于单项水质参数评价，另一种用于多项水质参数综合评价。

单项水质参数评价法是用某一参数的实测浓度代表值与水质标准对比，判断水质的优劣或适用程度，即标准指数法。若水质参数的标准指数>1，表明该水质参数超过了规定的水质标准，已经不能满足使用要求。单项水质参数评价简单明了，可以直接了解该水质参数现状与标准的关系，一般均可采用。

多项水质参数综合评价法是将被评价水体的多项指标的信息加以汇集，把多个描述被评价水体不同方面且量纲不同的统计指标，转化成量纲为1的相对评价值，形成包含各个侧面的综合指标，最终得出对该水体水质的评价结论。多项水质参数综合评价的方法很多，包括幂指数法、加权平均法、向量模法和算术平均法等。多项水质参数综合评价法只在调查的水质参数较多时才可应用。此方法只能了解多个水质参数的综合现状与相应标准的综合情况之间的某种相对关系。

（二）工业污染源评价方法

工业污染源评价是通过数学手段，将在调查中获取的各种定量、定性数据进行处理，以直观明了的方式来表达主要污染源、主要污染因子，以统一的尺度衡量污染强度的时空变化特征，达到准确地对污染源进行评价的目的。工业污染源评价方法主要包括等标污染负荷法和污染物排放量排序法。

等标污染负荷即污染源中污染物浓度与评价标准比值再乘以污染物的排放量。采用等标污染负荷法可以对工业污染源进行评价，并根据评价结果对污染源及污染物位次进行排序。等标污染负荷法未能剔除行业规模等对其结果的影响。另外，采用等标污染负荷法确定重点污染源或污染物时，需要注意的是部分排污单位排放的毒性大、在环境中易于积累的污染物未列入主要污染源或主要污染物中，然而对这些污染物又必须加以控制，因此计算后还应做具体的分析。

污染物排放量排序法采用污染物总量控制规划法时，针对区域总量控制的主要污染物，对排放主要污染物的污染源进行总量排序。污染物排放量排序法是直接评价某种污染物的主要污染源的最简单的方法，一般均可采用。

（三）资源环境承载力评价方法

1.大气环境容量

大气环境容量是一种特殊的环境资源，与其他自然资源在使用上有着明显的差异。鉴于环境条件和污染物排放的复杂性，准确计算一定空间环境的大气环境容量较为困难，因为大气是没有边界的，一定空间区域内外的污染物互相影响、传输、扩散。在做一定的假设后，可借助数学模型模拟估算一定条件下的大气环境容量。主要计算方法包括A值法、A-P值法、多源模型法和线性规划法等。

（1）A值法。A值法的原理是将城市看成由一个或多个箱体组成，下垫面为底，混合层顶为箱盖。通过对区域的通风量、雨洗能力、混合层厚度、下垫面等条件综合分析浓度限值，计算得出一年内由大气的自净能力所能清除掉的大气污染物总量。A值法是在环境管理实践总量控制早期发展起来的一种方法。A值法基于箱模型，模式清晰，计算方便。A值控制区的确定是计算理想环境容量的前提，A值控制区不同于环境空气质量功能区，不同的A值控制区只是对污染物排放量实行不同控制，而不是实行相应环境空气质量标准。

（2）A-P值法。A-P值法是基于A值法计算出控制区的大气环境容量（某种污染物的允许排放总量）然后利用P值法，在区域内所有污染源的排污量之和不超过上述容量的约束条件下，确定出各个点源的允许排放量，即由控制区及各功能分区的面积大小给出控制区或总允许排放总量，再配合点源排放P值法对点源实行具体控制。A-P值法虽然针对点源提出了P值法控制的方案，但没能综合考虑当地的地形、气象等具体状况。因此，P值法按与烟囱高度平方成正比的关系分配允许排放量，夸大提升烟囱对降低污染的作用。

（3）多源模型法。利用多源模型模拟计算各污染源按基础允许排放量排放时污染物的地面浓度情况，以区域内各控制点的污染物浓度都不超过其控制标准为条件，利用一定的方法对相关污染源的基础允许排放量进行削减分配，确定出各污染源的允许排放量，最后得出区域环境容量值。多源模型法是计算实际环境容量的主要方法，多源模型法中污染源调查要求精度高，其计算出的环境容量只是在现状污染源格局和其限定条件下的最大值，并不是区域内所能容纳污染物的最大量。在保证控制点不超标的条件下，通过污染源合理规划布局，还可以新增污染源。

（4）线性规划法。大气环境系统是一个多变量输入—输出的复杂系统，然而就污染物的排放量与浓度分布而言，可近似其为线性的，从而利用运筹学的线性优化理论建立容量模式。线性规划法是将污染源及其扩散过程与控制点联系起来，以目标控制点的浓度达标做约束，通过线性优化方法确定源的最大允许排放量或削减量。线性规划方法是解决环境容量资源利用最大化问题的重要方法。此方法考虑到每个污染源及其扩散过程对每个控制点的浓度影响，在满足控制点大气污染物浓度达到环境目标值要求的前提下，确定各污染源大气污染物的最大允许排放量。

2.地表水环境容量

水环境容量是水环境科学研究领域的一个基本理论问题，也是水环境管理的一个重要应用技术环节。地表水环境容量计算模型包括零维水质模型、一维水质模型和二维水质模型等。

（1）零维水质模型。对于河流而言，在受纳水体的流量和污水量之比大于10～20，且当污染物在空间方向的浓度梯度可以忽略不计时（如小于5%），可以认为河流中污染物是完全混合的，河流水环境容量问题可简化为零维问题。由于此时河流水体对污染物的稀释作用较大，水环境容量的计算可以近似简化为稀释容量的计算。稀释容量又包括定常稀释容量和随机稀释容量。对于水库而言，多采用箱式模型，箱式模型并不描述发生在水库内的物理、化学和生物学过程，同时也不考虑水库的热分层。形式模型是从宏观上研究水库中营养平衡的输入—产出关系的模型。水库的箱式模型主要分为完全混合箱式模型和分层箱式模型。其中，完全混合箱式模型又主要有沃伦威得尔（Vollenweider）模型和吉柯奈尔—迪龙（Kirchner –Dillon）模型。流域水污染物总量控制，以零维（或一维）模型为主。

（2）一维水质模型。对于河流而言，一维模型假定污染物浓度仅在河流纵向上发生变化，主要适用于同时满足以下条件的河段：一是宽浅河段；二是污染物在较短时间内基本能混合均匀；三是污染物浓度在断面横向方向变化不大，横向和垂向的污染物浓度梯度可以忽略。如果污染物进入水域后，在一定范围内经过平流输移、纵向离散和横向混合后达到充分混合，或者根据水质管理的精度要求允许不考虑混合过程而假定在排污口断面瞬时完成均匀混合，即假定水体在某一断面处或某一区域之外实现均匀混合，则不论水体属于江、河、湖、库的哪一类，均可按一维问题简化计算条件。另外，在河流稀释比大于20时，可不使用降解系数，一维水质模型可略去纵向离散系数，结果偏于安全，工作量可大为减少。流域水污染物总量控制，以一维（或零维）模型为主。

（3）二维水质模型。当水中污染物浓度在一个方向是均匀的，而在其余两个方向是变化的情况下，必须采用二维模型。河流二维对流扩散水质模型通常假定污染物浓度在水深方向是均匀的，而在纵向、横向是变化的。同一维模型相比，二维模型控制偏严。当涉及饮用水水源地河段、排污口下游附近有取水口、存在生活用水取水口的河段以及河流水面平均宽度超过200m时，为了确保水质安全，均应采用二维模型进行计算。

3.水资源承载力

水资源承载力是指在一个地区或流域的范围内，在具体的发展阶段和发展模式条件下，当地水资源对该地区经济发展和维护良好的生态环境的最大支撑能力。主要分析方法包括背景分析法和定额估算法、模糊综合评判方法、主成分分析法、系统动力学方法和多目标决策法。

（1）背景分析法和定额估算法。此类方法通过类似区域比较或水资源量的估算或模拟递推达到极限等方法，试图寻求区域水资源的最大承载能力。特点是将水资源条件和社会、经济、环境等各种背景情况联系在一起，考虑一定的背景情况下最大的可承载人口数量，并且评判它与预测数量（或规划数量）的关系，由此获得水资源承载能力的判断。由于实际情况复杂，由此计算的最大可承载人口是一种简化的、理想状态下的人口数量，实际情况下即使有相同的背景，也达不到最大可承载人口，最大可承载人口是将各种其他背景因素均理想化之后，只考虑水资源的约束条件而提出的。

（2）模糊综合评判方法。模糊综合评判方法是将水资源承载力评价视为一个模糊综合评价过程，它是在对影响水资源承载力的各个因素进行单因素评价的基础上，通过综合评判矩阵对其承载力作出多因素综合评价。该方法克服了背景分析法承载因子间相互独立的局限性，从而可以较全面地分析出水资源承载力的状况，但模糊综合评判是一种对主观产生的离散过程进行综合的处理，其方法本身也存在明显缺陷，取大取小的运算法则会使大量有用信息遗失，导致模型利用率低。当评价因素越多，遗失的有用信息就越多，信息利用率越高，误判可能性也就越大。

（3）主成分分析法。主成分分析法的原理是利用数理统计的方法找出系统中的主要因素和各因素的相互关系，然后将系统的多个变量（或指标）转化为较少的几个综合指标的一种统计分析方法。具体操作是首先将高维变量进行综合与简化，同时确定各个指标的权重，通过矩阵转换和计算，将多目标问题综合成单指标形式，将反映系统信息量最大的综合指标确定为第一主成分，其次为第二主成分，依次类推。主成分的个数一般按所需反映全部信息量的百分比来确定。其缺点一方面在于评价参数的分级标准的选定和对主成分的取舍上，另一方面主成分是多维目标的单指标复合形式，因此其物理概念不明确，难以在经济活动中选择合适的控制点。对于区域水资源系统来说，由于主成分是单纯原始变量的线性组合，因此很难分析其技术经济含义。

（4）多目标决策法。多目标决策法是选取能够反映水资源承载力的人口、社会经济发展以及资源环境等若干指标，根据可持续发展目标，不追求单个目标的优化，而追求整体最优。利用多目标决策模型，可以将水资源系统与区域宏观经济系统作为一个综合体考虑，全面研究水资源开发利用与人口、社会经济发展以及资源环境间的动态联系。但该方法也存在一定的不足之处，如对决策因子的权重的确定的方法多为主观判断方法，其结果客观性较差。

4.土地资源承载力

土地资源人口承载力指"在一定生产条件下土地资源的生产能力和一定生活水平下所承载的人口限度"。主要分析方法包括土地人口承载力法、生态足迹法、光合潜力衰减法、迈阿密模型、与蒸散量有关的模型和农业生态区域法等。

（1）土地人口承载力。计算土地人口承载力分为两大步骤：一是测算出土地的生产潜力；二是测算出人均粮食需求量。在测算出土地生产潜力和人均粮食需求量的基础上依据土地生产力模型推算出土地承载量，进而通过人口承载比（SR）来反映某一区域土地人口承载潜力的大小。该方法比较简单，一般均可应用。

（2）生态足迹。生态足迹（Ecological Footprint，EF）是一种基于土地利用的生态承载力分析方法，主要是通过比较一个特定区域内部土地的产出能力（这里的土地产出包括可再生资源、不可再生资源的产出以及废物消纳能力的总和），即生态承载力和区域内特定人口的消费能力是否守恒来判断该区域的可持续发展状态。该方法多适用于"海岛"等相对独立空间的土地资源承载力分析。

（3）光合潜力衰减法。光合潜力把光照作为唯一考察的因素，而其他因素，如温度、水分、土壤，都不起任何限制作用。因此，光合潜力衰减法在光合潜力的基础上，进而根据温度、水分、土壤等各方面的因素进行不同程度的衰减，来估算农业生产潜力。

（4）迈阿密模型。该模型认为陆地上的生物生产力受温度和水分制约，由此建立气象因子和生物产量的相关系数。迈阿密模型的优点是可以利用常规气象观测资料进行估算，方便易行。但模型过于简单，只考虑单因子（年平均气温或年平均降水量），没有综合考虑环境气候因子的影响，实际计算时会出现较大误差。以往有很多学者利用这一方法对不同地区的作物生产力进行了计算，但由于这种方法的内在缺陷，现在已经较少采用在实际计算当中了。

（5）与蒸散量有关的模型。把蒸散量与生物生产力相联系在理论上有重要意义。此类模型中比较有影响的有里斯模型、杜允波斯模型和瓦赫宁根模型。该方法的实际蒸散量的资料很难取得。

（6）农业生态区域法。农业生态区域法是联合国粮农组织对一些发展中国家进行土地承载力研究时使用的方法。这种方法包括土地资源清查、农作物最大单产潜力估算、作物适宜性分析以及土地生产潜力的估算等4个方面的内容。农业生态区域法除了具有一般综合模式的优点，还比较全面地考虑了影响作物生长发育的气候因素，所用的气候指标都是常规气象观测的数据，并且所用的参数可以根据作物的特点进行调整，用于大面积的作物生产力计算比较容易。

5.能源承载力

20世纪70年代爆发的"石油危机"使得各国学者开始关注能源问题的研究，将各种建模方法引入能源系统的研究当中。随着中国对能源需求量的不断增长，对能源的关注也更加迫切。能源承载力的研究方法主要包括能源弹性系数法、时间序列分析法和灰色预测法等。

（1）能源弹性系数法。能源弹性系数法是根据国内生产总值增长速度与能源消费增长之间的关系来预测能源需求总量。它把能源消费量与经济增长定量地表示出来，以考察两者关系的一般发展规律，并以此来分析未来能源需求。应用弹性系数法作为能源需求预测的手段，是根据历史上能源消费及其影响因素的统计数据，进行回归分析并找出合适的回归方程及其回归系数，以此回归方程为基础，对未来的能源需求进行预测。能源弹性系数法存在一定局限性，它仅仅是一个经验数据，不能准确地反映实际情况。

（2）时间序列分析法。时间序列分析法以研究对象的历史时间序列数据为基础，运用一定的数学方法使其向外延伸，来预测其未来的发展变化趋势。在预测能源需求时，是在过去能源消费增长的基础上进行趋势外推。具体包括简单时序平均数法、加权时序平均数法、移动平均法、加权移动平均法、趋势预测法、指数平滑法、季节性趋势预测法和市场寿命周期预测法等。上述几种方法虽然简便，能迅速求出预测值，但由于没有考虑到整个社会经济发展的新动向和其他因素的影响，所以准确性较差。应根据新的情况，对预测结果做必要的修正。

（3）回归分析法。能源需求与各种影响因素之间存在着一种客观存在的依存关系，但这种关系不是函数关系，而是一种不严格、不确定的关系，这种关系被称为相关关系。回归分析正是解决此类问题的一个典型方法。回归模型方法简便实用，它不但可以对能源需求进行预测，还可以在影响能源需求的诸因素中，利用相关检验确定最主要的影响因素，从而简化模型，突出主要矛盾。

（4）投入产出法。投入产出法是编制棋盘式的投入产出表和建立相应的线性代数方程体系，构成一个模拟现实的国民经济结构和社会产品再生产过程的经济数量模型，综合分析和确定国民经济各部门间错综复杂的联系和再生产的重要比例关系。它既可以作为综合统计分析和计划综合平衡的重要工具，也是进行能源需求预测的一种方法。应用投入产出分析法进行能源需求预测，需要具有一份实物型投入产出表。

（5）部门分析法。部门分析法是根据能源消费量和经济增长速度之间的关系，在直接预测一定经济增长速度和能源利用率情况下，各部门的能源需求量的一种方法。该方法将国民经济分成若干部门，分别计算各个部门的能源需求量，然后加总，得到能源需求总量。部门分析法部门划分越细，预测的准确率就越高；反之，则越低。

（6）协整理论。协整理论从分析时间序列的非平稳性着手，探求非平稳经济变量间蕴涵的长期均衡关系，可以避免多数时间序列线性回归可能产生所谓的"伪回归"，以及差分后序列建模导致的长期调整信息的丢失。协整理论把时间序列分析中短期动态模型与长期均衡模型的优点结合起来，充分提取长期与短期信息，为非平稳时间序列的准确建模提供了很好的解决方法。

（7）情景分析法。情景分析法是从未来社会发展的目标情景设想出发，来构想未来的能源需求，这种构想可以不局限于目前已有的条件限制，允许人们首先考虑未来希望达成的目标，然后再来分析达成这一目标所要采取的措施和可行性。情景分析是一种融定性分析与定量分析为一体的分析方法。它既承认系统未来的发展有多种可能性，同时又承认人在未来发展中的主观能动作用。而且特别注意对系统发展起重要作用的关键因素及其协调一致性的分析。该方法主要用于处于不确定环境下，系统的中长期的情景状态预测。

三、环境保护总体规划的预测方法

环境预测是指对与规划对象相关的社会、经济、环境要素的发展趋势进行科学的推断。科学、有效的预测是对环境进行合理评价及规划的基础，是环境保护总体规划编制中最重要的部分。

（一）回归预测方法

环境系统内部各部分之间常存在某种因果关系，如产品产量的增加常导致污染物排放量的增加，交通流量的增加会使公路沿线噪声污染加重等。这种因果关系往往无法用精确的理论模型进行描述，只有通过对大量观测数据的统计处理，才能找到它们之间的关系和规律。回归分析就是通过对观测数据的统计分析和处理，确定事物之间相关关系的方法。根据回归模型的线性特征，回归预测可分为线性回归预测和非线性回归预测。

1.线性回归预测

根据回归模型中自变量的数量，回归模型可以分为一元回归模型和多元回归模型。这里主要介绍多元回归模型，一元回归模型可以看作多元回归模型的特例。多元回归模型的数学模型为将预测对象和各影响因素表示为线性关系，对于各因素的参数进行估计和检测，参数估计方法包括点估计、矩估计、最大似然估计和最小二乘估计等，多元回归中通常选用最小二乘估计。参数检验方法包括相关系数检验、F检验、t检验、DW检验和共线性诊断等。

2.非线性回归预测

环境系统内部各事物之间关系错综复杂，有时线性关系难以描述，在这种情况下，可以考虑采用非线性回归模型。当因变量和自变量之间的关系为曲线形式时，称它们之间的关系为非线性关系，所建立的模型为非线性模型。与线性回归类似，依据自变量的数量可以将非线性回归模型分为一元函数曲线模型和多元函数曲线模型。计算中通常先将非线性模型转化成线性模型，然后利用线性模型的统计学方法进行参数估计和检验。

回归分析法是从环境系统内部各组成之间的因果关系入手，建立回归模型进行预测的方法，因此适用于大量观测数据的处理。但对于影响因素错综复杂或有关影响因素的数据无法得到时，因果回归的方法就不再适用。

（二）时间序列平滑预测

时间序列分析法是依据预测对象过去的统计数据，找到其随时间变化的规律，建立时序模型，进而推断未来数值的方法。

1.一次指数平滑法

指数平滑法假定：未来预测值与过去已知数据有一定关系，近期数据对预测值的影响较大，远期数据对预测值的影响较小，影响力呈几何级数减少。因此，该法以本期实际值和上期指数平滑值的加权平均值作为本期指数平滑值，并将其作为下一期预测值。其中，平滑常数 α 的选择直接影响过去各期观察值的作用。实际应用中该常数的值是通过实验比较确定的。如何选择 α 的值及合理评价预测结果是指数平滑法的关键。

2.二次指数平滑法

当时间序列呈直线趋势时，为了提高指数平滑对时间序列的吻合程度，可在第一次指数平滑的基础上，再进行一次平滑，即二次指数平滑。其目的不是直接用于预测，而是用来修正一次指数平滑值的滞后偏差。二次指数平滑对原时间序列进行了两次修正，因此更能消除原序列的不规则变动和周期性变动，使序列的长期趋势更加明显。

3.三次指数平滑法

主要介绍布朗三次指数平滑法。布朗三次指数平滑法是在二次指数平滑的基础上再做一次指数平滑，然后用平滑值建立预测模型的方法。布朗三次指数平滑法主要用于非线性时间序列的预测。二次指数平滑法与三次指数平滑法预测模型的有效性检验同一次指数平滑法相同。

（三）时间序列分析方法

时间序列分析方法，又称博克斯—詹金斯法或ARMA方法。它将预测对象随时间变化形成的序列看作一个随机序列、一种依赖时间的一簇随机变量。这一簇随时间变化的数字序列，可以用相应的数学模型加以近似描述，能更本质地认识到其中的内在结构和复杂特性，达到最小方差意义下的最佳预测。目前有许多软件可以进行时间序列的分析，如S-plus、TSP、Eviews和SAS等。

（四）马尔科夫预测

马尔科夫法是将时间序列看作一个随机过程，通过对事物不同状态的初始概率和状态之间转移概率的研究，确定状态变化趋势，以预测事物的未来的一种方法。在环境事件的预测中，被预测对象所经历的过程中各个阶段（或时点）的状态和状态之间的转移概率是最为关键的。

第k个时刻（时期）的状态概率预测：某一事件在第0个时刻（或时期）的初始状态已知，就可以求得它经过k次状态转移后，在第k个时刻（时期）处于各种可能的状态的概率，从而得到该事件在第k个时刻（时期）的状态概率预测。

终极状态概率预测经过无穷多次状态转移后所得到的状态概率称为终极状态概率，或称平衡状态概率。终极状态概率是用来预测马尔科夫过程在遥远的未来会出现的趋势的重要信息。

马尔科夫预测法的基本要求是状态转移概率矩阵必须具有一定的稳定性。因此，必须具有足够多的统计数据，才能保证预测的精度与准确性。换句话说，马尔科夫预测模型必须建立在大量的统计数据的基础之上。

（五）灰色系统理论

环境的灰色预测就是基于灰色建模理论，即在GM（1，1）模型基础上进行的预测，它通过GM（1，1）模型去预测某一序列数据间的动态关系。按照其预测问题的特征可分为4种基本类型，即数列预测、灾变预测、拓扑预测和系统预测。

1.数列预测

数列预测是对系统行为特征值（与系统的某种行为相关的数值）大小的发展变化进行预测，称为系统行为数据列的变化预测，简称数列预测。其特点是：对行为特征量进行等时距的观测，预测它们在未来时刻的值。一般地，预测模型的精度检验可查。灰色预测常用的修正方法有残差序列建模法和周期分析法两种。

2.灾变预测

灾变是指由于系统行为特征量超过某个阈值（界限值），而使得系统的活动产生异常后果的现象。灾变预测即对这种异常在未来可能出现的时间进行预测，是对异常出现时刻的预测。灾变预测分年灾变预测和季节灾变预测，年灾变预测是对灾变所发生年份的预测，季节灾变预测则是对灾变发生在一年中某个特定时区的预测。

3.拓扑预测

拓扑预测即图形的预测，又称波形预测。它从系统运动变化的现有波形曲线出发来预测系统未来运动变化的图形，一般在原始数据列摆动幅度大而且频繁的情况下应用。预测的原理与灾变预测类似，可以看作灾变预测多次进行后的组合。

4.系统预测

前3种预测都是对系统中某一个变量变化情况的预测，而系统预测则是对系统中的数个变量变化情况同时进行的预测，既预测这些变量间的发展变化关系，又预测系统中主导因素所起的作用。在系统预测中不但要用到GM（1，1）模型，还要使用GM（1，N）模型［一阶多（N）变量的灰色模型］。GM（1，1）模型是各类预测中最常用的一种灰色模型，具有要求样本数据少、原理简单、运算方便、短期预测精度高和可检验等优点。它是由一个只包含单变量的一阶微分方程构成的模型，是GM（1，N）模型的特例。用GM（1，1）模型对动态数据进行处理，结果的稳定性较难保证。

（六）系统动力学方法

系统动力学是以反馈理论为基础，以数字计算机仿真技术为手段，通过对系统各组成部分和系统行为进行仿真，研究复杂系统的行为的环境保护总体规划。由于其对复杂非线性问题强大的处理能力，目前已经在环境规划、战略环境评价等环境科学领域广泛应用。

系统动力学模型的目的在于研究系统的问题，加深对系统内部反馈结构与其动态行为关系的研究与认识，并进行改善系统行为的研究。从建模初始阶段，模型研制者就应关心模型结果的最终被应用与实施问题。

系统动力学解决问题的主要步骤分为4步。第一步是用系统分析，其主要任务在于分析问题，剖析要因。第二步为系统的结构分析，主要任务在于处理系统信息，分析系统的反馈机制。第三步在系统分析和结构分析的基础上，根据各系统演化行为、反馈关系建立相应的方程和模型。第四步在系统建模、参数估计、参数矫正、灵敏度分析之后，以系统动力学的理论为指导进行模型模拟与政策分析，更深入地剖析系统；寻找解决问题的决策，并尽可能付诸实施，取得实践结果，获取更丰富的信息，发现新的矛盾与问题；修改模型，包括结构与参数的修改，模型的检验与评估。这个步骤的内容并不都是放在最后一起来做的，其中相当一部分内容是在上述其他步骤中分散进行的。

四、环境保护总体规划的总量控制技术

所谓城市污染物总量控制，是在城市边界区域范围内，通过有效的措施，把排入城市的污染物总量（包括工业、交通和生活等污染源）控制在一定的数量之内，使其达到预定环境目标的一种控制手段。实施的总量控制一般分3种类型：容量总量控制、目标总量控制和行业总量控制。在环境保护总体规划中，总量控制技术主要用于针对污染物排放进行总量控制的规划措施和方案的制订。

目前，污染物总量控制的规划方法包括：线性规划、整数规划、动态规划和灰色线性规划。通过线性规划方法可获得总污染物排放量最大、总污染源削减量（或削减率）最小，或削减污染物措施的总投资费用最小。通过整数规划方法可获得最佳的削减污染物的措施和方案，还可通过动态规划方法和灰色线性规划方法求得总排放量的分配问题。

（一）线性规划

线性规划是运筹学中研究较早、发展较快、应用广泛、方法较成熟的一个重要分支，它是辅助人们进行科学管理的一种数学方法，在水环境、大气环境规划中得到广泛应用。解线性规划的方法最常用的是单纯形法。单纯形法算法简便，理论成熟，且有标准的计算程序可供使用。

（二）整数规划

0-1型整数规划在城市污染浓度已超标的情况下，已知各排放源若干个削减污染的措施及其费用，通过0-1整数规划可求得在整体费用最小的情况下，每个源应选取的对应治理措施。0-1整数规划的求解可采用隐枚举法。

混合整数规划，在城市水环境、大气环境规划中，治理措施有的可表现为连续变量，有的则是不连续的。某些点源采用脱硫装置改换除尘装置或搞集中供热等，水环境规划中有不同等级与不同方法的污水处理。这些污水处理方案，在规划模型中它们表现为0-1整型变量。因此，包含具体治理措施方案在内的总量控制规划是一个混合整数规划。解决混合整数规划问题一般采用分支定界法。

（三）动态规划

动态规划是解决多阶段决策过程最优化的一种数学方法，是根据一类多阶段决策问题的特点，把多阶段决策问题转换为一系列互相联系单阶段问题，然后逐个加以解决。在多阶段决策问题中，各个阶段采取的决策，一般来说是与时间有关的，决策依赖于当前的状态，又随即引起状态的转移，一个决策序列就是在变化的状态中产生出来的，即为动态规划。但是，一些与时间没有关系的静态规划问题，只要人为地引进时间因素，也可把它视为多阶段决策问题，用动态规划方法去处理。

在应用动态规划方法处理"静态规划"问题时，通常以把资源分配给一个或几个使用者的过程作为一个阶段，把问题中的变量设为决策变量，将累计的量或随递推过程变化的量选为状态变量。

（四）灰色线性规划

在环境保护总体规划中，建模所用的某些参数难以精确得到，往往为一区间值，设计条件和污染源等有关数据资料不能完全反映实际情况，此时，可以采用灰色线性规划进行不确定性规划。灰色线性规划约束条件的约束值可以随着时间变化。

五、环境保护总体规划的区划技术

环境保护总体规划中，需要对规划区域划定生态环境"红线"，实行严格保护，确保区域生态安全，恢复生态系统功能。区划技术就是用于生态功能区划和环境功能区划（大气、水和声等环境要素）空间划分的技术，使规划的保护目标在空间上更加直观，界限明确。

（一）生态功能区划

生态功能区划就是在区域生态调查的基础上，分析区域生态环境的空间分布规律，明确区域生态环境特征、生态系统服务功能重要性与生态环境敏感性空间分布规律，确定区域生态功能分区。

进行区域生态功能区划的目的在于：一是为区域的产业布局、生态环境保护与建设规划提供科学依据；二是为生态系统可持续管理提供决策依据。

生态功能区划一般采用定性分区和定量分区相结合的方法进行分区划界，生态功能区划分区系统分3个等级。首先是从宏观上进行的生态区划，即以自然气候、地理特点与生态系统特征划分自然生态区；其次是生态亚区区划，根据生态服务功能、生态环境敏感性评价划分生态亚区；最后，在生态功能区的基础上，明确关键及重要生态功能区，其中，边界的确定应考虑利用山脉、河流等自然特征与行政边界。分区所采用的方法是与区划的原则密不可分的。

1.地理相关法

即运用各种专业地图、文献资料和统计资料对区域各种生态要素之间的关系进行相关分析后进行分区。该方法要求将所选定的各种资料、图件等统一标注或转绘在具有坐标网格的工作底图上，然后进行相关分析，按相关紧密程度编制综合性的生态要素组合图，并在此基础上进行不同等级的区域划分或合并。

2.空间叠置法

以各个分区要素或各个部门综合的分区（气候区划、地貌区划、植被区划、土壤区划、农业区划、工业区划、土地利用图、林业区划、综合自然区划、生态地域区划、生态敏感性区划和生态服务功能区划等）图为基础，通过空间叠置，以相重合的界限或平均位置作为新区划的界限。在实际应用中，该方法多与地理相关法结合使用，特别是随着地理信息系统技术的发展，空间叠置分析得到越来越广泛地使用。

3.主导标志法

该方法是主导因素原则在分区中的具体应用。在进行分区时，通过综合分析确定并选取反映生态环境功能地域分布主导因素的标志或指标，作为划分区域界限的依据。同一等级的区域单位即按此标志或指标划分。用主导标志划分区界的同时，还需用其他生态要素和指标对区界进行必要的订正。

4.景观制图法

本法是应用景观生态学的原理编制景观类型图，在此基础上，按照景观类型的空间分布及其组合，在不同尺度上划分景观区域。不同的景观区域其生态要素的组合、生态过程及人类干扰是有差别的，因而反映着不同的环境特征。

5.定量分析法

针对传统定性分区分析中存在的一些主观性、模糊不确定性缺陷，近来数学分析的方法和手段逐步被引入区划工作中，如主分量分析、聚类分析、相关分析、对应分析、逐步判别分析等一系列方法均在分区工作中得到广泛应用。

上述分区方法各有特点，在实际工作中往往是相互配合使用的，特别是由于生态系统功能区划对象的复杂性，随着GIS技术的迅速发展，在空间分析基础上将定性与定量分析相结合的集成方法正在成为工作的主要方法。

（二）大气环境功能区划

大气环境功能区是因其区域社会功能不同而对环境保护提出不同要求的地区，应由当地人民政府根据国家有关规定及城乡总体规划，划分为一、二、三类大气环境功能区。各功能区分别采用不同的大气环境标准，来保证这些区域社会功能的发挥。在划分大气环境功能区时应科学、合理，充分考虑规划区的地理、气候条件等。对不同的功能区实行不同大气环境目标的控制对策，有利于实行新的环境管理机制。

大气环境功能区是不同级别的大气环境系统的空间形势，各种地域上大气环境的系统特征是大气环境功能区的内容和性质。大气环境功能区划涉及的因素较多，采用简单的定性方法进行划分，不能很好地揭示出城市大气环境的本质在空间上的差异及多因素间的内在关系。划分大气环境功能区的方法一般有多因子综合评分法、模糊聚类分析法、生态适宜度分析法及层次分析法等。

（三）水环境功能区划

水环境功能区划是水资源合理开发利用与有效配置的重要手段，也是环境容量计算，实施总量控制，进行区域水环境质量评价的重要依据，是水资源与水环境目标管理、分类管理的基础；合理的区划有利于产业发展、城市建设与人口布局优化，有利于规避与周边地区水污染冲突。

我国的水环境功能区是根据《地表水环境质量标准》（GB 3838—2002）来进行划分的，依据地表水水域环境功能和保护目标，按功能高低依次划分为5类。水域功能类别高的标准值严于水域功能类别低的标准值。同一水域兼有多类使用功能的，执行最高功能类别对应的标准值。

（四）声环境功能区划

根据《声环境质量标准》（GB 3096—2008）中适用区域的定义，结合区域建设的特点来划分环境噪声功能区。

六、环境保护总体规划的决策技术

环境保护总体规划决策问题涉及环境、经济、政治、社会、技术等多种因素。目前，常用的环境决策技术包括确定型决策、风险型决策、不确定型决策和多目标决策。

（一）确定型决策

确定型决策是指只存在一种完全确定的自然状态的决策。确定型决策问题必须具备以下4个条件：一是存在一个明确的决策目标；二是存在一个明确的自然状态；三是存在可供决策者选择的多个行动方案；四是可求得各方案在确定状态下的损益值。

确定性问题的决策方法有很多，如线性规划、非线性规划、动态规划等方法，都是解决确定型决策问题常用的数学规划方法。

（二）风险型决策

风险型决策也称随机型决策，是决策者根据几种不同结果的可能发生概率所进行的决策。一般包含5个条件：存在着决策者希望达到的目标；存在着两个或两个以上的方案可供选择；存在着两个或两个以上不以决策者主观意志为转移的自然状态；可以计算出不同方案在不同自然状态下的损益值；在可能出现的不同自然状态中，能确定每种状态出现的概率。常用的风险型决策法包括决策树分析方法、主观概率决策及贝叶斯决策等。

1.决策树分析方法

决策树分析方法是指以树状图形作为分析和选择方案的一种图解决策方法。其决策依据是各个方案在不同自然状态下的期望值。

2.主观概率决策及贝叶斯决策

有些决策问题只能由决策者根据他对事件的了解去确定。这样确定的概率反映了决策者对事件出现的信念程度，称为主观概率。主观概率论者不是主观臆造事件发生的概率，而是依赖于对事件做周密的观察，去获得事前信息。主观概率法一般可分为直接估计法和间接估计法。贝叶斯决策是在对信息了解不充分的情况下，决策者通过调查或试验等途径获得信息来修正原有决策的方法。主要分为两步：先由过去的经验或专家估计获得将发生事件的事前概率；根据调查或试验计算得到条件概率。

（三）不确定型决策

在环境管理与规划中，往往涉及社会、经济、自然等多方面要素，且关系复杂，只能了解事物可能出现的几种状态，无法确定这些事件的各种自然状态发生的概率，这类决策问题就是不确定型决策。

不确定型决策准则包括乐观决策法、悲观决策法、折中决策法、后悔值决策法和等概率决策法等。这5种准则都具有以下4个共同点，即都存在着一个明确的决策目标；存在着两个或两个以上随机的自然状态；存在着可供决策者选择的两个或两个以上的行动方案；可求得各方案在各状态下的决策矩阵。

（四）多目标决策分析方法

所谓多目标决策问题，是指在一个决策问题中同时存在多个目标，每个目标都要求其最优值，并且各目标之间往往存在着冲突和矛盾的一类决策问题。最常用的多目标问题的分类方法是按决策问题中备选方案的数量来划分。一类是多属性决策问题，这一类问题求解的核心是对各备选方案进行评价后，排定各方案的优劣次序，再从中选优。另一类是多目标决策问题，求解这类问题的关键是向量优化，即数学规划问题。

1.基于决策矩阵的多属性决策

各方案的决策属性值可列成一个决策矩阵，或称属性矩阵。决策矩阵提供了分析决策问题所需的基本信息，各种数据的预处理和求解方法都以此为基础。

2.层次分析法

层次分析法是一种定性与定量相结合的决策分析方法。它是一种将决策者对复杂系统的决策思维过程模型化、数量化的过程。

3.数据包络分析方法

数据包络分析方法，是一种针对多指标投入和多指标产出的相同类型部门之间的相对有效性进行综合评价的方法，也是一种多属性决策的常用方法。CR模型是最基本的DEA模型，用CR模型评价特定决策单元的有效性，是相对于其他决策单元而言的，故称为评价相对有效性的DEA模型。

4.目标规划

目标规划的基本思路是为对每一个目标函数引进一个期望值。由于这些目标值不能都同时达到，因而引入正、负偏差变量，表示实际值和目标期望值之间的偏差，引入目标的优先等级和权系数，构造出一个新的单一目标函数，从而将多目标问题转化为单目标问题进行求解。

七、环境保护总体规划的城市可持续发展评判技术

环境保护总体规划编制的核心理论之一就是可持续发展理论，它贯穿整个规划的始终，是规划的核心思想。为实现城市可持续发展目标，需要协调经济、社会、资源与环境之间的关系，使整个大系统持续、健康、稳定地发展。

（一）可持续发展的指标体系

联合国可持续发展委员会创建了可持续发展指标体系。该体系由社会、经济、环境和制度4大系统按驱动力、状态、响应模型设计的含25个子系统、142个指标构成，是目前较有影响且得到广泛应用的可持续发展评价工具。

（二）能值分析法

能值理论是以太阳能值为统一度量标准，在能量生态学、系统生态学、生态工程学及经济生态学的基础上，通过能量系统分析建立起来的一种理论模型。目前能值理论已经广泛用于评价区域生态经济系统的可持续性。

（三）生态足迹评价法

生态足迹的账户模型是主要用来计算在一定的人口和经济规模条件下，维持资源消费和废弃物吸收所必需的生物生产土地面积。该模型能判断一个国家或地区的发展是否处于生态承载力的范围内，是否具有安全性。

（四）模糊集合评判

美国自动控制专家查德教授于1965年首先提出模糊集合理论，将元素与集合的关系用隶属度进行刻画，隶属度可以理解为元素属于某一集合的程度，从而将普通数学中的二值逻辑关系的{0，1}集合扩展为区间[0，1]上的连续取值。通过假定决定事物的因素个数，然后构建因素集，再设所有判定等级的个数，最后根据公式构成评价集。

八、环境保护总体规划的城市循环经济的构建技术

环境保护总体规划应该以控制污染，促进废弃物"减量化、再使用、再循环"为目标。循环经济的构建技术可为环境保护总体规划措施和方案的制订提供更加科学、有效的

方法。

（一）循环型城市物质代谢分析

物质代谢分析主要分析在经济系统中物质和能量的流动，是循环经济研究的一个重要领域。现阶段国际上对于定量分析物质代谢效应的方法主要有4种，即物质流分析、能量流分析、人类占用的净初级生产量和生态足迹。其中，物质流分析是指在一定时空范围内关于特定系统的物质流动和贮存的系统性分析，目的是对社会生产和消费领域的物质流动进行定量分析和定性分析，了解和掌握整个经济体系中物质的流向、流量，评价和量化经济社会活动的资源投入、产出和资源利用效率，找出降低资源投入量、减少废物排放量，提高资源利用率的方法。

（二）投入产出分析

投入产出分析方法是一种静态建模方法，主要用于城市宏观经济系统的各个部门的经济货币流的相互作用的模型。可将其应用于循环经济系统模型中，通过物质流系统和相应的物质流矩阵，来追踪直接流和间接流的路径。

通过某一过程流向特定过程的流量占这个特定过程的总流量的比例，可以得到循环经济系统的过程流系数矩阵，进而可以建立代表该系统过程间关系的循环经济系统的结构矩阵。

（三）清洁生产潜力分析

建立清洁生产潜力模型旨在从宏观层次上评估或预测实施清洁生产的效果。旨在从宏观层次上评估或预测实施清洁生产的效果。该模型以行业清洁生产标准为评价和分析的基础，以行业清洁生产标准的不同级别为参照系，计算出以清洁生产为导向的不同经济增长模式下污染物的产生量，与该行业的污染物产生基准值进行比较，污染物产生量差值就是该污染物产生量的削减潜力。该模型可用于对清洁生产的回顾性评价和分析，也可用于对未来清洁生产潜力的预测和评估。

九、环境保护总体规划的效益评估方法

费用效益分析又称效益费用分析、经济分析、国民经济分析或国民经济评价。费用效益分析最初是作为国外评价公共事业部门投资的一种方法而发展起来的，后来这种方法作为评价各种项目方案的社会效益的方法而得到广泛的应用。费用效益分析是环境经济分析的基本方法。环境保护总体规划的费用效益分析主要是对规划范围所涉及的要素进行费用和效益的评估，比较评估结果，完善规划方案。评估难点是选择评估的方法和评估参数。

（一）效益评估方法

效益的构成主要包括直接经济效益、生态环境效益和社会效益。环境保护总体规划所带来的环境效益多是由于规划项目的实施减少的环境损害，所以环境效益的估算可以根据规划项目实施前带来的损害进行考虑。在评估环境效益时最常用的方法是根据环境介质的分类逐个分析评估。

（二）费用评估方法

费用主要包括投入费用、运行费用、直接经济损失和生态环境污染损失。环境保护总体规划所包含的内容很多，有大气污染控制和水污染控制等，为了便于描述，可以将规划所产生的费用按环境介质进行归类统计，然后用不同估算方法，来估算所产生的相应费用。

（三）费用效益分析综合评价方法

在环境保护总体规划中，对环境费用和效益进行比较评价，通常采用的是净效益、效费比和内部收益率等方法。

第三章　城市市区生态化建设

第一节　市区内森林的规划与设计

一、市区森林可利用的土地类型

城市土地在自然土地的基础之上，经过人类长期利用改造形成了特殊的自然和社会经济属性。城市土地利用是通过土地的承载功能来利用土地的社会经济条件。市区内土地类型的这种社会经济属性就更为强烈和集中。一般来说，按照市区内通用的土地类型划分，市区森林可利用的土地类型大致可划分为住宅区、工业区、商业区、行政中心业务区和商住混合区5大类型。

二、市区森林类型的确定

（一）全国园林绿地分类标准体系下的市区森林类型

市区森林实质上与园林绿地是相重合的，只是城市林业所关注的是以林木为主体的生物群落及其生长的环境，园林绿地除包括上述内容之外，更为关注绿地中的园林建筑、园林小品、道路系统等。

（二）按照植物的栽植地点划分的市区森林类型

按照栽植地点划分的主要城市市区森林类型有：

（1）行道树木类型：栽植在市区内大小道路两边的树木，也有的栽植在道路的中间，如分车道中的树木草坪类型。

（2）公园绿化树木类型：是指市区及综合性公园、动物园、植物园、体育公园、儿童公园、纪念性园林中种植的树木类型。

（3）居住区树木类型。居住区绿地是住宅用地的一部分。一般包括居住小区游园、宅旁绿地、居住区公建庭院和居住区道路绿地。

（4）商业区树木类型：是指种植于商业地带（或商业中心区）的树木类型。

（5）单位附属树木类型：是指种植于各企事业单位、机关大院内部的树木类型，如工厂、矿区、仓库、公用事业单位、学校、医院等。

（6）街头小片绿地树木类型：是指种植在沿道路、沿江、沿湖、沿城墙绿地和城市交叉路口的小游园内的树木类型。

（三）按照功能类型划分的市区森林类型

按照功能类型划分，市区森林的主要类型有：

（1）以绿化、美化环境为主要功能的行道和居住区绿化带市区森林类型。

（2）以防治污染、降低噪声为主要功能的工矿区市区森林类型。

（3）其他功能类型，包括分布在商业区、政府机构、企事业单位、学校等市区森林类型。

三、市区森林规划设计的原则

（1）服从城市发展的总体规划要求。市区森林规划设计要服从城市发展的总体规划要求，要与城市其他部分的规划设计综合考虑，全面整体安排。

（2）明确指导思想。在指导思想上要把城市森林的防护功能和环境效益放在综合功能与效应的首位。

（3）要符合城市的特定性质特征。在城市森林建设规划中，首先要明确城市的特定性质特征。

（4）要符合"适地、适树、适区"的要求。具体含义就是城市本身是由工业区、生活区、商业区、休闲娱乐区等功能区域组成的综合体。不同的区域，对市区森林功能和价值的要求是不同的。工业区是城市的主要污染区，因此，树种应选择那些抗污染能力强的树种，如夹竹桃、冬青、女贞、小叶黄杨等。

（5）配置方式力求多样化。市区森林应力求在构图、造型和色彩等方面的多样化。从整体而言，力求多样化，这种多样化包括树种选择的多样化、种植方式的多样化。但多样化不等于杂乱无章，在某一具体地段上，配置方式应注意整体性和连续性。

（6）要做到短期效益和长期效益相结合。在市区森林设计中，既要考虑到短期内森林能够发挥其应有的生态、美化效益，选择一些生长迅速的乔灌木树种，又要从长远观点出发有意识地栽植一些生长较慢但后期效益较大的树种，使常绿树种与落叶树种、乔木与灌木及地被植物有机地结合为一个统一的整体。

（7）城市公共绿地应均匀分布。城市中的街头绿地、小型公园等公共绿地应均匀分布，服务半径合理，使附近居民在较短时间内可步行到达，以满足市民文化休憩的需求。

（8）保持区域文化特色。保持城市所在地区的文化脉络，也就是保持和发展了城市环境的特色。失去文化的传承，将导致场所感和归属感的消亡，并会由此引发多种社会心理疾患。城市环境从本质上说是一种人工建造并在长期的人文文化熏陶下所产生和发展的人文文化环境，而由于地域环境的差异，以集群方式生活的人类所生活的空间必然有其特有的文化内涵，城市环境失去了所在地方的文化传统，也就失去了活力。

四、市区绿地指标的确定

市区绿地指标一般常指城市市区中平均每个居民所占的城市绿地面积，而且常指的是公园绿地人均面积。市区绿地指标是城市市区绿化水平的基本标志，它反映着一个时期的经济水平、城市环境质量及文化生活水平。

（一）市区绿地指标的主要作用

（1）可以反映城市市区绿地的质量与城市自然生态效果，是评价城市生态环境质量和居民生活福利、文化娱乐水平的一个重要指标。

（2）可以作为城市总体规划各阶段调整用地的依据，是评价规划方案经济性、合理性及科学性的重要基础数据。

（3）可以指导城市市区各类绿地规模的制定工作，如推算城市各级公园及苗圃的合理规模等，以及估算城建投资计划。

（4）可以统一全国的计算口径，为城市规划学科的定量分析、数理统计、电子计算技术应用等更先进、更严密的方法提供可比的依据，并为国家有关技术标准或规范的制定与修改提供基础数据。

（二）确定城市市区绿地指标的主要依据

根据上述城市市区绿地类型的种类和各类型的一般特点，城市市区绿地指标主要包括公园绿地人均占有量、城市市区绿地率、城市绿化覆盖率、人均公共绿地面积、城市森林覆盖率。城市建成区内绿地面积包括：城市中的公园绿地，居住区绿地和附属绿地的总和，城市建成区内绿化覆盖面积包括各类绿地的实际绿化种植覆盖面积（含被绿化种植包围的水面）、屋顶绿化覆盖面积以及零散树木的覆盖面积，乔木树冠下的灌木和草地不重复计算。

由于影响绿地面积的因素是错综复杂的，它与城市各要素之间又是相互联系、相互制约的，不能单从一个方面来观察。

（1）达到城市生态环境保护要求的最低下限，影响城市园林绿地指标的因素很多，但主要可以归纳为两类。一是自然因素，即保护生态环境及生态平衡方面，如二氧化碳和氧的平衡、城市气流交换及小气候的改善、防尘灭菌、吸收有害气体、防火避灾等。二是对园林绿地指标起主导作用的生态及环境保护因素。

（2）满足观光游览及文化休憩需要，确定城市园林绿地的面积，特别是公共园林绿地的面积（如公园）要与城市规模、性质、用地条件、城市气候条件，绿化状况以及公园在城市的位置与作用等条件有关系。

从发展趋势来看，随着人民生活水平的提高，城市居民节假日到公园等绿地游览休闲的越来越多。另外，来往的流动人口，也都要到公园去游览。因此，从游览及文化休憩方面考虑，我国提出的城市公共绿地面积近期每人平均3～5m²，远期每人平均7～11m²的指标，也是不高的。七大城市森林建设指标：①综合指标；②覆盖率；③森林生态网络；④森林健康；⑤公共休闲；⑥生态文化；⑦乡村绿化。

（3）城市绿地指标的计算方法。城市市区绿地主要指标包括：

①公园绿地人均占有量（m²/人）＝市区公园绿地面积（hm²）/市区人口（万人）。

②城市市区绿地率（%）＝（城市建成区内绿地面积之和/城市市区的用地面积）×100%（城市建成区内绿地面积包括城市中的公园绿地、居住区绿地和附属绿地的总和）。

③城市绿化覆盖率（%）＝（城市建成区内全部绿化种植垂直投影面积/城市市区的用地面积）×100%。

④人均公共绿地面积（m²/人）＝市区公共绿地面积（hm²）/市区人口（万人）。城市森林覆盖率（%）＝（城市行政区域的森林面积/土地面积）×100%。

⑤绿化覆盖率是指乔灌木和多年生草本植物测算，但乔木树冠下重叠的灌木和草本植物不再重复计算。覆盖率是城市绿地现状效果的反映，它作为一个城市绿地指标的好处是，不仅如实地反映了绿地的数量，也可了解到绿地生态功能作用的大小，而且可以促进绿地规划者在考虑树种规划时，注意到树种选择与配置，使绿地在一定时间内达到规划的覆盖率指标——根据树种各个时期的标准树冠测算，这对于及时起到绿化的良好效果是有促进作用的。

⑥附属绿地绿化覆盖面积＝[一般庭园树平均单株树冠投影面积×单位用地面积平均植树数（株/hm²）×用地面积]+草地面积。

⑦道路交通绿地绿化覆盖面积＝[一般行道树平均单株树冠投影面积×单位长度平均植树数（株/km）×已绿化道路总长度]+草地面积。

⑧苗圃面积＝育苗生产面积+非生产面积（辅助生产面积）。

亦即：苗圃面积＝[每年计划生产苗木数量（株）×平均育苗年限]×（1+20%）/单位面积产苗量（株/hm²）。

苗圃用地面积可以根据城市绿地面积及每公顷绿地内树木的栽植密度，估算出所需的大致用苗量。然后，根据逐年的用苗计划，用以上公式计算苗圃用地面积。苗圃用地面积的需要量，应会同城市园林管理部门协作制定。

城市绿地规划应统计每平方千米建成区应有多少面积的苗圃用地（建成区面积与苗圃面积的关系），以便在总体规划阶段进行用地分配。

据我国100多个城市苗圃用地现状分析，苗圃总用地在$6.5hm^2$以上，建成区约在$50km^2$以上的城市。目前我国城市苗圃用地显著不足，苗木质量及种类都较差，远不能满足城市园林绿地发展要求。按中华人民共和国住房和城乡建设部规定，城市绿化苗圃用地应占城市绿化用地的2%以上。

五、城市绿线管理规划

城市绿线管理规划是指在城市总体规划的基础上，进一步细化市区内规划绿地范围的界限。主要依据城市绿地系统规划的有关规定，在控制性详细规划阶段，完成绿线划定工作，作为现有绿地和规划绿地建设的直接依据。同时，还应对市区规划的绿地现状、公园绿地、居住区绿地、附属绿地进行核实，并在1/2000的地形图上标注绿地范围的坐标。这样不但强化对城市绿地的规划控制管理，而且将全市绿地全部落实在地面上，并能一目了然。

（一）城市绿线划定办法

（1）主城区现状绿地由市园林局（或绿化局）或主管部门组织划定，会同市规划局核准后，纳入城市绿线系统，其他区县（自治县、市）城市园林绿化现状绿地由区县（自治县、市）城市园林绿化行政主管部门会同区县（自治县）规划行政主管部门组织划定。划定的现状绿地，送市规划局和市园林局（或绿化局）备案。

（2）城市园林绿化行政主管部门应组织各社会单位开展对现状绿地的清理工作，划定现状绿地，各社会单位应积极开展本单位内的详细规划编制工作，划定规划绿地。

（3）规划绿线在各层次城市规划编制过程中划定，并在规划审批程序中会同城市绿地总体规划一起报批。

（4）市政府已批准的分区规划，控制性详细规划和修建性详细规划中，未划定规划绿线的，由市规划局组织划定该规划范围内所涉及的规划绿线，会同市有关部门审核后报市政府审批。

（5）编制城市规划应把规划绿线划定作为规划编制的专项，在成果中应有单独的说明、表格，图纸和文本内容，规划绿线成果应抄送城市园林绿地主管部门。

（二）城市绿线规划内容

（1）公园绿地，综合公园（全市性公园、区域性公园），社区公园（居住区公园、小区游园）、专类公园（儿童公园、动物园、植物园、历史名园、风景名胜公园、游乐公园、其他专类公园）、带状公园、街旁绿地。

（2）居住区绿地。

（3）附属绿地（公共设施绿地、工业绿地、仓储绿地、对外交通绿地、道路绿地、市政设施绿地、特殊绿地）。

（4）其他绿地（对城市生态环境质量，居民休闲、城市景观和生物多样性保护有直接影响的绿地，包括风景名胜区、水源保护区、郊野公园、森林公园、自然保护区、风景林地、城市绿化隔离带、野生动植物园、湿地、水土保持林、垃圾掩埋场恢复绿地、污水处理绿地系统等）。

（三）城市绿线规定执行

（1）划定的城市绿线应向社会公布，接受社会监督。核准后的城市绿线，由城市园林与林业绿化行政主管部门组织公布。规划绿线同批准的城市总体规划一并公布。

（2）市政府批准的绿地保护禁建区（近期、中期）和批准的古树名木保护范围，转为城市绿线控制的范围。

（3）城市园林与林业绿化行政主管部门会同城市规划行政主管部门建立绿线管理系统，强化对城市绿线的管理。

六、市区森林树种规划选择技术

在城市森林的建设中，在科学、合理的城市森林规划、布局的基础上，如何充分发挥各种森林植物在改善生态环境方面的功能效益是衡量城市森林建设成功与否的关键。其中包括城市森林植物的选择，植物的空间配置模式的建立、城市森林的经营管理等，而城市森林树种选择与应用是建立科学合理的森林植物群落和森林生态系统的基础和前提条件，特别是对于市区这一空间环境有限、植物生长受到多种因子制约的特殊地域环境而言，选择适宜的树种，然后进行科学合理的配置，是建设可持续发展的城市森林生态系统的基础。

（一）树种选择的原则

1.适地适树

优先选择生态习性适宜城市生态环境并且抗逆性强的树种。城市环境是完全不同于自然生态系统的高度人工化的特殊生态系统，在城市中，光、热、水、土、气等环境因子均与自然环境存在极其显著的差异。因此，对于城市人工立地条件的适应性考虑是城市森林建设植物选择的首要条件。

2.优先选用乡土树种

要注意选用乡土树种，因为乡土树种对当地土壤、气候适应性强，而且苗木来源多，并能体现地方特色。同时要适当引进外来树种，以满足不同空间、不同立地条件的城市森林建设的需要，实现地带性景观特色与现代都市特色的和谐统一。

3.生态功能优先

在确保适地适树的前提下，以优化各项生态功能为首要目标，尤其是主导功能。城市森林建设是以改善城市环境为主要目的、以满足城市居民身心健康需要为最终考核目标的，因此，城市森林建设的树种选择与应用的根本技术依据是最大限度地发挥城市森林的生态功能。

4.景观价值方法

实现树种观赏特性多样化，充分考虑城市总体规划目标，扩大适宜观花、观形、遮阴树种的应用范围，为完善城市森林的观赏游憩价值，最终为建成森林城市（或生态园林城市）奠定坚实基础。

5.生物多样性原理

丰富物种（或品种）资源，提高物种多样性和基因多样性。丰富物种生态型和植物生活型，乔、灌、藤、草本植物综合利用，比例合理。城市森林建设是由乔、灌、草、藤和地被植物混交构成的，在植物配置上应十分重视形态与空间的组合，使不同的植物形态、色调组织搭配疏密有致、高低错落，使层次和空间富有变化，从而强调季相变化效果。通过和谐、变化、统一等原则有机结合，体现出植物群落的整体美，并发挥较高的生态效益。

6.速生树种与慢生树种相结合

速生树种生长迅速、见效快，对城市快速绿化具有重要意义，但速生树种的寿命通常比较短，容易衰老，给城市绿化的长效性带来不利的影响。慢生树种虽然生长缓慢，但寿命一般较长，叶面积较大，覆盖率较高，景观效果较好，能很好地体现城市绿化的长效性。在进行树种选择时，要有机地结合两者，取长补短，并逐步增加长寿树种、珍贵树种的比例。

（二）树种选择的方法

城市森林树种的选择方法，可归纳为两大类，即一般选择方法和数学分析方法。

1.一般选择方法

（1）资料分析法。根据该地立地条件和所确定的植被种类，查阅有关资料和文献，把那些能适应该城市环境条件的树种记录下来，并按适应性强弱、功能大小、价值高低以及种苗、技术、成本等方面进行分析比较，逐级筛选后得出所需要的树种。

（2）调查法。该法根据调查对象的不同又可分为以下两种方法：

①对城区及周缘地区天然植被状况进行调查，调查的内容有树种、生活型、生长发育状况、生境特征、密度及盖度等。对那些有可能成为选择对象的树种，要着重调查它与环境之间的相互关系，找出适应范围和最适生境。

②城区及周缘地区人工植被调查，了解和掌握该城市曾经使用过的树种、种苗来源、培育方法、各植物种的成活情况、保存情况、生长发育情况、更新情况等，通过调查、分析和研究，明确哪些树种应该肯定、哪些树种应该否定、哪些暂时还不能做结论，然后决定取舍。

（3）定位试验法。对一些外来或某方面的特性或功能需要进一步认识的树种，可通过定位试验法加以解决。定位试验要求目的明确，试验地具有代表性，有一定面积和数量，有详细的观测内容和确切的观测时间，在树种选择中，定位试验是通过对供试树种的连续的、不间断的观测、记载，以掌握试验的全过程。定位试验所要解决的不仅是这些树种能否适应、是否有效，而更重要的是要解决这些树种为什么能适应（或不能适应）、为什么有效（或无效）的问题，是探索引种外来树种生长及适应性的规律和本质的问题，它是树种选择以及整个城市森林植被建设工作中最有效的研究方法之一。

2.数学分析方法

数学分析方法是把系统分析与数理统计、运筹学、关联分析等结合起来，以计算机为工具，使树种选择等问题数学化、模型化、定量化和优化。这种科学方法，在城市森林培育工作中已受到普遍的重视。目前，应用较多的是单目标树种的优化选择法和多目标树种的灰关联优化选择法。

（1）单目标树种的优化选择。单目标树种的优化，也就是根据有代表性的指标来选择最佳树种，其所采用的数学方法因指标性质不同而不同。

（2）多目标树种的灰关联优化选择。由于不同绿地的功能作用不同，因此，绿地树种选择就应该按照绿地类型的功能进行有针对性的选择。同时，由于各个树种的成活、生长、适应性、景美度、人体感觉舒适度、防风固沙性能、防污减噪和抗逆生理特性的差异大，因此，利用任何一项单因素单一指标进行评价都是不全面的。

（三）城市古树名木保护规划

1.古树名木保护规划的意义

古树名木是一个国家或地区悠久历史文化的象征，是一笔文化遗产，具有重要的人文与科学价值。古树名木不但对研究本地区的历史文化、环境变迁、植物种类分布等非常重要，而且是一种独特的、不可替代的风景资源。因此，保护好古树名木，对于城市的历史、文化、科学研究和发展旅游事业都有重要的意义。

2.古树名木保护规划的内容

（1）制定法规：通过充分的调查研究，以制定地方性法规的形式对古树名木的所属权、保护方法、管理单位、经费来源等作出相应规定，明确古树名木管理的部门及其职责，明确古树名木保护的经费来源及基本保证金额，制定可操作性强的奖励与处罚条款，制定科学、合理的技术管理规程规范。

（2）宣传教育：通过政府文件和媒体、计算机、网络，加大对城市古树名木保护的宣传教育力度，利用各种手段增强全社会的保护意识。

（3）科学研究：包括古树名木的种群生态研究、生理与生态环境适应性研究、树龄鉴定、综合复壮技术研究、病虫害防治技术研究等方面的项目。

（4）养护管理：要在科学研究的基础上，总结经验，制定出全市古树名木养护管理工作的技术规范，使相关工作逐渐走上规范化、科学化的轨道。

（四）市区森林规划设计的程序与方法

城市森林规划设计必须建立在对城市自然环境条件和社会经济条件调查的基础之上，而设计的成果，又是城市森林施工的依据。在设计中既要善于利用以往的成功与失败的经验与教训，同时还要考虑经济上的可行性和技术上的合理性。市区自然、社会经济状况是市区森林设计与规划的主要依据，其主要内容包括：

（1）市区自然环境条件调查：①土壤调查；②市区小气候状况调查；③地形地貌调查。

（2）市区社会经济状况调查：①城市不同功能区域的分布位置、大小和状态；②不同功能区的土地利用状况；③各个区域内营造城市森林的可行性与合理性调查。

（3）市区现有林木和其他植被数量与生长状况的调查：包括市区范围所有植物种类的调查，它可以细分为：

①行道树木种类，数量、生长状况及配置状况的调查；

②公园树木种类，数量、生长状况和配置状况的调查；

③本地抗污染（烟、尘、有害气体）的树木种类、数量、生长及配置状况的调查；

④其他植被类型生长状况的调查，包括地植被花草、绿篱树种等；

⑤林木病虫害调查，包括历史上和现存的主要危害城市森林的病虫害种类、危害方式、危害程度及防治措施的调查。

（4）技术设计：在测量和调查工作完成以后，要对所有调查材料进行分析研究，最后编制出市区森林设计方案。在具体的设计开始之前，首先要进行资料的整理、统计和分析，并尽可能地测算出各种土地类型的面积、分布状况，并用表格的形式汇总在一起，最后勾绘出各个区域的分布图。

（五）城市森林规划文件编制及审批

1.规划文件编制要求

城市绿地系统规划的文件编制工作，包括绘制规划方案图、编写规划文本和说明书，经专家论证修改后定案，汇编成册，报送市政府有关部门审批。规划的成果文件一般应包括规划文本、规划图件、规划说明书和规划附件4个部分。其中，经依法批准的规划文本与规划图件具有同等法律效力。

2.规划文本

阐述规划成果的主要内容，应按法规条文格式编写，行文力求简洁准确，经市政府有关部门讨论审批，具有法律效力。

3.规划图件

（1）城市区位关系图。

（2）城市概况与资源条件分析图。

（3）城市区位与自然条件综合评价图（比例尺为1∶10 000 ～ 1∶50 000）。

（4）城市绿地分布现状分析图（1∶5 000～1∶25 000）。

（5）市域绿地系统结构分析图（1∶5 000～1∶25 000）。

（6）城市绿地系统规划布局总图（1∶5 000 ～1∶25 000）。

（7）城市绿地系统分类规划图（1∶2 000～1∶10 000）。

（8）近期绿地建设规划图（1∶5 000～1∶10 000）。

（9）其他需要表达的规划图（如城市绿线管理规划图、城市重点地区绿地建设规划方案等）。城市绿地系统规划图件的比例尺应与城市总体规划相应图件基本一致并标明城市绿地分类现状图和规划布局图，大城市和特大城市可分区表达。

4.规划说明书

（1）城市概况（城市性质，区位，历史情况等有关资料）、绿地现状（包括各类绿地面积、人均占有量、绿地分布、质量及植被状况等）。

（2）绿地系统的规划原则、布局结构、规划指标、人均定额、各类绿地规划要点等。

（3）绿地系统分期建设规划、总投资估算和投资解决途径，分析绿地系统的环境与经济。

（4）城市绿化应用植物规划、古树名木保护规划，绿化育苗规划和绿地建设管理措施。

5.规划附件

规划附件包括相关的基础资料调查报告，如城市市域范围内生物多样性调查、专题（如河流、湖泊、水系，水土保持等）规划研究报告、分区绿地规划纲要，城市绿线规划管理控制导则、重点绿地建设项目概念性规划方案意向等示意图。

（六）规划成果审批

城市绿地系统规划成果文件的技术评审，一般须考虑以下原则：

（1）城市绿地空间布局与城市发展战略相协调，与城市生态、环保相结合。

（2）城市绿地规划指标体系合理，绿地建设项目恰当，绿地规划布局科学，绿地养护管理方便。

（3）在城市功能分区与建设用地总体布局中，要贯彻"生态优先"的规划思想，把维护居民身心健康和区域自然生态环境质量作为绿地系统的主要功能。

（4）注意绿化建设的经济与高效，力求以较少的资金投入和利用有限的土地资源改善城市生态环境。

（5）强调在保护和发展地方生物资源的前提下，开辟绿色廊道，保护城市生物多样性。

（6）依法规划与方法创新相结合，规划观念与措施要"与时俱进"，符合时代发展要求。

（7）弘扬地方历史文化特色，促进城市在自然与文化发展中形成个性和风貌。

（8）城、乡结合，远、近期结合，充分利用生态绿地系统的循环，再生功能，构建平衡的城市生态系统，实现城市环境可持续发展。

城市绿线管理规划的审批程序如下：

（1）建制市（市域与中心城区）的城市绿地系统规划，由该市城市总体规划审批主管部门（通常为上一级人民政府的建设行政主管部门）参与技术评审与备案，报城市人民政府审批。

（2）建制镇的城市绿地系统规划，由上一级人民政府城市绿化行政主管部门参与技术评审并备案，报县级人民政府审批。

（3）大城市或特大城市所辖行政区的绿地系统规划，经同级人民政府审查同意后，报上一级城市绿化行政主管部门会同城市规划行政主管部门审批。

七、市区森林规划设计中必须注意的几个问题

（一）市区森林规划设计中的树种组成控制

1.进行树种组成控制的必要性

树种组成是指构成城市森林树种的成分及其所占比例。

在全球范围内还没有一个城镇的市区森林是由单一树种组成的，都是由两个以上树种形成的多树种的集合体。但对市区范围内一条街道、一片小型街头绿地，就有可能形成单一树种或某一树种所占比例达90%以上的绝对优势状况。

树种组成控制就是人为地对市区森林树种进行调控和配置，使其从结构和功能上达到设计要求，并能充分发挥其整体效益的一种种植手段。

从理论上讲，树种组成越单一，造林就越简便，可操作性就越强，成本也就越低，同时将来的抚育管理也比较方便。但近年来，由于树种组成过于单一，使得各种林木病虫害暴发流行，因而使得城市森林树种组成控制成为人们关注的焦点。

2.树种控制的途径和方法

（1）国内市区森林树种组成控制方法

①通过树种规划和选择来控制树种的组成。

②通过城市森林树种配置来控制树种组成。

③通过市政林业机构的法规和条例来控制树种组成。

（2）国外市区森林树种组成控制方法

①直接控制法。一是对市区所有公园和其他公共区域内的城市森林的营造完全由市政林业部门来完成。这种方式完全按照林业造林设计和规划来营造和配置树种。由于在设计和规划时，已经充分注意到树种组成对将来市区森林功能的影响，因而这种控制作用是非常有效的。二是直接与私人企业或造林承包商签订合同，市政府机构控制造林作业，种什么树，怎样配置，实际上完全通过合同的形式固定下来，不得违反合同。在美国的许多大城市中都是这样做的。

②间接控制法。在国外，私人有购买、使用和占有土地的权利。这种私有土地的树种栽植就要受到某些因素的制约。特别是在私人住宅的庭院和行道树的栽植方面一般是由土地所有者首先进行选择，并且法律也规定这些地区造林是土地所有者的一个必须承担的责任。在这些地区城市森林树种组成的控制一般是通过间接的方法来完成的。

其他的控制手段还包括依据法令禁止某些特定树种的种植来对私有土地森林组成加以限定。这种法令的制定是因为有些树种具有一些令人不愉快的特性。比如，杨树每年结果时形成令人讨厌的"棉絮"状种子，野生草果的果实腐烂对卫生状况的影响，等等。有时也可以通过大量提倡某些树种的栽植来间接地影响树种组成。比如，确定市树、市花等方

式有意识地增加某一种或某些树种的栽培等。

（二）市区森林设计规划中设计要素的运用

城市森林具有多种效益，如控制污染及减低噪声；也具有建筑上的效应，如柔美建筑物的僵硬线条、当作屏风遮挡不雅的景物等。在改善小气候方面，城市森林可以造成阴影及控制风速。因此，在建造城市森林时除考虑生态原则以外，还应考虑美学与艺术的原则，在城市森林设计与规划时要考虑连续性、重复性、韵律、统一、协调、规模等设计上的问题。因此，树木的形态、大小、质地和颜色等要素都与城市森林的设计有关。

1.形态（树形）

所有树木在正常生长状态下均有其一定的形态。城市森林设计人员应特别重视树木成熟后的树形、树的轮廓，枝与幼枝的构造及生长习性等。

2.大小

所有的树木在正常情况下生长，都能生长到其可能生长的最大体积和高度。树木的大小也是城市森林设计上一项重要因子。因为在设计城市森林时，若不考虑树木的大小，结果树木生长往往会破坏人行道，妨碍视线、造成交通的障碍，也会造成树木的体积大小与周围环境不相匹配的情况。

树木体积大小是一个非常容易被错误使用的要素。因为非专业人员选择树种时，经常是从其个人喜好或者从尽量降低管理工作量的角度出发，因而有时就非常盲目。一般的，林木大小至少要求其枝下高度高于行人的平均高度，同时能够对人行道和机动车道起到隔离作用为宜。

3.质地

质地主要是指视觉上的质地。对于质地可用粗糙、中等和精致来判断。树木视觉质地由叶、枝条和树皮质地三部分来决定。在考虑一组树木的质地时，质地的改变可以增进观赏上的兴趣。但是，质地的突然改变也会造成强烈或构成优势的感觉。因此，只有在要表示强烈或优势时才可以采用这种突然改变不同树种质地的方法。

4.色彩

在不同色彩的树种配合上应求和谐。从色彩配合上看，首先应考虑色彩的整体性，同时色彩的渐变作用也应充分考虑。林木的色调差异是随着树种和品种的改变而变化的。对于同一树种来讲，树木的健康状况和土壤养分条件、水分条件的变化及叶子的发育阶段等因子对色彩的影响也较大。

在正常的情况下，所有的自然绿色都能与其他色调糅合在一起。当黄绿叶多时，基本色调就是黄绿色。一般蓝色、紫色、红色等在园林风景中不能构成基调颜色。但在特定的场合下，如需要集中注意力或者某种危险的区域，色彩间的强烈反差，尤其是在事故多发地段或急转弯地区作用就很明显。

5.四大设计要素的综合作用

利用树木的形态、大小、质地和色彩四大要素可以在城市森林的营造过程中，创造出艺术价值较高又具有多种功能的空间立体结构。但在城市森林设计与规划过程中，很少有人能够同时考虑到4个因素，而这四大要素确实需要在规划设计中予以综合考虑。比如，为了设计能够具有连续性和整体性，一个要素的不断重复是必需的，如色彩与形态，当色彩重复时，形态就应变化不要太大，通常至少要考虑到大小与形态的一致性。

第二节　市区内森林的施工与管理

一、市区内森林树木栽植

（一）一般树木栽植施工

1.栽植前的准备

（1）明确施工意图及施工任务

①工程范围及任务量。

②工程的施工期限。

③工程投资及设计概（预）算。

④设计意图。

⑤了解施工地段的地上、地下情况，包括：有关部门对地上物的保留和处理要求等；地下管线特别是地下各种电缆及管线情况，以免施工时造成事故；施工现场的土质情况，以确定所需客土量；施工现场的交通状况，施工现场供水、供电等。

⑥定点放线的依据。一般以施工现场及附近水准点做定点放线的依据。

⑦工程材料来源。

⑧运输情况。

（2）编制施工组织计划

①施工组织领导。

②施工程序及进度。

2.定点放线

定点放线即在现场测出苗木栽植位置和株行距。由于树木栽植方式各不相同，定点放线的方法分为以下3种：

（1）自然式配置乔灌木放线法。①坐标定点法。②仪器测放法。③目测法。

（2）整形式（行列式）放线法。

（3）等距弧线的放线法。

3.苗木准备

苗木的选择，除根据设计提出对规格和树形的要求外，要注意选择长势健旺、无病虫害、无机械损伤、树形端正、根系发达的苗木，而且应该是在育苗期内经过移栽，根系集中在树苑的苗木。苗木选定后，要挂牌或在根基部位画出明显标记。

起苗时间和栽植时间最好紧密配合，做到随起随栽。为了挖掘方便，起苗前1～2天可适当浇水使泥土松软，对起裸根苗来说也便于多带宿土，少伤根系。起苗时，常绿苗应当带有完整的根团土球。土球散落的苗木成活率会降低。土球的大小一般可按树木胸径的10倍左右确定。为了减少树苗水分蒸腾，提高移栽成活率，起苗后和装车前应对灌木及裸根苗根系进行粗略修剪。

4.苗木假植

苗木运到后不能按时栽种，或是栽种后苗木有剩余的，都要进行假植。

（1）带土球的苗本假植：将苗木的树冠捆扎收缩起来，使每棵树苗都是土球挨土球，树冠靠树冠，密集地挤在一起。然后，在土球层上面盖一层壤土，填满土球间的缝隙，再对树冠均匀地洒水，使上面湿透，保持湿润。

（2）裸根苗木假植：一般采用挖沟假植，沟深40～60cm。然后将裸根苗木一棵棵紧靠呈30°斜放在沟中。使树梢朝向西边或朝向南边。苗木密集斜放好后，在根部上分层覆土，层层插实以后，应经常对枝叶喷水，保持湿润。

5.挖种植穴

在栽苗木之前应以所定的白灰点为中心沿四周向下挖穴，种植穴的大小依土球规格及根系情况而定。带土球的穴应比土球大15～20cm，栽裸根苗的穴应保证根系充分舒展，穴的深度一般比土球高度稍深10～20cm，穴的形状一般为圆形，要保证上、下口径大小一致。

种植穴挖好后，可在穴中填些表土，如果种植土太瘠薄，就要先在穴底垫一层腐熟的有机肥，基肥上还应当铺一层壤土，厚度5cm以上。

6.定植

（1）定植前的修剪，对较大的落叶乔木，如杨、柳、槐等可进行强修剪，树冠可剪去1/2以上。花灌木及生长较慢的树木可以进行疏枝，短截去全部叶或部分叶，去除枯病枝、过密枝，对过长的枝条可剪去1/3～1/2。修剪时要注意分枝点的高度。修剪时剪口应平而光滑，并及时涂抹防腐剂。

（2）苗木修剪后即可定植，定植的位置应符合设计要求。

（3）定植后的养护管理栽植较大的乔木时，在定植后应支撑，以防浇水后大风吹倒苗木。树木定植后24h内必须浇上第一遍水，水要浇透，使泥土充分吸收水分，根系与土紧密结合，以利于根系发育。

（二）植树的季节

树木的栽植适宜季节应以树种、地区不同而各异，不同的植树要求，其所适应的季节也不尽相同。但原则上应在树木休眠期间较为适合，树木在休眠期间生理活动非常之微弱，在移植之际，虽然有损伤，而后极易恢复。

1.春季植树

春季是植树主要的且较好的季节。一般所有的树种都适宜在这个季节栽植。具体各地时间，应从土壤解冻至树木发芽之前，即2—4月都适于植树（南方早，北方迟）。

2.雨季植树

一般适用于常绿树，在常绿树春梢停止生长、秋梢尚未开始生长时进行，移植时必须带土球，以免损伤根部。7月正值雨季前期或雨季。此时植树正逢温度高，虽湿度大，但蒸发量也大，因此，必须随挖苗随运苗。要尽量缩短移植时间，最好在阴天或降雨前移植，以免树木失水而干枯。

3.秋季植树

秋季植树适于适应性强、耐寒性强的落叶树，一般在树木大部分叶片已脱落至土地封冻之前，即10月下旬至11月上旬。在比较温暖的地区以秋季、初冬种植较适宜。植树因树种不同而难易有别，应根据树种特性，移植时充分注意，以确保较高的成活率。

一般情况下同一种树木中，其树龄越小者，移植越易；同一树种中，叶形越小，移植越易。落叶树较常绿树易于移植。树木的直根短、支根强、须根多者易于移植；树木的新根发生力强者易于移植。

（1）最易成活的树种：杨树、柳树、榆树、槐树、臭椿树、朴树、银杏树、梅树、桃树、杏树、连翘树、迎春树、胡枝子树等。

（2）较易成活的树种：女贞树、黄杨树、梧桐树、广玉兰树、桂花树、七叶树、玉兰树、厚朴树、樱花树、木槿树。

（3）较难成活的树种：华山松树、白皮松树、雪松树、马尾松树、紫杉树、侧柏树、圆柏树、柏木树、龙柏树、柳杉树、楠树、樟树、青冈树、栗树、山茶树、木荷树、鹅掌楸树等。

（三）植树

1.定点放线

在植树施工前必须定点放线，以保证施工符合设计要求的主要措施。

（1）行道树定点。

（2）新开小游园、街头绿地的植树定点。

（3）庭院树、孤立树、装饰树群团组的定点、用测量仪器或皮尺定点；用木桩标出每株树的位置，木桩上标明应栽植的树种、规格和坑的规格。

2.挖苗

为了保证树木成活，提高绿化效果，一定要选用生长健壮、根系发达、树形端正、无病虫害、符合设计要求的树苗。

（1）起苗。起苗时一定要保证苗木根系完整不受损伤。为了便于操作保护树冠，挖掘前应将蓬散的树冠用草绳捆扎。裸根苗的根不得劈裂，保证切口平整。挖带土的树苗一定要保持土球完好平整，土球大小应为根径直径的3倍。土球底不应超过土球直径的1/3。要用蒲包、草帘等包装物将土球包严，并用草绳捆绑紧，不可使其底部漏出土来，或用草绳一圈一圈紧密扎上。

（2）扎包土球方法。扎包土球的直径在40cm以下的苗木时，如果苗木的土质坚实，可将树木搬到坑外扎包。先在坑边铺好草帘或蒲包，用人工托底将土球从坑中捧出，轻轻放在草帘或蒲包上，再用草帘或蒲包将土球包紧再用草绳把包捆紧。如果土球直径在40cm以下但土质疏松，或土球直径在50cm以上的，应在坑内打包。

扎花箍的形式分井字包和网状包两种。运输距离较近、土壤较黏重，可采用井字包形式；比较贵重的树木，运输距离较远而土壤的沙性又较大的，常用网状包。如果规格特大的树木、珍贵树等，可以用同样的方法包扎两层。

对规格小的树木（土球直径在30cm左右）可采用简易方法包扎，可用草绳给土球径向扎几道，再在土球中部横向扎一道，使径向草绳固定即可。对小规格的树木，也可采用把土球放在草帘或稻草上，再由底部向上翻包，然后在树干基部扎紧。

3.运苗

树苗挖好后，要尽快把苗木运到定植点。最好做到"随挖、随运、随种植"。运苗时要注意在装车和卸车过程中保护好苗木，使其不受损伤。在装卸过程中，一定要做到轻装、轻卸，不论是人工肩扛、两人抬装还是机械起吊装卸，都要注意不要造成土球破碎，根、枝断裂和树皮磨损现象出现。装车时对带土球的苗木为了使土球稳定，应在土球下面用草帘等物垫衬。

4.假植

树苗运到栽植地点后，如果不能及时栽植，对裸根苗必须进行假植。假植时选择排水良好、湿度适宜、背风的地方开一条沟。宽1.5~2.0m，深度按苗高的1/3左右，将苗木逐棵单行挨紧斜排在沟边，倾斜角度为30°，树梢向南倾斜，放一层苗木后放一层土，将根部埋严。

5.栽植

（1）挖坑、栽植坑的位置应准确，严格按规划设计要求的定点放线标记进行。坑穴的大小和深度应根据树苗的大小和土质的优劣来决定。坑壁要直上直下呈桶形。不得上大下小或上小下大，否则会造成窝根或填土不实，影响栽植或成活率。坑径的大小，应比苗木的根部或土球的直径大20~30cm为宜。若立地条件差时，还应该更大些。还应参照苗木的干径或苗木的高度定大小。

（2）栽植、树木的栽植位置一定要符合设计要求，栽植之后，树木的高矮、直径的大小都应合理搭配。栽植的树木本身要保持上下垂直，不得倾斜。栽植行列植、行道树必须横平竖直，树干在一条线上相差不得超过半个树干，相邻树木的高矮不得超过50cm栽植绿篱，株行距要均匀，丰满的一面要对外，树冠的高矮和冠丛的大小要搭配均匀合理。栽植深度一般按树木原土痕相平，或略深3~5cm。栽植带土球的苗木，应将包装物尽快拿掉。

（四）大树移植

在市区森林绿化中为了较快达到效果，常采用移植较大的树木。大树（胸高直径15~20cm）移植是很快发挥绿化作用的重要手段和技术措施。

大树移植是一项非常细致的工作，树木的品种、生长习性和移植的季节不同，大树的移植方法也有所不同。移植胸径为5~30cm的大树多采用大木箱移植法；移植胸径为10~15cm的大树，多采用土球移植法；移植胸径为10~20cm的落叶乔木，也可采用露根移植法。

为了提高移植的成活率，在移植前应采用一系列措施进行修剪，如果是常绿阔叶树，应在挖树前两周左右先修剪约占1/3的枝叶。对常绿针叶树，剪去枯枝、病枝和少量不整齐的枝条。经修剪整理后的大树，为了便于装卸和运输，在挖掘前应对树木进行包扎。对于树冠较大而散的树木，可用草绳将树冠围拢紧。对一些常绿的松柏树，可用草绳扎缚固定。树干离地面1m以下部分要用草绳缠绕。

1.挖掘

应先根据树干的种类、株行距和干径的大小确定在植株根部留土台的大小。一般按苗直径的8~10倍确定土台。比土台大10cm左右，画一正方形，然后沿线印外缘挖一宽

60～80cm的沟，沟深应与土台高度相等。挖掘树木时，应随时用箱板进行校正，保证土台的上端尺寸与箱板尺寸完全符合，土台下端可比上端略小。挖掘时如遇有较大的树根，可用手锯或剪子切断。

2.装箱

（1）上箱板：先将土台的4个角用蒲包片包好，再将箱板围在土台四面，用木棍箱板顶住，经过校正，使箱板上下左右都放得合适，再用钢丝绳分上、下两道绕在箱板外面，紧紧绕牢。

（2）将土台四周的箱板钉好后，要紧接着掏出土台底部的土，沿着箱板下端往下挖30cm深，然后用小板镐和小平铲掏挖土台下部的土。掏底土可在两侧同时进行。当土台下边能放进一块底板时就应立即上一块底板，然后再向里掏土。

（3）上底板：先将底板一端空出的铁皮钉在木箱板侧面的带板上，再在底板下面放一木墩顶紧；在底板的另一端用千斤顶将底板顶起，使之与土台紧贴，再将底板的另一端空出的铁皮钉在木箱的侧面的带板上，然后撤下千斤顶，再用木墩顶好。上好一块底板之后，再向土台内掏底，仍按上述方法上其他几块底板。在挖底土时，如遇树根应用手锯锯断，锯口应留在土台内，不可使它凸起。

（4）上上板：先将土台的表土铲平一些，并形成靠近树干的中心部位稍高于四周，然后在土台上面铺一层蒲包片，即可钉上板，两箱板交接处，即土台的四角上钉铁皮，固定。

3.装车

一般情况下，当每株树木的重量超过两吨时，需用起吊机吊装，用大型汽车运输。吊装木箱的大树，先用钢丝绳横着将木箱捆上，把钢丝绳的两端扣放在木箱的一侧，即可用吊钩钩好钢丝绳。在树干外包上蒲草包，捆上绳子将绳子的另一端也套在吊钩上，同时在树干分枝点上拴一麻绳，以便吊装时人力控制方向。拴好、钩好后将树缓缓吊起，由专人指挥吊车。装车时，在箱底板与木箱之间垫两块10cm×10cm的方木，长度较木箱略长。分放在钢丝绳处前后。树冠应向后，土台上口应与卡车后轴在一直线上。木箱在箱中落实，再用两根较粗的木棍交叉或支架，放在树干下面，用以支撑树干，在树干与支架相接处应垫上蒲草包片，以防磨伤树皮。待树完全放稳之后，用绳子将木箱与箱捆紧。

4.卸车

卸车与装车方法大体相同，当大树被缓缓吊起离开车厢时，应将卡车立刻开走。然后在木箱准备落地处横放1根或数根40cm的大方木，将木箱缓缓放下，使木箱上口落在方木上，然后用2根木棍顶住木箱落地的一边，再将树木吊起，立在方木上，以便栽植时穿捆钢丝绳。

5.栽植

挖坑：栽植坑直径一般应比大树的土台宽50~60cm、深20~25cm。土质不好的应该换土，并施入腐熟的有机肥。

吊树入坑：先在树干上包好麻包或草袋，然后用钢丝绳兜住木箱底部，将树直立吊入坑中，如果树木的土台较坚硬，可在将树木移吊到土坑的上面还未完全落地时，先将木箱中间的底板拆除；如果土质松散，不能先拆除底板，一定要将木箱放稳之后，再拆除两边的底板。树入坑放稳并拆除底板后，再拆除上板，并向坑内填土。将土回填到坑的1/3高度时再拆除四周箱板，然后再继续填土，每填30cm厚的土后，应用木棍夯实，直至填满为止。

6.栽后管理

填完土后应立即浇水，第一次要浇足、浇透，隔1周后浇第二次。每次浇水之后，待水全部渗下，应中耕松土1次，深度为10cm左右。

二、花卉植物的施工与管理

（一）花卉的应用

在绿地建设中，除乔灌木的栽植和建筑、道路及必需的构筑物外，其他如空旷地、林下、坡地等场所，都要用多种植物覆盖起来。在绿地中花卉的单株，使人们不仅能欣赏其艳丽的色彩、婀娜多姿的形态和浓郁的香气，而且还可群体栽植，组成变幻无穷的图案和多种艺术造型。可布置成花坛、花境、花丛及花群、花台等多种方式，一些蔓生性草花又可用以装饰柱、廊、篱垣及棚架等。

1.花坛

其为规则的几何图案，种植各种不同色彩的观赏花卉植物构成一幅具有华丽纹样、鲜艳色彩的图案画，常布置在绿地中和街道绿化的广场上、交叉路口、分车带和建筑物两侧及周围等处，主要在规则式布置中应用。有单独或连续带状及成群组合等类型。外形多样，多采用圆形、三角形、正方形、长方形、菱形等规则的多边形等。内部花卉所组成的纹样，多采用对称的图案。有单面对称或多面对称。花坛要求经常保持鲜艳的色彩和整齐的轮廓，一般多采用一、二年生花卉。应以植株低矮、生长整齐、株丛紧密而花色艳丽（或观叶）的种类为好。花坛中心宜选用高大而整齐的花卉材料，立面布置应采用中间高、周边低或后面高、前面低的形式，利于排水，便于人们欣赏。

如果用低矮紧密而株丛较小的花卉，如五色苋类、三色堇、雏菊、半枝莲、矮翠菊等，适合于表现花坛平面图案的变化，可以显示出较细的花纹的为毛毡花坛。

2.花境

其为自然式的图案，常布置在周围也是自然式布局的绿化环境中，以树丛、树群、绿篱、矮墙或建筑物做背景的带状自然花卉布置，根据自然风景中林缘野生花卉自然散布生长的规律，加以艺术提炼而应用于绿地建设之中。花境的边缘，依环境的不同，可以是自然曲线，也可以采用直线，各种花卉的配植是自然斑状混交。例如，在林间小径两旁，大面积草坪边缘，中国古典园林的庭院和专类花园中，构成宛如自然生长的簇簇美丽的花园。

花境中各种各样的花卉配植应考虑到同一季节中彼此的色彩、姿态、体形及数量的调和与对比，整体构图又必须完整，还要求一年中有季相变化。

混植的花卉特别是相邻的花卉，其生长势强弱与繁衍速度应大致相似。花境的主要花卉不仅自身具有自然美，而且具有各种花卉自然组合的群体美，其景观不是平面的几何图案，而是花卉植物群落的自然景观。

3.花丛及花群

花丛及花群是由几株或十几株不同或相同种类的花卉组成自然式种植形式。这也是将自然风景中野花散生于草坡的景观应用于城市绿地。可布置于自然曲线道路转折处或点缀于小型院落之中。花丛与花群大小不拘，简繁均宜，株少丛栽，丛也可连成群。一般丛群较小者组合种类不宜多。花卉的选择，高矮不限，但以茎干挺直、不易倒伏，或植株低矮、匍地而整齐、植株丰满整齐、花朵繁密者为佳。花丛的各种花卉植株的大小、配置的疏密程度也要富有变化。花丛及花群常布置于开阔草坪的周围、林缘、树丛、树群与草坪间，起联系和过渡的效果。

4.花台

花台是将花卉种植于高出地面的台座上，类似花坛，面积较小。设置于庭院中央或两侧角隅，也可与建筑相连且设于墙基、窗下或门旁。形状自然，常用假山石叠层护边。我国古典园林及民族形式的建筑庭院内，花台常布置成"盆景式"，以松、竹、梅、杜鹃、牡丹等为主。花台由于通常面积狭小，一个花台内常布置一种花卉，因台面高于地面，故应选用株形较矮、茎叶下垂于台壁的花卉，如玉簪、鸢尾、麦冬草、沿阶草等。

5.篱垣及棚架

采用草本蔓性花卉，适用于篱棚、门楣、窗格、栏杆、小型棚架的掩蔽与点缀。多采用牵牛花等。

（二）花卉品种的选择

用于花坛、花境和立体花坛等群体栽植的花卉，应该选择花期较长、耐移栽的品种，植株直立不易倒伏，各品种的生长速度相似，这样使整个群体的图案保持整齐，轮廓线明显突出。

（三）花坛施工

花坛的种类比较多。在不同的绿地环境中，往往要采用不同的花坛种类。从设计形式来看，花坛主要有盛花花坛（或叫花丛花坛）、模纹花坛（包括毛毡花坛、浮雕式花坛等）、标题式花坛（包括文字标语花坛、图徽花坛、肖像花坛等）、立体模型式花坛（包括模拟多种立体物象的花坛等）4个基本类型。在同一个花坛群中，也可以有不同类型的若干个体花坛。花坛施工包括定点放线、砌筑边缘石、填土整地、图案放样、花坛栽植等5个工序。

三、草坪及地被植物的栽培与管理

草坪及地被植物是指能覆盖地面的低矮植物。它们均具有植株低矮、枝叶稠密、枝蔓匍匐、根茎发达、生长茂盛、繁殖容易等特点。草坪及地被植物，是城市绿化的重要组成部分，既能够掩盖裸露的地面，防止雨水冲刷、侵蚀而保持水土，还能够调节气候，如减缓太阳辐射，降低风速，吸附滞留灰尘，减少空气的含尘量，吸收一部分噪声，等等。同时，许多草坪及地被植物叶形秀丽，在美化环境方面有较高的观赏价值。

（一）草坪种植施工

1.播种法

一般用于结籽几量大而且种子容易采集的草种，如羊茅类、多年生黑麦草、草地早熟禾、剪股颖、苔草、结缕草等都可用种子繁殖。

2.栽植法

用植株繁殖较简单，能大量节省草源，一般1m²的草皮可以栽成5～10m²或更多一些，管理也比较方便。

3.铺栽方法

这种方法的主要优点是形成草坪快，可在任何时候进行，且栽后管理容易；缺点是成本高，并要有丰富的草源。

（二）草坪的养护管理

（1）灌水：当年栽种的草坪及地被植物，除雨季外，在生长季节应每周浇透水2～4次，以水渗入地下10～15cm处为宜。

（2）施肥：为了保持草坪叶色嫩绿、生长繁密，必须施肥。冷季型草坪的追肥时间最好在早春和秋季，第一次在返青后，可起促进生长的作用，第二次在仲春。

（3）修剪：修剪是草坪养护的重点，通过修剪来控制草坪的高度、增加叶片密度、抑制杂草生长，使草坪平整美观。

（4）防、除杂草：防、除杂草的最根本方法是合理的水肥管理，促进目的草的生长势，增强与杂草的竞争能力，并通过多次修剪抑制杂草的发生。一旦发生杂草侵害，可人工拔除。

（5）通气：改善草坪根系通气状况，有利于调节土壤水分含量，提高施肥效果。这项工作对提高草坪质量起到不可忽视的作用。

四、垂直绿化

为了加强绿化的立体效果，能够充分利用空间，可以结合棚架、栅栏、篱笆、墙面、土坡、山石等物体，栽植有蔓性攀缘的木本或草本植物，叫作垂直绿化。

通过采用垂直绿化，可以美化光秃的墙面、土坡、山石、栅栏等物体，并能充实、提高绿化质量。

（一）垂直绿化的种植形式

1.住宅和建筑物墙面绿化

用缠绕藤本植物绿化墙面必须选用具有吸盘而且有吸附能力的藤本植物，如地锦、爬山虎等。

2.围栅、篱垣的绿化

可采用缠绕藤本植物的吸盘、卷须和蔓茎缠绕布满围栅、篱垣，也可采用缠绕草本植物如牵牛、鸟萝等草本植物。

3.棚架、花架绿化

可选择缠绕性强，通过枝蔓缠绕，逐渐布满整个棚架、花架或树干上、灯柱上。

4.陡坡坡地、山石的绿化

陡坡坡地由于坡度大，不易种植植物，易产生冲刷，如立交桥坡面、公路、铁路两侧护坡，可采用根系庞大的藤本植物覆盖，既固土又绿化。

（二）垂直绿化施工

垂直绿化就是使用藤蔓植物在墙面、阳台、棚架等处进行绿化。

1.墙面绿化施工

（1）墙面绿化：常用爬附能力较强的地锦、崖爬藤、凌霄、常春藤等作为绿化材料。

（2）墙头绿化：主要用蔷薇、木香、三角花等攀缘植物和金银花、常绿油麻藤等藤本植物，搭在墙头上绿化实体围墙或空花隔墙。

2.棚架植物施工

栽植在植物材料选择、具体栽种等方面，棚架植物的栽植应当按下述方法处理：

（1）植物材料处理：用于棚架栽种的植物材料，若是藤本植物，如紫藤、常绿油麻藤等，最好选1根独藤长5m以上的；如果是丛生状蔷薇之类的攀缘类灌木，要剪掉多数的丛生枝条，只留1~2根最长的茎干，以集中养分供应，使今后能够较快地生长，较快地使枝叶盖满棚架。

（2）种植槽、穴的准备：在花架边栽植藤本植物或攀缘灌木，种植穴应当确定在花架柱子的外侧。穴深40~60cm，穴径40~80cm，穴底应垫1层基肥并覆盖1层壤土，然后才栽种植物。

（3）栽植：花架植物的具体栽种方法与一般树木基本相同。

（4）养护管理在藤蔓枝条生长过程中，要随时抹去花架顶面以下主藤茎上的新芽，剪掉其上萌生的新枝，促使藤条长得更长，藤端分枝更多。

第三节　居住区森林绿地建设

一、居住区森林绿地规划设计

居住区森林绿地规划应与居住区总体规划紧密结合，要做到统一规划，合理组织布局，采用集中与分散、重点与一般相结合的原则，形成以中心公共森林绿化为核心，道路绿化为网络，庭院与空间绿化为基础，集点、线、面于一体的森林绿地系统。

（一）中心公共森林绿地规划设计

其功能同城市公园的功能不完全相同，因此，在规划设计上有与城市公园不同的特点。居住区公共森林绿地是最接近于居民生活环境的，主要适合于居民的休息、交往、娱乐等，有利于居民心理、生理的健康，不宜照搬或模仿城市公园的设计方法。

（1）居住区公园以绿化为主，设置树木、草坪、花卉、林间小道、庭院灯、凉亭、花架、雕塑、凳、桌、儿童游戏设施、老年人和成年人休息场地、健身场地、多功能运动场地、小卖店、服务部等主要设施，并且宜保留和利用规划或改造范围内的地形、地貌及已有的树木和绿地。

（2）小区游园较居住区公园更接近居民，面积大于0.4hm²为宜，其服务半径为：居民步行到达距离为300～500m，在设计分布有足够森林绿地面积的前提下，在树冠浓荫下、灌草花木前可设置一些较为简单的游憩、文体设施。

（3）组团绿地是结合居住建筑组团布置的又一级公共绿地，是随着组团的布置方式和布局手法的变化，其大小、位置和形状均相应变化的绿地。

（二）宅旁庭院森林绿地的规划设计

宅旁森林绿地是居住区绿地中的重要组成部分，属于居住建筑用地的一部分。它包括宅前、宅后、住宅之间及建筑本身的绿化用地。其面积不计入公共绿地指标中，宅旁绿化面积比小区公共绿地面积指标大2～3倍，人均绿地面积可达4～6m²。

在宅旁绿地规划设计中要遵循以下原则：

（1）以绿化为主，绿地率要求达到95%左右，树木花草具有较强的季节性，一年四季，不同植物有不同的季相，使宅旁绿化具有浓厚的时空特点。

（2）活动场地的布置宅旁是儿童，特别是学龄前儿童最喜欢玩耍的地方，在绿地规划设计中必须在宅旁适当地做些铺装地面，在绿地中设置最简单的游戏场地（如沙坑等），适合儿童在此游玩。同时，还应布置一些桌椅，设计高大的乔木或花架以供老年人户外休闲所用。

（3）宅旁绿地设计要注意庭院的尺度感，根据庭院的大小、高度、色彩、建筑风格的不同，选择适合的树种进行绿化，选择形态优美的植物来打破住宅建筑的僵硬感；选择图案新颖的铺装地面活跃庭院空间；选用一些铺地植物来遮盖地下管线的检查口；以富有个性特征的绿化景观作为组团标志等，创造出美观、舒适的宅旁绿地空间。

（4）住宅建筑的绿化，住宅建筑的绿化设置应该是多层次的立体空间绿化，应注重建筑与庭院入口处的绿化处理，建筑物窗台、阳台以及屋顶花园的处理，建筑物墙基及墙面的绿化处理，等等。

总之，居住区宅旁庭院绿化是居住区绿化中最具个性的绿化，居住区公共绿地要求统一规划、统一管理，而居住区宅旁绿地则可以由住户自己管理，不必强行推行一种模式。居民可根据对不同植物的喜好种植各类植物，以促进居民对绿地的关心和爱护，提高他们栽花种草的积极性，使其成为宅旁庭院绿化的真正"主人"。

（三）专用绿地和道路绿地规划设计

（1）专用绿地即居住区配套公共设施建筑所属绿地，作为居住区绿化的组成部分也同样具有改善小气候、美化环境、丰富居民生活等作用。其绿地规划布置首先要满足其本身的功能要求，同时还应结合周围环境的要求，满足城市居民的户外游憩需求，满足卫生和安全防护、防灾、城市景观的要求。

（2）道路绿地对居住区的通风、防风、调节气温、减少交通噪声、遮阳降尘以及美化街景等有良好的作用。作为"点""线""面"绿化系统的"线"，它还起着引导人流、疏导空间的作用。

居住区道路绿化的布置要根据道路的断面组成、走向和管线铺设的情况综合考虑。居住区道路是居住区的主要交通通道，在绿化设计时其行道树带宽一般不小于1.5m，主干高度不低于2m，要考虑到为行人遮阴且不影响车辆的通行和视线的通畅。在道路交叉口的视距三角形内，不应栽植高大乔木、灌木，以免妨碍驾驶员的视线。道路和居住建筑间还可以利用绿化防尘和减弱噪声。

二、居住区森林绿地植物配置

居住区森林绿地植物的配置直接影响到居住区的环境质量和景观效果。在进行植物品种的选择时必须结合居住区的具体情况，尽可能地发挥不同品种植物对生态、景观和使用三个方面的综合效用。

（一）选择具有生态效益的植物

从生态方面考虑，植物的选择与配置应该对人体健康无害，有助于生态环境的改善并对动植物生存和繁殖有利。这就要求了解植物有关方面的性能。

（1）选用具有改善环境功能的树种，即能防风、降噪、抗污染、吸收有毒物质、防火的树木，另外，还可选用易于管理的果树。

（2）根据居住卫生要求，选择无飞絮、无毒、无刺激性和无污染物的树种，尤其在儿童游戏场的周围，忌用带刺和有毒的树种。

（3）由于居住区建筑往往占据光照条件好的位置，绿地受阻挡而处于阴影之中，应选用能耐阴的树种。

（4）竖向空间绿化的配置，可使绿地覆盖率达到最高，以乔、灌、草、藤相结合的植物配置可增强绿化效果、改善生态环境的综合实力。

（5）常绿乔灌木的适当选用，使居住区内四季空气清新，同时起到降噪防尘的作用。植物的品种多样性有利于动植物的生态平衡。

（6）在坡地之处，选择根系较为发达的森林植物，以利吸收分解土壤中的有害物质，起到净化土壤和保持水土的作用。

（二）景观植物配置原则

从景观方面考虑，植物的选择与配置应该有利于居住环境尽快形成面貌，即所谓

"先绿后园"的观点。选用易于生长、易于管理，耐旱、耐阴的乡土树种。应该考虑各个季节、各类区域或各类空间的不同景观效果，以利于塑造居住区的整体形象特征。

1.确定基调树种

主要用作行道树和庭荫的乔木树种的确定要基调统一，在统一中求变化，以适合不同绿地的需求。例如，在道路绿化时，主干道以落叶乔木为主，选用花灌木、常绿树为陪衬，在交叉口、道路边配置花坛。

2.以绿色为主色调

绿地植物应以绿色为主，但适量配置各类观花观叶植物，以起到"画龙点睛"之妙。例如，在居住区入口处和公共活动中心，种植体形优美、色彩鲜艳、季节变化强的乔灌木或少量花卉植物，可以增强居住区的可识别性。

3.乔、灌、草、花相结合

常绿与落叶、速生与慢生相结合；乔灌木、地被、草皮相结合；孤植、丛植、群植相结合。构成多层次的复合结构，使居住区的绿化疏密有致、四季有景，丰富居住环境，获得好的景观效果。

4.尽可能地保存原有树木及古树名木

古树名木是活文物，可以增添小区的人文景观，使居住环境更富有特色。将原有树木保存可使居住区较快达到绿化效果，还可以节省绿化费用。

5.选用与地形相结合的植物种类

如坡地上的地被植物：水景中的荷花、浮萍，池塘边的垂柳，小径旁的桃树、李树等，创造一种极富感染力的自然美景。

第四节　城市街道绿地建设

一、城市道路绿地规划设计

城市道路绿化规划与设计的基本原则如下。

（1）城市道路绿化的主要功能是庇荫、滤尘、减弱噪声、提高道路沿线的环境质量和美化城市。以乔木为主，乔木、灌木、地被植物相结合的道路绿化，防护效果最佳，地面覆盖最好，景观层次丰富，能更好地发挥其功能作用。

（2）为保证道路行车安全，对道路绿化的要求如下：

①行车视线要求：其一，在道路交叉口视距三角形范围内和弯道内侧的规定范围内种植的树木不影响驾驶员的视线通透，保证行车视距；其二，在弯道外侧的树木沿边缘整齐连续栽植，预告道路线形变化，诱导驾驶员行车视线。

②行车净空要求：道路设计规定在各种道路的一定宽度和高度范围内为车辆运行的空间，树木不能进入该空间。

③统一规划：合理安排道路绿化与交通、市政等设施的空间位置，使各得其所，减少矛盾。

④适地适树：绿化要根据本地区气候、栽植地的小气候和地下环境条件选择适于在该地生长的树木，以利于树木的正常生长发育，抗御自然灾害，保持稳定的绿化成果。道路绿化为了使有限的绿地发挥最大的生态效益，进行人工植物群落配置，形成多层次植物景观，在配置过程中要符合植物种间关系以及生态习性要求。

⑤道路绿化规划设计要有长远观点，又要重视近期效果，要求道路绿化远、近期结合，互不影响。

二、城市街道绿地设计

街道绿化是指建筑红线之间的绿化，包括人行道绿化带、防护绿带、基础绿带、分车绿带、广场和公共建筑前的绿化设施、街头休憩绿地、停车场绿地、立体交叉绿地以及高速公路、花园林荫路绿地等多种形式。

在较好的绿化条件下，应选择观赏价值高的植物，合理配植，以反映城市的绿化特点与绿化水平。主干路贯穿于整个城市，应形成一种整体的景观基调。主干路绿地率较高，绿带较多，植物配置要考虑空间层次、色彩搭配，体现城市道路绿化特色。

（一）街道绿化植物选择原则

（1）适地适树，多采用乡土树种，移植时易成活、生长迅速而健壮的树种。

（2）要求管理粗放、病虫害少、抗性强、抗污染。

（3）树干要挺拔、树形端正、体形优美、树冠冠幅大、枝叶茂密、分枝点高的树种。

（4）要求树种发芽早、展叶早、落叶晚、落叶期整齐的树种。

（5）要求树种为深根性，无刺、无毒、无臭味、落果少、无飞絮、无飞粉的树种。

（6）花灌木应该选择花繁叶茂、花期长、生长健壮和便于管理的树种。

（7）绿篱植物和观叶灌木应选用萌芽力强、枝繁叶密、耐修剪的树种。

（8）地被植物应选择茎叶茂密、生长势强、病虫害少的木本或草本观叶、观花植

71

物。其中，草坪地被植物应选择覆盖率高、耐修剪和绿期长的种类。

（二）街道树种配置要点

（1）阳性树和较耐阴树种相结合，上层林冠要栽阳性喜光树种，下层林冠可栽庇荫树种。下层的花灌木，应选择下部侧枝生长茂盛、叶色浓绿、质密较耐阴的树种。

（2）街道绿带多行栽植时，最好是针叶树和阔叶树相结合、常绿树和落叶树相结合。

（3）要考虑各树木生长过程，各个时期，种间、株间生长发育不同，合理搭配，使其达到好的效果。

（4）对各树木的观赏特性，采用不同结构配置或优美构图，组成丰富多彩的观赏效果。

（5）根据所处的环境条件，选择相应的滞尘、吸毒、消音强的树种，提高净化效果。

（三）行道树的种植方式

（1）树带式。在人行道和车行道之间留出1条不加铺装的种植带，为树带式种植形式。一般种植乔木的分车带宽度不得小于1.5m；主干路上的分车绿带宽度不宜小于2.5m；行道树绿带宽度不得小于1.5m；可植1行乔木和绿篱或视不同宽度可多行乔木和绿篱结合。

（2）树池式。在交通量比较大、行人多而人行道又狭窄的街道上，宜采用树池的方式。一般树池以正方形为好，大小以1.5m×1.5m为宜。另外，也可用长方形以1.2m×2m为宜，还有圆形树池，其直径不小于1.5m。行道树栽植于几何形的中心。为了防止树池土壤被行人踏实，影响水分渗透、空气流通，树池边缘应高出人行道8～10cm，如果树池稍低于路面，在树池上面加有透空的池盖，池盖可用木条、金属或钢筋混凝土制成，可由两扇合成，以便松土和清除杂物时取出。

（3）行道树定干高度，应根据其功能要求、交通状况、道路的性质、宽度及行道树距车行道的距离而定。分枝高度较小者，也不能小于2m，否则影响交通。

（4）行道树的株距是以株与株之间或行与行之间互相不影响树木正常生长为原则。一般采用5m为宜。一些高大乔木可采用6～8m株距，以成年树冠郁闭效果好为准。

（四）交通岛绿地

交通岛绿地分为中心岛绿地、导向岛绿地和立体交叉绿岛。

（1）中心岛绿地位于交叉路口上可绿化的中心岛用地。中心岛外侧汇集了多处路口，尤其是在一些放射状道路的交叉口，可能汇集5个以上的路口。为了便于绕行车辆的驾驶员准确快速识别各路口，中心岛绿地应保持各路口之间的行车视线通透，布置成装饰绿地。因此，中心岛上不宜过密种植乔木，在中心岛上可种花草、绿篱、低矮灌木或点缀一些常绿针叶树，要求树形整齐。同时，也可以设置喷泉、雕塑等建筑小品。

（2）导向岛绿化应选用地被植物栽植，不遮挡驾驶员视线。在岛上种植草坪、花坛，只供装饰，行人不得入内。

（3）立体交叉绿岛：互通式立体交叉干道与匝道围合的绿化用地。立体交叉绿岛常有一定的坡度，绿化要解决绿岛的水土流失，需种植草坪等地被植物。草坪上可点缀树丛、孤植树和花灌木，以形成疏朗开阔的绿化效果。在开敞的绿化空间中，更能显示出树形自然形态，与道路绿化带形成不同的景观。桥下宜种植耐阴地被植物，墙面宜进行垂直绿化。

（五）分车带绿地

快慢车道隔离带，一般为2.5～6.0m宽，根据交通安全的要求，许多国家严格规定快慢车道之间的植物高度不超过1m，且禁止列植成墙，以利驾驶员的视线通透。目前，隔离带的绿化植物多选用矮小的小乔木或花灌木，如圆柏、豆瓣黄杨、大叶黄杨、红叶李、紫薇、木芙蓉、茶花、棕榈等，目的在于减少视线障碍。

第五节　综合性公园绿地建设

一、综合性公园的内容和规模

综合性公园的建设，必须以创造优美的绿色自然环境为基本任务，要充分利用有利地形、河流、湖泊、水系等天然有利条件，同时还要充分地满足保护环境、文化休闲、游览活动和生态艺术等各方面功能的要求。

在一个城市中设立综合性公园的数量，要根据城市的规模而定，一般情况在大、中城市可设置几个为全市服务的市级综合性公园和若干个区级公园，而在小城市或城镇只需设置一个综合性公园。不论是市级的还是区级的综合性公园，都是为群众提供服务的综合性公共绿地，只是公园的内容和园内的设施等方面有所不同。

综合性公园的内容，应该包括多种文化娱乐设施、儿童游戏场和安静休憩区，也可设立小型游戏型的体育设施。在已建有动物园的同一城市，则在综合性公园中不宜再设立大型的或猛兽类动物展区。

二、综合性公园的种植设计

综合性公园的种植设计，要根据公园的建设规划的总要求和公园的功能、环境保护、游人的活动以及树林庇荫条件等方面的要求出发，结合植物的生物学和生态学特性，做到植物布局的艺术性。

（一）安静休憩区

由于要形成幽静的憩息环境，所以应该采用密林式的绿化，在密林中分布了很多的散步曲径和自然式的林间空地、草地及林下草地，也具有开辟多种专类花园的条件。

（二）文化娱乐区

本区常有一些比较大型的建筑物、广场、雕塑等，而且一般地形比较平坦，绿化要求以花坛、花境、草坪为主，以便于游人的集散。在本区可以适当地点缀种植几种常绿的大乔木，而不宜多栽植灌木，树木的枝下净空间应大于2m，以免影响交通安全视距和人流的通行。

（三）游览休憩区

可以以生长健壮的几种树种作为骨干，突出周围环境的季相变化的特点。在植物配置上根据地形的起伏而变化，在林间空地上可以建设一些由道路贯穿的亭、廊、花架、座椅凳等，并配合铺设相应的草坪。也可以在合适的地段设立如月季园、牡丹园、杜鹃园等专类花园。

（四）体育活动区

宜选择生长快、高大挺拔、树冠整齐的树种。不宜种植那些落花、落果和散落种毛的树种。球类运动场周围的绿化地，要离运动场5～6m。在游泳池附近绿化可以设置一些花廊、花架，不要种植带刺或夏季落花落果的花木和易染病虫害、分蘖强的树种。日光浴场周围，应铺设柔软且耐踩踏的草坪。

（五）儿童活动区

应采用生长健壮、冠大荫浓的乔木种类来绿化，不宜种植有刺、有毒或有强烈刺激性反应的植物。在儿童活动区的出入口可以配置一些雕像、花坛、山、石或小喷泉等，并配以体形优美、奇特、色彩鲜艳的灌木和花卉，活动场地铺设草坪，以增加儿童的活动兴趣。本区的四周要用密林或树墙与其他区域相隔离，本区植物配置以自然式绿化配置为主。

（六）公园大门

公园大门是公园的主要出入口，大多数大门都面向城市的主干道。所以公园大门的绿化，应考虑到既要丰富城市的街景，又要与大门的建筑相协调，还要突出公园的特色。如果大门是规则式的建筑，则绿化也要采用规则式的绿化配置。对于大门前的停车场四周可以用乔灌木来绿化，以便夏季遮阴和起隔离环境的作用。在公园内侧，可用花池、花坛、雕塑小品等相配合，也可种植草坪、花卉或灌木等。

在公园的小品建筑附近，可以设置花坛、花台、花境，沿墙可以利用各种花卉境域，成丛布置花灌木。门前种植冠大荫浓的大乔木或布置艺术性设计的花台、展览室、阅览室和游艺室的室内，可以摆设一些耐阴的花木。所有的树木、花草的布置都要和小品建筑相协调，四季的色相变化要丰富多彩。

公园的水体可以种植荷花、睡莲等水生植物，创造优美的水景。在沿岸可种植较耐水湿的草木花卉或者点缀乔灌木和小品建筑，以丰富水景。

第六节 市区森林的培育

一、市区森林抚育的目的与意义

市区森林抚育是指市区森林建立以后一直到林木死亡或由于其他原因而需要对其重新补植之前的各项管理保护措施。

人们常说"三分造林，七分管护"，可见，市区森林能否正常生长发育，主要还是依赖于造林后的抚育管理。市区森林抚育的目的就是使市区森林可以健康、茁壮地生长，并且能够与市区环境协调一致，最大限度地提高市区森林的生态服务功能，同时把对市区其他设施及活动可能存在的对林木生长不利的影响降到最低程度。市区森林的抚育管理措施主要包括市区森林的施肥管理、整形修剪、树穴处理、支柱与缆绳及病虫害防治等。

二、市区森林的施肥管理

在我国，除经营商品林之外，一般造林是不施肥的。但是，由于市区森林的土壤一般比较贫瘠，而且还要求其发挥更高的生态服务功能，因此，有条件时还是应该大力提倡进行施肥管理。通常，施肥时应氮、磷、钾三种肥料并重。但是，如果土壤中某种元素较充足时，则可以不使用主要成分为该种元素的肥料，如中国北方土壤一般不缺钾元素，所以一般在北方不施用钾肥；而南方土壤一般比较缺钾，也比较缺磷，因此南方城市土壤需要补充磷肥和钾肥。

（一）市区施肥的种类

通常来说，林木的适宜施肥种类与农作物并不完全相同。另外，观赏树木和花卉一般喜生于酸性土壤之中，而在我国酸性土壤多分布在南方，北方土壤一般呈中性或碱性。因此，凡是能残留碱性残基的化学肥料不应施用在碱性土壤中。北方种植观赏花木时，培养基应保持在微酸的条件下，碱性土壤一般可加入酸性肥料或用石膏来调节。

（二）施肥数量

施用复合肥料的适宜数量一般采用如下标准：1株树木胸高直径每2.54cm时施肥1.1～1.8kg，幼树施肥量应减半。

（三）施肥的方法

（1）地表撒播法：对未成林的幼树可以用这一方法，用撒播法施肥只有遇到降雨，肥料才能进入土壤中。

（2）开沟施肥法：在树冠的外缘掘沟，沟深20～30cm，宽10～20cm，然后填入混有肥料的表土。这种方法有两个缺点，其一是仅有小部分根系接触到肥料，其二是这种方法会伤害到若干根系。

（3）穿孔法：对于长在草地上的大树而言，穿孔法是最有效的方法。用适当的工具（如丁字镐或土壤钻孔器）在根系分布范围内钻孔。所谓根系的范围，是以树木为圆心、以树木直径的12倍为直径的圆圈，每个洞的深度为25cm，洞与洞的间隔为60cm。

（4）叶面施肥：能够进行叶面施肥的依据是因为树木叶片的正反面若干部位间歇排列着几丁质层，几丁质层会吸收水分及养分。影响树木叶片吸收养分的条件有湿度、适宜的温度、光、糖的供应、树势、肥料的物理性质与化学性质等因素。

同时，叶片对液体肥料的吸收程度因树种而异。每一树种叶面表皮层的厚度、表皮层不连续的状况（几丁质层与表皮层相互间隔的情形）以及叶片表面的光滑程度等因子都会影响到叶面施肥的效果。

三、整形修剪

市区森林的主要景观功能之一就是要具有较高的观赏价值，也就是其美学价值要高。树冠整形与修剪是提高城市森林美学价值的重要方法之一。

（一）修剪的主要目的和意义

（1）维护林木的健康：破裂、枯死或感染病虫害的枝条可以通过修枝方式予以剪除，这样可以防止病虫害的蔓延。为增加阳光和空气透过树冠，也可修剪若干健康的枝条。假若根系受到伤害，修剪掉若干枝条后，也能够使树冠与根系维持平衡。

（2）美观：市区中许多树木均是通过人工修剪整形而成，具有一定的几何形状。但树木各个枝条的生长速度不是均匀一致的。因此，为了保持树冠的整齐与景观上的美观，这些生长迅速的枝条就应予以适当的修剪。

（3）安全：枯死的枝条会坠落，这样就会危及市区居民的生命和财物安全，因此，对枯枝、严重病枝或受机械损伤尚未脱落的枝条要及时修剪，消除安全隐患。对于枝条下垂形的树木，其枝下高低于1.5m或严重妨碍市民活动时（即使高于1.5m），也应进行修剪，以保证市民的安全。

（二）修剪的工具

链锯、手锯、双人大锯、修枝剪、斧、锤、大剪刀等都是常用的修枝工具。

（三）修枝方法

修枝并没有统一的方法，但一些基本原则还是需要遵守的，如修枝时应从树枝的上方向下修剪，这样易于把树冠修剪成适当树形，也容易清理落下的残枝，修剪的切口必须紧贴树干或大树枝上，而不应留下突出的残枝。因为留下的残枝会妨害伤口愈合并且产生积留水分而使树干或枝干腐朽，影响树木生长。修枝时切口应平滑且呈椭圆形。

大枝条的修剪应使用大锯移除。在锯枝时不应伤及树干本身，为防止大枝坠落时撕伤树枝，正确的修枝方式是：应在距树干30～40cm处自下而上锯枝条，锯到树枝直径的一半后，再自距离第一道切口1cm的上端自上而下切锯，最后再自下向上紧贴树干把剩下的残枝切除。在锯残枝时，手应紧握残枝，以免树枝撕裂。

（1）"V"字形枝丫的修剪。移除V字形枝丫应该注意下列两点：第一，许多树种（如木棉树、柳树、黄槿等）可以大量修枝而不致影响其树势；第二，在进行V字形枝丫的切除时，切口应与主干呈45°角。切口与主干呈垂直状态不易愈合，同时若切口所呈角度过大也会使剩下的另一枝条易于断折。

（2）风害枝修枝。树木如遭受风害，应视情形予以修枝。如果风害枝木有危害人员生命财产的可能，则应立刻修枝，或者可以等到适当的季节再予修枝。

（3）遭受病虫害枝条的修枝。受到病虫害危害的枝条应予以及时修枝。关于这一类枝条的修枝，有一点需要特别注意，即不应使修枝的工具成为传染病虫害的媒介，处理过病害木的刀剪应该用70%的酒精擦拭，而且病害木不应在湿季修枝，因为在这种情况下，病虫害最容易传播。

（4）常绿树木的修枝。市区树木修枝的目的在于获得美观的树冠，使得树冠枝条较多且外观较紧密。幼年茎轴的末端如果进行修剪，就会使枝条上长出新的支孽，使树冠更为浓密。

松树与云杉一年只生长一次，因此，一年中任何时期均可修枝，但最好在新生长的枝条还比较幼嫩时修枝。比如，松类树木最好在新生长的枝叶未展开时进行修枝，即在新生长的枝叶尚呈蜡烛状时即予以修枝，在这种情况下修枝对树木的外观不产生影响。其他针叶树种如扁柏、落叶松等树种在整个生长季中都在不断生长，这类树木最好在六月或七月修枝，在生长季节停止前，新的生长会覆盖修枝的切痕。具有某种特定树形的针叶树应该进行修枝，以维持其特定的树形，在这种情况下，只能剪除长茎轴。以针叶树当绿篱时则应该用大剪刀将其顶端剪平。

（5）因避免与电线接触而进行的修枝。行道树与空中的线路时而纠缠在一起，这是城市中常见的一种不良现象，是一种严重的安全隐患。在这种情况下，行道树修枝是最好的解决办法。这类修枝可以分为三类，即切顶、侧方修枝和定向修枝。

①切顶。切顶是把顶端的枝条切除，如果树木生长在电线的下方时，可以采用这种方法，但这种方法容易破坏树的自然美观。

②侧方修枝。侧方修枝是把大树侧方与电线相互纠缠的枝条剪除，在进行侧方修枝时通常要把另一方的枝条修剪，以保持树形的对称。

③定向修枝。定向修枝是把树木中有与电线纠缠的树枝予以剪除，并且应该把余留枝条牵引使其不触及电线。通常具有经验的城市森林学者可以预测树木枝条的走向，因此，在进行定向修枝时，不但剪除目前与电线发生纠缠的枝条，而且还会将对日后可能与电线纠缠的枝条一并去掉。

四、树穴处理

（一）树穴的起源

树穴源自树皮伤口。健全的树皮可以保护其内部的组织，树皮破损会使边材干燥，当树势强壮时，这种伤口不会扩大，并且在一两年内会长出愈合组织。但如果树木受损而伤口太大，则伤口愈合较为缓慢。另一种情况是因为风折或修枝不慎而把残枝留在树上。在上述两种情况下，木材腐朽菌与蛀食性的虫类会进入树干而导致腐朽，这些菌类或虫类会使愈合组织不能生成，经过一段时间后就产生了树穴。

树木的心材如果产生洞穴还不至于损伤树木的树势，但这会损害树木的机械支持能力，并且这种树穴也会成为虫类的温床。如果在树干上树穴的洞口继续扩大，则会损及树势。这是因为树穴的洞口原来是树木形成层及边材占据的位置，树穴洞口部的扩大会损伤树木韧皮部的传导系统。

大多数腐朽菌所造成的腐朽过程极为缓慢，其速度大约等于树木的年生长量。因此，即使有树穴存在，一株树势良好的树木依然可以长到相当大的程度。

（二）树穴的处理

处理树穴的目的在于改善树木的外观并消除虫蚁、蚊子、蛇、鼠等昆虫和动物的庇护所。树穴处理的方法有两种，一是把树穴用固体物质填满，二是只把树穴清洁。

清理树穴时，应将树穴中所有变色与含水的组织予以清理，也就是说已变色的组织即使表面看起来健全也应该予以清理，因为这是木材腐朽菌的大本营。对于大的树穴，却不能把所有变色的木材全部清除，因为这会减弱树木的机械能力，而导致树木折断。

一般而言，老的树穴伤口均已布满创伤组织，如果铲除这些创伤组织则会破坏树木水分和养分的传导系统而严重减弱树势，因此，林业人员应自行判断树穴中腐朽部分是否应予以清理。

（三）树穴的造型

对树穴应该进行整形，以使树穴内没有水囊存在，假使这些水囊蔓延至树干，也应把外面的树皮切除以消除水囊，假使在树穴内有很深的水囊存在，则应在水囊下端之外的树皮处穿一洞，并插上排水管。由于排水管所排的是树液，这会使排水管成为真菌、细菌与害虫的滋生所在地，所以应注意防范。

在树穴整形时，对树穴的边缘应特别注意，因为只有形成层与树皮健康以及留下充分的边材时，才会产生充分的愈合活动。树皮必须用利刃整形，这样才能使被修整部分平滑，被切下的部分应立刻涂上假漆，以防止柔嫩的组织变干。

（四）在树穴内架设支柱

在较大的树穴内应该装架支柱，这样可以使树穴的两侧坚固，同时使树穴内的填充物质更能巩固。

支柱应以下列方法插入树穴之中：支柱插入孔应离健康的边材边缘至少5cm，支柱的长度与直径应根据树穴大小来考虑。支柱的两端应套上橡皮圈，再用螺丝帽锁住。

（五）消毒与涂装

消毒与涂装的部分包括，把树穴内部用木焦油或硫酸铜溶液（1kg硫酸铜溶在4kg水中，硫酸铜溶液必须用木桶盛装）进行消毒处理，再用水泥或白灰进行涂装。

五、支柱与缆绳

用以支撑建筑物的铁杆或木桩叫作支柱，用支柱抚育和保护树木的方法叫作支柱支持法，以钢丝绳做树木人工支持物的方法叫作缆绳支持法。

（一）使用人工支持物的对象

（1）紧V形枝丫。许多树种本身会生成V字形枝丫，另一些树木则因幼年未施行修枝导致造成紧V字形枝丫。

当两条树枝紧接在一起时，会妨害这两枝条形成层与树皮的正常发展，甚至因彼此挤压而导致这两枝条的死亡。因此，应设法把紧V字形枝丫改为U字形的枝丫。

（2）断裂的枝丫。如因景观上的需要必须保留断裂的枝丫，则必须用人工支柱的方式防止其继续断裂。

（3）可能断裂的枝丫。许多树种因其枝丫上的叶子太多而木材的材质又太脆弱，可能会使枝丫断裂，因此，需要人工支撑来避免断裂。

（二）支持物的种类

1.支柱

支柱是由铝合金制成的棍杆或木棍。使用时，有一半木材已腐朽的枝条以及心材全已朽烂，只剩下边材的树穴，可以用支柱支持树木。

2.钢缆法

钢缆法是用铜皮包的钢缆来固定枝条。这种方法有4种做法。

（1）单向系统，是从一枝条向另一枝条以钢缆相连接。

（2）盒状系统，是把四根枝条以钢缆逐一连接。

（3）轮型系统，是在中间一枝条中装上挂钩，四周四株树枝除依盒状系统互相连接外，也均与中间的枝条相连接。

（4）三角系统，即把每三根树枝用钢缆形成三角形的方式连接起来。

以上4种做法以三角形系统最能支持弱枝。

包铜钢缆通常是装在枝丫交叉点至顶端的三分之二处，挂钩是用来钩住钢缆的，挂钩应采用镀铬钢钩。

六、市区森林病虫害的防治

无论是国内还是国外，城市森林都曾经因病虫害的蔓延而遭受到极大的破坏，比如我国北方城市中曾经暴发流行过的杨柳光肩星天牛危害、美国曾经蔓延过的大规模荷兰榆树病危害，都使几十年的城市绿化成果毁于一旦。因此，病虫害防治是市区森林一项非常重要和关键的抚育保护措施。

市区森林病虫害防治最大的难度就在于由于市区人口稠密，一般对人畜有毒的杀虫、杀菌药物是严格禁止大规模或经常使用的。因此，市区森林病虫害的防治原则是预防第一、控制第二，有效的预防与监测系统就显得更为重要了。以下是市区森林病虫害抚育管理的途径。

（1）建立严格的病虫害检疫制度，植物病虫害检疫就是为防止危险性的病虫害在国际间或国内地区间的人为传播所建立的一项制度。病虫害检疫的任务就是，禁止危险性病虫随动植物或产品由国外输入或由国内输出；将国内局部地区已发生的危害性病虫害封闭在一定的范围内，不使其蔓延；当危险性病虫害侵入新地区时，采取紧急措施就地消灭。

（2）生物防治措施，生物防治技术是当今世界范围内发展迅速且最符合生态学原理的一项治理措施。通常对害虫的生物防治措施包括：引进有害昆虫的天敌或为害虫的天敌创造适宜的生活条件。许多鸟类就是昆虫的天敌。病害的防治一般是利用某些微生物作为工具来防治的。

（3）化学防治措施，病虫害的化学防治是利用人工合成的有机或无机杀虫剂、杀菌剂来防治病虫危害的一种方法，是植物病虫害防治的一个重要手段。它具有适用范围广、收效快、方法简便等特点。特别是在病虫害已经发生时，使用化学药剂往往是唯一能够迅速控制病虫害大范围蔓延的手段。

市场上各种杀虫剂和杀菌剂均有销售，使用方法和原理各不相同，大体上可分为铲除剂、保护剂和内吸剂等，而使用上有种实消毒、土壤消毒、喷洒植物等。

需要注意的是，现在市区环境内，为了减少使用化学药剂可能对环境的影响，一般对使用化学药剂是实行严格控制的。一般在不太严重的情况下，禁止大面积喷洒杀虫剂和杀菌剂，同时高效低毒的药剂也正在逐步代替有残毒危害的药品。

（4）物理防治措施，利用高温、射线及昆虫的趋光性等物理措施来防治病虫害，在某些特殊条件下能收到良好的效果，如在特定的时期利用黑光灯诱杀某些有害昆虫、对土壤中病菌虫卵采用高温消毒等。

（5）综合防治措施，综合防治就是通过有机地协调和应用检疫、选用抗病品种、林业措施、生物防治、化学防治、物理防治等各种防治手段，将病虫害降低到经济危害水平以下。

第四章　城市郊区生态化建设

第一节　郊区森林的规划设计

一、郊区森林的造林规划

郊区森林的造林规划是在相应的或者上一级的林业区划指导下，依据各个城市郊区具体的自然条件和社会经济条件，对今后一段时间内的造林工作进行宏观的整体安排，规划的主要内容包括各郊区的发展方向、林种比例、生产布局、发展规模、完成的进度、主要技术措施保障、投资和效益估算等。制定造林规划的目的在于，为各级绿化部门对一个城市郊区（单位、项目）的造林工作的发展决策和全面安排提供科学依据，同时也为制定造林计划和指导造林施工提供依据。

（一）郊区森林造林规划的理论基础

造林规划是一项综合性的工作，需要多学科的科技知识。首先，在造林地区的测量、调绘，使用航空相片、卫星相片、地形图等现有图面资料，提供各种设计用图等工作中，需要测量学、航测和遥感方面的知识。

"适地适树"是森林营造的基本准则，为做到造林的适地适树，必须客观而全面地分析造林地的立地条件和树种的特性。造林地立地条件的分析，需要调查气候、土壤、植被及水文地质等情况，特别需要掌握气象学、土壤学、地质学、植物学、水文学等方面的知识。树种生物学、生态学特性的分析，需要具备植物学、树木学、生态学、植物生理学等方面的专业知识。

为了进行设计分析、编制计划和数据处理，需要有关的数学知识，如运筹学、数理统计、计算数学和计算机等方面的知识。

同时，造林又是一项社会性很强的工作。从本质上看，造林规划设计是一个社会—经济—资源—环境融为一体的复杂体系，它们之间的协调与否，关系到造林规划的实施效果乃至成败，因此，必须全面分析造林地区的社会经济条件，并与其他行业协调发展，这就需要具备土地学、经济学、社会学以及农、牧、副、渔业等的相关知识。

从造林规划的本身来看，在上述有关学科的知识里，主要的理论依据是与造林直接相关的林学知识，如森林培育学、森林生态学、森林保护学、森林经营管理学、园林绿地规划理论、人居环境可持续发展理论等，以便通过对树种生物学生态学特性和造林地立地条件的深入分析，并在生态学、经济学和美学原则的共同指导下，规划设计出技术上科学合理，经济上可行的林种、树种、造林密度、树种混交、造林方法和抚育管理等技术措施。

（二）郊区森林造林规划的步骤与范围

郊区森林造林规划的具体步骤可分为三个阶段。第一阶段，查清规划设计区域内的土地资源和森林资源，森林生长的自然条件和发展郊区林业的社会经济状况。第二阶段，分析规划设计郊区影响森林生长和发展郊区林业的自然环境和社会经济条件，根据国民经济建设和人民生活的需求，提出造林规划方案，并计算投资、劳力和效益。第三阶段，根据实际需要，对造林工程的有关附属项目（如排灌工程、防火设施、道路、通信设备等）进行规划设计。

郊区森林造林规划的内容以造林和现有林经营有关的林业项目为主，包括土地利用规划，林种、树种规划，现有林经营规划，必要时可包括与造林有关的其他专项规划，如林场场址、苗圃、道路、组织机构，科学研究、教育等规划。

造林规划的范围可大可小，从全国、省、地区到县（林业局）、乡村（林场）、单位或项目等，对郊区造林规划而言，其造林规划的范围就在规划城市所属的郊区范围。造林规划有时间的限定和安排，但技术措施不落实到地块。

二、郊区森林造林调查设计

造林调查设计是在造林规划的原则指导和宏观控制下，对一个较小的地域进行与造林有关的各项因子，特别是对宜林地资源的详细调查，并进行具体的造林设计。造林技术措施要落实到山头地块。造林调查设计还要对调查设计项目所需的种苗、劳力及物资需求、投资数量和效益作出更为精确的测算。它是林业基层单位制订生产计划、申请项目经费及指导造林施工的基本依据。

造林调查设计的任务，通常由林业主管部门根据已经审定的造林项目文件或上级的计划安排，以设计任务书的方式下达。此项工作通常由专业调查设计队伍组织，由专业调查设计人员与基层生产单位的技术人员结合来完成。全部工作可分为准备工作、外业工作和内业工作，其主要工作程序和内容如下。

（一）准备工作

造林调查设计准备工作的主要内容包括以下5个方面：

（1）建立专门组织，确定领导机构、技术人员，进行技术培训等。

（2）明确任务，制定技术标准，研究上级部门下达的设计任务书，广泛征求设计执行单位和有关部门及群众的意见和建议，明确造林调查设计的地点、范围、方针和期限等要求。规定或制定地类，林种、坡度划分，森林覆盖率计算等项技术的调查标准。

（3）进行完成设计任务的可行性论证，验证原立项文件和设计任务书中规定内容的现实可行性，必要时可进行典型调查。论证结论与原立项文件或设计任务书有原则冲突时，需报主管部门审批，得到认可后，制定该调查设计的实施细则。

（4）收集资料，收集与设计郊区造林有关的图面资料（地形图、卫星遥感相片、航空摄影相片等）、书面资料（土地利用规划、林业区划，农林牧业发展区划，造林技术经验等相关资料；气象、地貌、水文、植被等自然条件；人口、劳力、交通、耕地、粮食产量、工农业产值等社会经济条件；各种技术经济定额等）。

（5）物资准备，包括仪器设备，调查用图、表格，生活用品等方面的准备。如果需要使用计算机进行数据采集或处理时，还要做好计算机软件的收集、编写及调试工作。准备工作是极其细致、繁杂和琐碎的，关系到调查设计任务完成的进度乃至质量，因此，必须认真对待。

（二）外业工作

在收集和利用现有资料的基础上，开展外业调查工作。外业调查工作是造林调查设计的中心工作，主要有以下内容：

（1）补充测绘工作，造林调查设计使用的地形图比例尺以1∶10 000为好，至少也要1∶25 000的地形图，配以类似比例尺的航片。如所需上述图面资料不足，不能满足外业调查的需要，或者因为原有的图面资料因成图时间或航摄时间较早，不能反映目前地形地物的实际情况，则需要组织必要的补充测绘或航摄工作。由于此项工作量大而花费昂贵，因此，是否需要进行以及如何进行，应采取十分慎重的态度。

（2）外业调查分为初步调查和详细调查。初步调查是在外业调查初期对造林地立地条件和其他有关的专业调查，其目的在于掌握调查区的自然环境特征，编制立地类型表、造林类型表，拟订设计原则方案，并为详细调查和外业设计提供依据。

设计原则方案要提出调查设计各项工作的深度、精度和达到的技术经济指标。原则方案确定后，由主管部门主持召集承担设计、生产建设单位以及有关人员进行审查修改，并经主管部门批准执行。

设计原则方案经批准后，即开始详细调查。初步调查和详细调查的各项调查内容基本一致，但采用的方法和调查的深度有所不同。

①专业调查。专业调查包括气象水文、地质、地貌、土壤、植被、树种和林况、苗圃地、病虫鸟兽害等。专业调查最主要的任务是通过对当地地貌、土壤（包括地质、水文）、植被、人工林等调查，掌握城市郊区自然条件及其在地域上的分异规律，研究它们之间的相互关系，用于划分立地条件类型，作为划分宜林地小班和进行造林设计的依据。

各专业调查组要根据本专业的特点和要求，采用线路调查、典型抽样调查、访问收集等方法进行专业调查。一般是在利用现有资料的基础上，采用面上调查和典型样地调查相结合的方法。造林地面积不大、自然条件不甚复杂时，经一般性的勘查后，可不进行面上调查，直接在不同的造林地段选择典型地段进行标准的调查。面上调查（线路调查）的调查线路一般是在地形图上按照地貌类型（河床、河谷、阶地、梁、丘陵等），海拔高度，沿山脊、河流走向预设测线、测段和测点，再逐段逐点调查变化情况。标准地（样地）调查是选择能代表某一类型的典型地段，设置标准地或样地进行详细调查。

专业调查结束后，进行调查资料的整理和采集样品的理化分析，以掌握各项立地因子的分布与变化规律，充分运用森林培育学和相关学科的理论知识和研究成果，进行精心设计，正确进行立地评价，编制适于当地的立地类型表，并在此基础上按不同立地类型（或立地类型组）设计若干造林类型（称造林设计类型或造林典型设计）。

立地类型表的内容包括立地类型号，类型名称、地表特征、土壤、植物、适生树种、造林类型号等。造林类型表的内容包括造林类型号、林种、树种、混交方法及各树种比例、造林密度及配置、整地方法和规格、造林方法等。

②专项工程调查。主要内容包括道路调查，林场、营林区址调查，通信、供电、给水调查，水土保持、防火设施、机械检修等调查。这些调查设计一般只要求达到规划的深度，如果需要深化，可组织专门人员进行。

③社会经济调查。主要了解调查郊区居民点分布、人口，可能投入林业的劳力与土地；交通运输、能源状况；社会发展规划、农林牧副业生产现状与发展规划等。

④区划调绘与小班调查。为了便于管理并把造林设计的技术措施落实到地块，对设计郊区要进行区划。对于一个城市郊区来说，造林区划系统为乡—村林班—小班。如果在一个村的范围内造林面积不大，可以省去林班一级。一个林场（或自然保护区、森林公园）的造林区划系统为工区（或分场）—林班—小班。乡和村按现行的行政界线，现场调绘到图上；工区是组织经营活动的单位，一般以大的地形地物（分水岭、河流、公路等）为界，最好能与行政区划的边界相一致，其面积大小以便于管理为原则。

林班是调查统计和施工管理的单位，其面积一般控制在100~400hm²，林班界一般以山脊、沟谷、河流等明显的地形地物进行区划调绘，必要时也可以用等距直线网格区划的办法。

　　小班是造林设计和施工的基本单位，结合自然界线在现场区划界线的调绘，要求同一小班的地类、立地条件（类型）一致，因而可以使用同一个造林设计，组织一次施工来完成造林任务。小班的面积一般按比例尺大小和经营的集约程度而定，最小为0.5～1hm²，即在图面上不小于4mm²。如果面积太小，可与邻近地块并在一起划为复合小班，分别注明各地类所占比例。小班的最大面积也应有所限定。宜林地小班调查记载小班的地形、地势、土壤、植被土地利用情况，确定适合的立地类型、造林类型及设计意见。有林地小班应分别天然林、人工林调查林木组成、年龄、平均高、平均胸径、疏密度，郁闭度等，并确定适当的林分经营措施类型。非林地小班只划分地类，不进行详细调查。小班调查一般采用专门设计的调查表或卡片，调查卡片的形式更适合于进行计算机统计。

　　外业工作基本完成后，要对该项工作完成的质量进行现场抽查，并对外业调查材料进行全面检查和初步整理，以便发现漏、缺、错项，及时采取相应的弥补措施。

（三）内业工作

　　（1）基础工作。在内业工作开始前，必须认真做好资料检查，类型表修订，底图的清绘和面积计算等工作。检查和整理调查所收集的全部资料，如有错漏立即补充或纠正。外业采集的土壤、水等样品送交专业单位进行理化分析，以确定其成分，作为划分立地条件类型和确定造林措施的依据。根据外业调查和理化分析结果补充或修订"立地类型表"和"造林类型表"，用修订后的类型表逐个订正小班设计。根据外业区划调绘的结果，在已清绘的基本图上，以小班为单位，用求积仪等工具量测面积。量测面积有一定的精度要求，小班面积之和与林班面积之间，林班面积之和与工区（乡、村）面积之间，其差数小于规定的误差范围时，方可平差落实面积。

　　（2）内业设计。在全面审查外业调查材料的基础上，根据任务书的要求，进行林种和树种选择，树种混交、造林密度、整地、造林方法、灌溉与排水、幼林抚育等设计，必要时还要进行苗圃、种子园、母树林、病虫害防治以及护林防火等设计。在设计中，需要平衡林种、树种比例，进行造林任务量计算、种苗需要量计算及其他各种规定的统计计算，作出造林的时间顺序安排及劳力安排，完成切合实际的投资概算和效应估算。计算机的应用可大大简化此项工作。

　　（3）编制造林调查设计文件。调查设计文件应以原则方案为基础，根据详细调查和规划设计的结果而编制。该文件主要由调查设计方案、图面资料、表格以及附件组成。

　　造林规划方案的内容包括前言（简述规划设计的原则、依据、方法等），基本情况（设计郊区的地理位置、面积、自然条件、社会经济条件、林业生产情况等），经营方向（林业发展的方针及远景等），经营区划（各级经营区划的原则、方法、依据及区划情况），造林规划设计（林种、树种选择的原则和比例，各项造林技术措施的要求和指标），生产建设顺序（生产建设顺序安排的原则、依据及各阶段计划完成项目的任务量），其他单项及附属工程规划设计，用工量、机构编制和人员配置的原则和数量，投资概算和效益概算。

图面资料包括现状图，造林调查设计图，以城市郊区（或林场、自然保护区、森林公园）为单位的调查设计总图等及其他单项规划设计图。

附件包括小班调查簿（或卡片集）、各项专业调查报告、批准的计划任务书、规划设计原则方案、有关文件和技术论证说明材料等。

（4）审批程序，在调查设计全部内业成果初稿完成后，由上级主管部门召集有关部门和人员对设计成果进行全面审查，审查得到原则通过后，下达终审纪要。设计单位根据终审意见，对设计进行修改后上报。设计成果材料要由设计单位负责人及总工程师签章，成果由主管部门批准后送施工单位执行。

三、造林施工设计

造林施工（作业）设计是在造林调查设计或森林经营的指导下，针对一个基层单位（如一个城市郊区，或林场、自然保护区、森林公园等），为确定下一年度的造林任务所进行的按地块（小班）实施的设计工作，设计的主要内容包括林种、树种、整地、造林方法、造林密度、苗木、抚育管理、机械工具，施工顺序、时间，劳力安排、病虫兽害防治、经费预算等。面积较大的，还应作出林道、封禁保护、防火设施的设计。造林施工设计应由调查设计单位或城市林业部门在施工单位的配合下进行，国有林场（或国家自然保护区、国家森林公园等）造林可自行施工设计。施工设计经批准后实施。施工设计主要是制订年度造林计划及指导造林施工的基本依据，也应作为完成年度造林计划的必要步骤。

造林施工（作业）设计是为基层林业生产单位的造林施工而使用的，一般在施工的上一年度内完成。

在已经进行了造林规划设计的单位，造林施工设计就比较简单。它的主要工作内容是，在充分运用调查设计成果的基础上，按下一年度计划任务量（或按常年平均任务量），选定拟于下一年度进行造林的小班，实地复查各小班的状况，根据近年积累的造林经验，种苗供应情况和小班实际情况，决定全部采用原设计方案或对原设计方案进行必要的修正，然后做各种统计和说明。小班面积是计算用工量、种苗量和支付造林费用的依据。所以，在施工设计阶段对小班面积的精度要求较高，如果调查设计阶段调绘和计算的小班面积不能满足施工设计的需要，应用罗盘仪（或GPS）导线测量的方法实测小班实际造林面积。

在未曾进行过调查设计的单位，造林施工设计带有补做造林调查设计的性质，虽然仅限于年度造林的范围，但要求设计方案与总体上的宏观控制相协调，以免在执行中出现偏差。在林区做过森林经理调查（二类调查）的地方进行造林施工设计时，充分利用已有的二类调查成果，可节省设计工作量。

第二节　自然保护区的建立与设置

一、设立自然保护区的作用

（1）为人类提供自然生态系统的天然"本底"。

（2）自然保护区是各种生态系统以及生物物种的天然贮存库。

（3）自然保护区有助于维持其所在地区的生态平衡。

（4）自然保护区是科学研究的天然实验室，是专业教学的课堂。

二、自然保护区的类型

（一）自然生态系统保护区

根据自然地理带，在具有典型生态系统的地方建立的自然保护区，目的是保护完整的综合自然生态系统。

（二）生物种源自然保护区

（1）以保护某些珍贵动物资源为主的自然保护区。

（2）以保护珍稀孑遗植物及特有植被类型为目的的自然保护区。

（三）自然风景与历史遗迹保护区

这类自然保护区以保护自然风景与历史遗迹为主，它的自然特性显著，又具有公园性质，常常保有某些历史古迹。

（四）原始荒野地与水源山地保护区

由目前尚未受到人为影响或破坏的荒地与江河水源山地所划定的自然保护区。

（五）特殊地貌与化石保护区

以保护特殊的地貌类型、特殊的地质剖面与化石为主的自然保护区。

（六）河口与沿海自然保护区

以保护河口与沿海自然环境和自然资源为主要目的的自然保护区。

三、自然保护区选设的原则

（1）自然保护区应选设在比较原始的，长期以来未受或较少受到人为干扰的并具有代表性景观的地域。

（2）要注意保护对象的完整性，自然保护区应选设在生态系统与自然环境比较完整、生物种源比较丰富的典型地域。

（3）自然保护区要有最适宜的。范围保护区应具有足够的面积，面积的大小应视保护对象的群体生存、繁衍和发展所要求的最适范围而定。对于综合性、生态性自然保护区的设置，要注意尽可能把濒临灭绝种的种源分布地域包括进来。

（4）对于特定动植物资源保护区，应选设在分布区中具有典型生境，并在不远的将来具有较多分布数量的地域。有游迁特性的种类要给它们准备冬、夏两季栖息地或不同类型的生境。

（5）自然保护区的选设还应慎重考虑所在地的经济条件，尤其是交通条件，并应符合当地经济建设发展的远景规划。

（6）在选设自然保护区时应考虑群众生产、生活的需要，尽可能避开群众的土地、山林，确实不能避开的，应考虑严格控制其范围。

四、自然保护区的规划设计和经营管理

（一）自然保护区的规划设计

自然保护区在选定以后，就应建立筹备机构，并组织技术力量或由专业调查队进行调查规划设计。通过调查研究，按保护目的提出包括境界、面积、资源与筹建等内容的设计方案，并报主管部门审批。

自然保护区的调查，首先要查清地界范围、地形特点、各种资源分布情况，从而确定适用的调查方法。边界与面积确定后，要在边界上设立标桩。边界通常利用河、沟、山脊等明显分界线；面积大小决定于保护对象与保护目的。还要根据需要，考虑是否在保护区外围设置保护带。如果外围人类活动频繁，可设置保护带。

自然保护区调查是综合性的。比如，以保护珍稀孑遗植物和特有植被类型为目的的自

然保护区，既要调查其植物的种类、数量、分布特点，又要调查其生长条件（地形、土壤及气候特点）以及生活于这些群落中的动物、昆虫的主要种类。

（二）规划设计的内容

（1）保护区平面图的绘制，位置与面积的确定。

（2）保护区的区划。

（3）管理机构与研究机构的位置及其基本设施。

（4）观察点、亭、台的布局。

（5）道路布设，道路干线、支线的铺设应与区划相结合。

（6）通信线路的布设。

（7）检查站与防火设施的安排。

（8）经费估算与其他有关设计项目。

（三）自然保护区的经营管理

（1）积极向保护区内与当地的群众进行宣传教育，应与保护区内外的乡、村行政部门建立联系，订立公约，使各级干部与当地群众了解设立保护区的意义与有关奖惩制度。

（2）在进入保护区的各个"门户"设立检查站，不准带具有破坏性的工具如刀斧、猎枪进山，也不准带未经许可的标本出山，严格禁伐禁猎。

（3）安排专人接待实习、旅游团体，使保护区成为野外课堂、旅游胜地，发挥其教育、训练的作用。

（4）做好防火工作，采取措施消除火源。

（5）开展常规性与专题性的科学研究。保护区可设研究所或研究室，开展多项研究，或者与高校、研究院所合作，开展调查研究工作。

第三节　国家森林公园

一、国家森林公园的概念

国家森林公园是保护区类型中发展到较高阶段的一种自然保护区。森林公园是一以大面积的森林和良好的森林植被覆盖为基础，以森林为主要景观，兼有其他某些富有特色的自然景观和人文景观，具有多种功能和作用的地域综合体。它还是一个拥有众多物种基因库，为科学地研究自然科学、环境科学、人类科学和美学提供基地，其自然景观又给人以美的享受。森林公园是属于自然保护区体系中的一种类型。

二、森林公园的分类

（一）按资源性质分

1.自然景观类

这是以自然地貌和动植物资源为内涵组成的森林公园。如有"泰山之雄、华山之险、峨眉之秀、黄山之奇"，森林覆盖率在98%的绿色宝库和天然动物园的张家界国家森林公园；由岛屿组成，独具湖光山色、森林茂密、湖水碧绿的千岛湖国家森林公园；有景色迷人、山清水秀、森林密布的九寨沟国家森林公园。

2.人文景观类

这是以人文景观为主、自然景观为辅组成的森林公园，如有庙宇22处、古遗址97处、碑碣819块、摩崖石刻1018处，历代宗教名流、文人墨客和帝王登山游览的泰山国家森林公园。

（二）按管理职能分

1.国家级森林公园

科学、文化、观赏价值高，地理位置具有一定的区域代表性，有较高的知名度，如广西桂林国家森林公园。

2.省级森林公园

科学、文化、观赏价值较高，在本省行政区域内具有代表性，有一定的知名度，如福州灵石森林公园。

3.市、县级森林公园

森林资源具有一定的科学、文化和观赏价值，在当地具有较高的知名度。

三、森林公园的设计区划

（一）宏观设计区划

森林公园按其保护资源性质和景观开发的任务，其宏观设计区划一般都有两个区带或三个区带。

1.景区

景区是森林公园的主要内涵，是核心区或精华区，是重点保护和开发利用的对象，该区有：

（1）植物景观区。

（2）动植物景观区。

（3）自然景观综合区。

（4）人文景观区。

（5）待开发的景观区。

2.景区外围保护带

这种保护带随着景点集中或分散都有它的存在，但通常不做区划，只根据景点面积的大小划定带的宽度。

3.周边地带

这是景区外围地段，根据景点集中或分散，划分整齐或宽窄不一的较大面积区域，在其中可组织安排一些小区或小景点。

（1）生态保护地段。

（2）游憩点。

（3）休养区。

（4）文体娱乐区。

（二）微观设计区划

微观设计区划是为了全面掌握森林公园的资源数量和质量，针对局部资源性质设计区划保护利用的管理措施，然后汇总全区的分类保护管理任务和建立资源档案，以便查证资源未来的变化状况或控制资源朝着有利于森林公园可持续发展的方向变化。因此，在宏观设计区划的基础上，进一步进行景区的林班、区班或景班的区划，再在其中划分小班或小景班。

森林公园一般不进行人工营造植被，通常是采取保护和封禁，通过自然力来恢复当地的自然群落。诚然，如需加速形成自然森林群落的过程，也可采取适当的人工更新或人工促进天然更新的方式进行。但这必须建立在对当地森林群落结构、演替过程了解的基础上。在森林公园设计、建设的过程中，要尽可能地维护和提高不同层次水平的生物多样性。

四、国家森林公园的建立与管理

（一）国家森林公园的建园依据与标准

我国幅员辽阔，自然地理条件复杂，气候变化多端，动植物资源丰富，并有许多闻名世界的珍奇物种。森林、草原、水域、湿地、荒漠、海洋等各种类型繁多，同时有许多自然历史遗迹和文化遗产。它们的存在，为我国建立国家森林公园奠定了良好的基础，建园可依据自然保护对象分别进行。

国家森林公园建园的一般标准包括：

（1）区域内野生生物资源（包括微生物、淡水和咸水水生动物、陆生和陆栖动植物、无脊椎动物、脊椎动物）和这些动植物赖以生存的生态系统和栖息地，应得到完整的保护。

（2）区域内自然资源（包括非生物的自然资源，如空气、地貌类型、水域、土壤、矿物质、泉眼或瀑布等）应得到完整的保护。

（3）具有美学价值和适于游憩的景观应得到完整的保护。

（4）应消除各种存在于该区域的威胁、破坏与污染。

（二）国家森林公园的区划与管理

国家森林公园实行区域划分，受保护的地带面积应在1000hm²以上（经营区和游览区不在此内）。根据各自不同的景观和物种特点，将国家森林公园划分为特别保护区、自然区、科学试验区、缓冲区、参观游览区、公益服务区等不同区域，各个区域按不同的功能和要求进行设计与建设。特别保护区内禁止搞一切设施建设；自然科学试验区不搞大的设施建设；游览区和公益服务区的建筑房屋应与自然环境和谐一致、融为一体，突出自然的特点。

（1）国家森林公园管理机构应具有对国家区域内一切自然环境和自然资源行使全面管理的职权，其他单位和部门应予以理解和支持。

（2）管理机构应按国家森林公园的宗旨和要求进行管理，不得曲解和偏离。

（3）管理机构应协调好与当地居民的关系，尽可能向他们提供与建设国家森林公园有关的就业机会和劳务工作。

（4）国家森林公园管理机构应与研究机构、大学和其他科研组织进行合作，对在国家森林公园内进行的科学研究给予支持并实施有效的管理，同时向社会公众宣布和解释科学研究的意义和科研成果。

（5）国家森林公园管理机构应对在国家森林公园内开展的旅游活动和规模进行有效的管理，并通过科学的统计和分析，提出控制旅游的时间和人数及开放的季节，以确保国家森林公园不被其干扰和破坏。

第四节　城市防护林的建立

一、绿色植物对环境污染的净化效益

森林是陆地上最大的生态系统，具有保护环境、保持生态平衡的作用。在森林地带，射到森林的太阳辐射绝大部分被树冠吸收，而森林强大的蒸腾作用，在白天和夏季使林内不易增温，到夜间和冬天林内热量又缓慢散失，所以降低了最高温度和增高了最低气温；另外，林内温度低了，相对湿度就大，森林越多，森林地区及其周围空中湿度就大，降温也就越明显，所以，森林调节小气候的作用是极为显著的。林冠不仅可以阻截15%～40%的降水，而且林下的枯枝落叶层可以阻止雨水直接冲击土壤，阻止地表径流，把地表径流降低到最低程度，起到了涵养水源和防止水土流失的作用。由于森林的存在，可以有效地影响气团流动的速度和方向，林木枝干和树叶的阻挡，有效地在一定距离内降低风速，防止风沙之灾害。

随着人民物质文化水平的不断提高，人们都希望能在一个风景优美、空气新鲜和清洁、宁静的环境中工作、学习、休息、娱乐和疗养。森林，也只有森林，才能够提供这样一个理想的环境。

二、城市防护林建设的总体要求

一个布局合理的城市防护林，应该具备以下4个条件：

（1）要有足够的绿地面积和较高的绿化覆盖率。一般要求绿化覆盖率应大于城市总用地面积的30%以上，人均公共绿地面积应达到10m²以上。

（2）结合城市道路、水系的规划，把所有的绿化地块有机地联系起来，互相连接形成完整的绿带网络，而各种绿地都具备合理的服务半径，达到疏密适中，均匀分布。

（3）要有利于保护和改善环境。在居民居住区与工矿区之间，要设置卫生防护林；在城市设立街路绿地，在城市周围建立防风林；在江、河两岸设立带状绿地或带状公园，建设护岸林、护堤林；在丘陵区建设水土保持林和水源涵养林；使市区的各功能分区用绿带分隔，对整个市区环境起到保护和改善的作用。

（4）选择适应性强的绿化植物。要因地制宜地选择绿化树种及草种，做到适空适树、适地适树、适地适草，以最大限度地达到各种绿地的净化功能。同时，要通过丰富的植物配置和较高的艺术装饰达到美化环境的要求。

三、城市防护林的组成

城市防护林是具有多种不同防护功能的块状、片状和带状绿地。大体上可以分以下几类：防风固沙林，毒、热防护林，烟尘防护林，噪声防护林，水源净化林，水源涵养林，农田防护林，水土保持林，等等。毒、热防护林，烟尘防护林，噪声防护林也可合称为卫生防护林。

（一）防风固沙林

防风固沙林主要是防止大风以及其所夹带的粉尘、沙石等对城市的袭击和污染。同时，也具有可以吸附市内扩散的有毒、有害气体对郊区的污染以及调节市区的温度和湿度的作用。

（二）卫生防护林

城市上空的大气污染源主要来自城市的工矿企业。由于落后的生产工艺，在生产过程中散发出大量的煤烟粉尘、金属粉末，并夹杂着一定浓度的有毒气体。按照对城市环境污染改造和治理的要求，充分运用乔木、灌木和草类能起到过滤作用，减少大气污染，同时能吸收同化部分有毒气体的性能，在工业区和居民生活区之间营造卫生防护林是很重要的一个措施。

四、防护林的建设

要搞好防护林的绿化，一定要依据适空适树、适地适树的原则，做到因地制宜。所谓适空、适地，即要了解清楚绿化地的土壤情况、地势的高低、地下水位的深浅、风向及风向频率、空气中含有的有害气体情况等。根据这些条件的情况，选择适宜的防护林造林树种，确定防护林带的走向、结构，主副林带的宽度、带间距离、建设规模和林带株行距等。

由防护林带结构决定，在进行树种选择时还应考虑到乔、灌、草的合理配置，尤其是疏透式结构和紧密式结构的树种选择，既要选择阳性树种，又要配备乔木下种植的耐阴灌木，甚至再种植第三层低矮的地被植物或草坪植物，形成多层次的绿化结构。在进行树种选择时，还要尽可能做到针、阔混交或常绿植物和落叶植物的混交，形成有层次的混交林带，尤其在北方地区，往往是春季干旱、多风的气候特征，针、阔混交的防护林带，可以提高春季多风季节的防风效果。

栽植防护林的季节也应该因地制宜。在北方地区，一般在树木进入冬季休眠期后，只要避开严寒的天气，均可以种植。在冬季土壤不冻结的地方，可进行秋季造林。但不管是何时造林，都必须保证土壤有充足的水分。

第五节 郊区森林的培育

一、远郊森林类型与特点

远郊森林从类型上说主要包括两类，一类是自然保护区，另一类就是国家森林公园。

（一）自然保护区

1.自然保护区的概念及其意义

自然保护是对人类赖以生存的自然环境和自然资源进行全面的保护，使之免于遭到破坏，其主要目的就是要保护人类赖以生存、发展的生态过程和生命支持系统（如水、土壤、光、热、空气等自然物质系统，农业生态系统、森林、草原、荒漠、湿地，湖泊、高山和海洋等生态系统），使其免遭退化、破坏和污染，保证生物资源（水生，陆生野生生物和人工饲养生物资源）的永续利用，保存生态系统、生物物种资源和遗传物质的多样性，保留自然历史遗迹和地理景观（如河流、瀑布、火山口、山脊山峰、峡谷、古生物化石、地质剖面、岩溶地貌、洞穴及古树名木等）。

建立自然保护区是为了拯救某些濒于灭绝的生物物种，监测人为活动对自然界的影响，研究保持人类生存环境的条件和生态系统的自然演替规律，找出合理利用资源的科学方法和途径。因此，建立自然保护区有如下重要意义：

（1）展示和保护生态系统的自然本底与原貌。

（2）保存生物物种的基因库。

（3）科学研究的天然试验场。

（4）进行公众教育的自然博物馆。

（5）休闲娱乐的天然旅游区。

（6）维持生态系统平衡。

2.自然保护区设置的原则

自然保护区设置的原则主要包括自然保护区的典型性、稀有性、自然性、脆弱性、多样性和科学性等方面。

3.自然保护区设计的主要任务

（1）自然保护区通常由核心区、缓冲区和试验区组成，这些不同的区域具有不同的功能，自然保护区设计的首要任务就是要把自然保护区域按不同作用与功能划分地段，进行自然保护区的功能区划，并确定每一功能区必要的保护与管理措施。

（2）编制自然保护区内图面资料，如地形图、地质地貌图、气候图、植被图、有关文字资料等；建立自然年代记事册，观察记载保护对象的生活习性及其变化情况。

（3）配置一定的科研设备，包括有关的测试仪器、实验室、表册图片等，与有关大学或科研机构开展多学科的合作研究。

（4）根据自然保护区的旅游资源和自然景观的环境容量，确定自然保护区单位面积合理的和可能容纳的参观旅游人数，控制人为对生态系统及自然景观的干扰与破坏。

（二）国家森林公园

关于国家森林公园的相关内容可以参考本章第三节相关内容，这里不再重复赘述。

二、近郊森林类型与特点

近郊森林是指城市周围（城乡接合部）建设的以森林为主体的绿色地带。就我国城市近郊森林类型分析，主要是以防护林为主的防风林带、以水土保持为主的城郊水土保持林、以涵养水源为主的水源涵养林，还有近郊人工种植或天然遗留下来的带状或丛状小面积片林（隔离片林）以及人为设置的各种公园、休闲娱乐设施中的林木。这些绿带既可改善生态环境，为市区居民提供野外游憩的场所，又可作为城乡接合部的界定位置，控制城市的无序发展，其功能是多方面的。

（一）防风林

近郊防风林是在干旱多风的地区，为了降低风速、阻挡风沙而种植的防护林。防风林的主要作用是降低风速、防风固沙、改善气候条件、涵养水源、保持水土，还可以调节空气的湿度、温度，减少冻害和其他灾害的发生。

（二）水土保持林

近郊水土保持林是指按照一定的树种组成、一定的林分结构和一定的形式（片状、块状、带状）配置在水土流失区不同地貌上的林分。

由于水土保持林的防护目的和所处的地貌部位不同，可以将其划分为分水岭地带防护林、坡面防护林、侵蚀沟头防护林、侵蚀沟道防护林、护岸护滩林、池塘水库防护林等。

（三）水源涵养林

水源涵养林是指以调节、改善水源流量和水质的一种防护林类型，也称水源林。作为城市森林的主要部分，水源涵养林属于保持水土、涵养水源、阻止污染物进入水系的森林类型，主要分布在城市上游的水源地区，对于调节径流，防止水、旱灾害，合理开发、利用水资源具有重要意义。水源涵养林主要通过林冠截留、枯枝落叶层的截持和林地土壤的调节来发挥其水土保持、滞洪蓄洪、调节水源、改善水质、调节气候和保护野生动物的生态服务功能。

（四）风景游憩林

一般来说，风景林是指具有较高美学价值并以满足人们审美需求为目标的森林，游憩林是指具有适合开展游憩的自然条件和相应的人工设施，以满足人们娱乐、健身、疗养、休息和观赏等各种游憩需求为目标的森林。虽然风景林和游憩林在主导功能上有区别，但通常森林既能满足人们的审美需求又能满足综合游憩需求，人们常把这样的森林总称为风景游憩林。

三、郊区森林的营造

（一）远郊自然保护区和国家森林公园森林的营造

由于自然保护区和国家森林公园距离城市较远，同时植被多为天然植被，因此，一般情况下在自然保护区和国家森林公园内的森林不需要进行人工造林。但是，由于近年来城市居民对于回归大自然的渴望，到自然保护区或国家森林公园进行休假或旅游的人数不断增加。因此，在国家森林公园或自然保护区内有计划地开辟一些供游人娱乐、休息和体育活动的场所，野营休闲地和必要的相关设施，已成为这些远郊森林地区整体规划的一个部分。由此在自然保护区或国家森林公园内外栽植一些观赏性强、美观或具有强烈绿荫效果的林木已成为一种重要的补植手段。

（二）近郊森林的营造

近郊森林类型是多种多样的。但从主体上讲，主要有四大类型；一是防护林（如防风林、防污减噪林等）；二是水土保持林；三是水源涵养林；四是风景游憩林，主要包括近郊公园（如水上公园、森林公园、纪念性游园，以及各种文化景点等）。对于不同的近郊森林类型，其造林技术是有差异的。

1.近郊防风林的营造

城市近郊防风林的营造，关键的技术措施是选择造林树种，并且配置和设计具有不同走向、结构及透风系数的防风林带。一般的城市防风林都是呈带状环绕在市区和郊区的接合部，而有害风的风向每个城市都不尽相同，因此，防风林带的设置就应当与当地主害风风向垂直。对于我国北方城市，一般冬春季是大风季节，而且盛行风向大多为西北风。因此，在这些城市中防风林带主要应设置在城市的西北部，并且与主害风方向垂直。树种选择也应最好选用常绿的松柏类树种，因其冬季不落叶、防风阻沙能力较好。

一般北方地区近郊防风林带选用的树种有沙枣、小叶杨、青杨、二白杨、新疆杨、白榆、旱柳、樟子松、油松等。

2.水土保持林的营造

近郊区与市区相比，虽然人为活动的影响程度有所降低，但与远郊森林类型相比较，人类生产活动对它的影响仍然是很大的。如果破坏了原有植被，易引起水土流失，特别是坐落在山区或者有一定坡度的城市，这种水蚀现象就更为严重。而营造水土保持林是解决市郊水土流失问题的关键所在。水土保持林在北方地区常用的造林树种有油松、沙棘、锦鸡儿、紫穗槐、旱柳等。

3.水源涵养林的营造

水源涵养林的主要营造技术包括树种选择、林地配置等内容。

（1）树种选择和混交：在适地适树原则指导下，水源涵养林的造林树种应具备根量多、根域广、林冠层郁闭度高、林内枯枝落叶丰富等特点。因此，最好营造针阔混交林，其中除主要树种外，要考虑合适的伴生树种和灌木，以形成混交复层林结构。同时选择一定比例的深根性树种，加强土壤固持能力。在立地条件差的地方，可考虑以对土壤具有改良作用的豆科树种作为先锋树种；在条件好的地方，则要用速生树种作为主要造林树种。

（2）林地配置和造林整地方法：在不同气候条件下采取不同的配置方法。在降水量多、洪水危害大的河流上游，宜在整个水源地区全面营造水源林。为了增加整个流域的水资源总量，一般不在干旱、半干旱地区的坡脚和沟谷中造林，因为这些部位的森林能把汇集到沟谷中的水分重新蒸腾到大气中去，减少径流量。总之，水源涵养林要因时、因地设置。水源林的造林整地方法与其他林种无太大区别。

4.近郊风景游憩林的营造

森林游憩就是在森林的环境中游乐与休憩，森林植被景观是旅游基本诸要素中游客访问的主要客体，同时也是对游憩的舒适度影响最广泛的因素，而近郊风景游憩林主要就是为城市居民提供森林游憩、观光、度假等服务功能。所以，可以通过营造、更新与抚育来全面改进风景游憩林的森林景观，以良好的、有地方特色的植物及森林景观来吸引游客。同时，通过营造、更新与抚育来提高森林健康水平和预防病虫害能力，这对增强森林自身的吸引力以及促进森林游憩业的蓬勃发展具有十分重要的意义。

四、郊区森林的抚育与管理

（一）远郊森林的抚育与管理

自然保护区或国家森林公园的森林抚育与保护措施主要是对这些地区的森林管理问题，抚育措施与一般天然森林相同。对植被已发生退化的地段，采用封育措施进行抚育与保护。封育的具体实施过程如下：

（1）划定封育范围，或规划封育宽度。

（2）建立保护措施，在封育区边界上建立网围栏、枝条栅栏、石墙等。

（3）制定封禁条例。

对天然更新良好的自然保护区和国家森林公园的森林可采用渐伐、择伐、疏伐等方式进行抚育，以促进森林可持续发展，同时还能生产一定的木材，获得部分经济效益。

自然保护区和国家森林公园管理与保护的好坏，标志着一个国家在自然保护领域的科学技术、管理人员素质、管理措施和手段以及宣传教育等方面的水平高低，也反映出国家和社会公众对自然保护的重视程度。每一个自然保护区和国家森林公园都应认真详细地制订各自的管理计划。按管理计划来行使对自然保护区和国家森林公园的管理。管理计划一经上级批准后，即成为自然保护区和国家森林公园管理机构一定时期内管理的准绳。自然保护区和国家森林公园管理机构应向公众阐明管理计划内容，以便让公众进行监督。

（二）近郊森林的抚育与管理

近郊森林无论是防护林、水土保持林、水源涵养林还是各种风景园林的林木，除少数特殊情况（如城市郊区本身就是天然森林分布）外，一般都属于人工林。因此，适于人工林抚育管理的各项管理措施均适用于城市近郊森林的抚育和管理，目前生产实践中主要的管理措施如下所述。

1.林地的土壤管理

林地的土壤管理主要包括灌溉、施肥、中耕除草、培垄等技术措施。

（1）灌溉管理一般城郊地区都具备各种灌溉条件，为了确保市郊森林的成活和保存，应当进行适当的灌溉。在降水丰沛的城市地区，一般只在造林时灌溉一次。但在干旱、半干旱的缺水城市地区，则应根据气候状况、土壤水分状况等进行定期或不定期的灌溉。灌溉方式主要有漫灌、渠灌、喷灌、滴灌、渗灌等，在有条件的城市地区，最好能采用比较节水的灌溉方式，如喷灌、滴灌、渗灌等。

（2）施肥管理对于市郊各种类型的森林生长发育都有很重要的作用，它可以促进林木生长发育，缩短成材年龄，提前发挥森林的各种效益，特别是对于郊区的果园和其他经济林木，施肥是一项不可缺少的抚育管理措施。

（3）中耕除草作用有两方面。一是松土，改善林地土壤的通气条件，有利于林木根系生长发育，促进林木生长。二是除草，消除杂草对林木在光照、养分等方面的不利竞争，为林木生长提供更好的生长环境。除草的主要方式有人工除草、机械除草和化学除草等方式。

（4）培垄就是在幼树中沿栽植行将土培于幼树根际周围，使呈垄状，其优越性是垄沟可蓄水保墒，垄梗可扩大幼树林下空间营养面积，促进不定根生长。培垄时间应在雨季之前进行。

2.树体管理

树体管理的主要措施是修枝。修枝时间应在幼树郁闭成林后进行，一般是为了控制侧枝的生长。修枝方法主要有：

（1）促主控侧法：此法适用于侧枝较多、枝条较旺的树种，如榆、杨等，主要是除掉过多的或者衰弱的枝条。

（2）针叶树修枝：一般在造林5年后进行，这时生长变快，第一次修枝后，隔4~5年再修一次，每次从基部往上修去侧枝1~2轮。对双尖树，要去弱留强，对下层枝强的树要修下促上。

（3）树冠整形修枝法：主要是针对观赏树木的一种修枝方法，树冠整形，要做到适量适度，并且要能够使树冠形成良好的形态和结构。

3.林分保护管理

（1）林木病虫害的防治：具体防治措施与市区森林病虫害防治方法相同。

（2）气象灾害的防治：主要防止冻拔、雪折、风倒、日灼等。防治风倒的方法是栽植时踏实，防治手段可以通过深植或埋土予以解决。防止雪折的方法是营造混交林。

（3）人畜危害的防治：人畜对森林的危害既是技术问题，也是社会问题。解决的办法是全面区划、综合治理。建立健全护林组织，加强法治管理。在技术措施上可采取围栏保护的方法等。

（4）防火：各种郊区森林主管单位均应建立健全护林防火组织，制定防火制度，严格控制火源。林内制高点架设瞭望塔并设立防火道，当发现火源时及时向上级报告并组织灭火。

第五章 林业栽培管理技术

第一节 林业基础知识

一、林业产业的特点

（一）林业的概念

林业是指保护生态环境，保持生态平衡，培育和保护森林以取得木材和其他林产品，利用林木的自然特性以发挥防护作用的生产部门，是国民经济的重要组成部分，包括造林、育林、护林、森林采伐和更新、木材和其他林产品的采集与加工等。发展林业，除可提供大量国民经济所需的产品外，还可以发挥其保持水土、防风固沙、调节气候、保护环境等重要作用。

（二）林业生产的特点

林业在国民经济建设、人民生活和自然环境生态平衡中，均有特殊的地位和作用。世界各国通常把林业作为独立的生产部门，在我国属于大农业的一部分。林业生产以土地为基本生产资料，以森林（包括天然林和人工林）为主要经营利用对象，整个生产过程一般包括造林、森林经营、森林利用三个组成部分，也是综合性的生产部门。林业生产与作物栽培、矿产采掘等既有类似性，又有不同性。它具有生产周期长、见效慢、商品率高、占地面积大、受地理环境制约强、林木资源可再生等特点。

二、林业的任务与作用

（一）林业生产的主要任务

林业生产的主要任务是科学地培育经营、管理保护、合理利用现有森林资源与有计划地植树造林，扩大森林面积，提高森林覆盖率，增加木材和其他林产品的生产，并根据林木的自然特性，发挥它在改造自然、调节气候、保持水土、涵养水源、防风固沙、保障农牧业生产、防治污染、净化空气、美化环境等多方面的效能和综合效益。

（二）林业生产的作用

林业在人和生物圈中，通过先进的科学技术和管理手段，从事培育、保护、利用森林资源，充分发挥森林的多种效益，且能持续经营森林资源，促进人口、经济社会、环境和资源协调发展的基础性产业和社会公益事业。

三、林业的发展现状

林业坚持以人为本，全面、协调、可持续地发展，是党中央从新世纪、新阶段党和国家事业发展全局出发提出的重大战略思想。构建社会主义和谐社会，是全面落实科学发展观、实现全面建成小康社会奋斗目标的必然要求。众所周知，森林和湿地是涵养水源、净化水质、提供清新空气、创建优美环境的源头和根本，这两个生态系统的建设和保护都在林业工作的职责范围之内。林业在构建社会主义和谐社会中承担着光荣而艰巨的重大使命。加快林业发展，加强生态建设，是实现人与自然和谐的根本途径，是构建社会主义和谐社会的重要内容。

当前，我国经济社会发展已进入一个崭新的发展阶段，必须按照科学发展观的要求，进一步完善发展思路，从实现全国经济社会全面协调可持续发展的战略高度出发，从落实科学发展观解决"三农"问题的现实要求出发，充分认识林业在经济建设、生态建设和社会发展全局中的重要战略地位，增强加快林业发展的紧迫感和责任感。

（一）我国林业生态建设正处在"治理与破坏相持"阶段

改革开放以来，特别是近些年来，在党中央的正确领导下，我国造林绿化事业取得了很大的成绩，创造了巨大的生态、经济和社会效益，发挥着越来越重要的作用。森林面积、蓄积量持续增长，森林质量得到改善，林业发展后劲进一步增强。这个相持阶段有三个主要特点：

（1）相持阶段的脆弱性。以退耕还林为主的重点工程造林大多处于幼林阶段，管护难度非常大，造林不成林极易反弹，不加强后续工程建设极易复归旧态。

（2）不确定性。由于整个经济社会发展尚处于一个重要的转型期，影响林业发展的因素很多，如驾驭不好就会导致徘徊或倒退。

（3）转变。必须坚持以科学发展观统领林业工作，坚持人与自然和谐发展，实现四个转变：工作重点由实施层面向决策层面转变；工作方法由战术性向战略性转变；思维方式由计划经济向市场经济转变；工作成果由资源优势向生态优势和产业优势转变。

（二）以质量为中心，努力提升我国造林绿化水平

林业首先要抓好生态工程建设。高标准高质量地实施退耕还林、世行造林等林业重点工程。必须坚持按照中央提出的"总结经验、搞好规划、完善政策、突出重点、循序渐进"的要求，继续稳步推进。对此，应科学把握加快森林培植与强化资源培育的关系，抓住当前国家高度重视林业，加大林业投入的有利时机，全力加快造林绿化步伐，推进林业生态经济的可持续发展。

（1）在发展速度上，加快推进由单纯追求数量向质量和数量并重，突出质量的转变，把质量管理贯穿于林业建设的全过程，提高绿化的成效，巩固绿化成果。

（2）在发展模式上，加快推进由单纯的绿化向建设生态功能型的转变，坚持走人与自然和谐发展的道路。

（3）在发展空间上，加快推进由单位辖区绿化向参与社会造林的转变；积极履行改善生态环境的社会责任、法律职责和应尽的义务，使全民义务植树和生态工程建设走向生产发展、生活富裕、生态良好的可持续发展道路。

（4）在组织管理上，加快推进由部门办林业向社会办林业的转变，突出林业体制改革，创新林业经营机制，促进部门义务植树、机关庭院绿化美化、荒山荒地造林等方面的工作向更高层次发展。

（三）以资源为依托，全力推进林业产业建设

林业生态建设和产业建设是林业建设的两个重要方面，不重视林业在生态建设中的主体地位和作用，林业的发展就会迷失方向；不重视林业产业发展，林业就会失去持久的动力。林业产业建设必须在建设和保护好生态的前提下，合理开发利用山地、林地、树种和劳动资源，积极培育和壮大林业产业。就我国而言，应把退耕还林后续产业的发展纳入县域经济社会发展总体规划，依托项目、借用外力，林企联合，培育具有中国特色的林业产业。

四、林业管理与资源保护

（一）依据《中华人民共和国森林法》《森林防火条例》加强林木管护

（1）任何单位和个人采伐树木要经市级以上林业主管部门审批，并办理"林木采伐许可证"方可按规定采伐，农村居民采伐屋前屋后个人所有的零星树木除外；

（2）对盗伐、乱砍滥伐毁坏林木者，根据《中华人民共和国森林法》规定严加处罚，情节严重的依法追究刑事责任；

（3）严禁毁林开垦和毁林采石挖沙、取土、修坟墓，违者责令停止违法行为，赔偿

损失，并根据森林法的规定给予处罚；

（4）加强对野外用火的管理，在森林防火期间，严禁一切野外用火，对随意烧荒、烧地堰、在林区和林场地带吸烟、烧香、烧纸燃放鞭炮等，以及故意纵火，情节严重的，依法追究刑事责任。

（二）林木采伐审批程序

（1）先由村委会提出采伐树木审批表，包括地点、树种、采伐株数。由村委主任签字并加盖村委公章。

（2）提交申请表后，由林业站组织人员现场清查，核对是否和审批表的株数一致。

（3）查后没问题的，由林业站向分管领导汇报，领导批准后，申请表加盖林业站章、政府章。

（4）由林业站向林业局提交审批表，由林业局组织人员现场清查，没问题后由林业局分管局长签字，到便民服务大厅办理采伐许可证。

（5）采伐证办理后，村、社按采伐证采伐期限进行采伐。

（6）村、社进行树木采伐，林业站组织人员现场督查。

（三）承诺时限

村审批采伐树木，提交申请后，半个月时间办理完采伐审批手续。

（四）林业资源保护

保护森林资源，改善生态环境，是我国生态建设的主要目标，也是林业建设的一项重要内容。各级党委政府应正确认识和统筹好保护与发展的关系，牢固树立保护就是发展的观念，坚持建设与保护并重、数量与质量并举，认真贯彻落实《中华人民共和国森林法》《中共中央、中华人民共和国国务院关于加快林业发展的决定》等林业政策法规，严格执法守法，严格依法行政，依法坚决制止乱排乱放、乱砍滥伐、毁林开荒和乱占耕地、林地、绿地的现象，切实维护森林资源安全和林区社会稳定，不断巩固生态建设成果。要结合国家生态公益林项目和退耕还林、封山育林项目实施，认真抓好退耕还林补植补造，搞好幼林抚育，防止森林火灾，防治森林病虫害，积极开展"退人还山"试点示范工作，使林业生态建设发挥出最大的生态社会和经济效益。

第二节　森林类型的划分与造林技术

一、森林类型的划分

森林是指以乔木树种为主的具有一定面积和密度的木本植物群落，受环境的制约又影响（改造）环境，形成独特的生态系统整体。我国规定，森林指由乔木或直径1.5cm以上的竹子组成且郁闭度0.20以上，以符合森林经营目的的灌木组成且覆盖度30%以上的植物群落，包括郁闭度0.20以上的乔木林、竹林、红树林和国家特别规定的灌木林。

森林类型的划分方法有很多，可根据森林的起源、树种组成、造林目的和用途、林龄等进行划分。

（一）按起源划分的森林类型

天然林又称自然林，包括自然形成与人工促进天然更新或萌生所形成的森林。其特点是环境适应力强，森林结构较稳定，但成长时间较长，按其退化程度可分为原生林、次生林和疏林。

次生林是天然森林被破坏后，再次自然生长繁衍所形成的森林植物群落。人工林指用人工种植的方法营造和培育而成的森林。

（二）按经营目的划分的森林类型

生态公益林通常简称为公益林，是指为维护和改善生态环境，保持生态平衡，保护生物多样性等满足人类社会的生态、社会需求和可持续发展为主体功能，主要提供公益性、社会性产品或服务的森林、林木、林地。

1.商品林

商品林是指以生产木材、薪材、干鲜品和其他工业原料等为主要经营目的的森林和林木，包括用材林、经济林和薪炭林。

2.防护林

防护林是以防护为主要目的的森林、林木和灌木丛，包括水源涵养林，水土保持林，防风固沙林，农田、牧场防护林、护岸林、护路林。

3.用材林

用材林是以生产木材为主要目的的森林和林木，包括以生产竹材为主要目的的竹林。

4.经济林

经济林是以生产果品，食用油料、饮料、调料、工业原料和药材等为主要目的的林木。

5.薪炭林

薪炭林是以生产燃料为主要目的的林木。

6.特种用途林

特种用途林是以国防、环境保护、科学实验等为主要目的的森林和林木，包括国防林、实验林、母树林、环境保护林、风景林、名胜古迹和革命纪念地的林木、自然保护区的森林。

二、造林技术

（一）造林地及造林树种选择

1.造林地亦称宜林地，主要分为4种类型。

（1）荒山荒地。这种造林地上没有生长过森林植被，或者过去生长过森林植被，但在多年前已被破坏，植被已退化成荒山灌草丛，土壤也失去了森林土壤的湿润、疏松、多根穴等特性。一般可依据其上生长的植被分为草坡、灌丛荒地两大类。平坦荒地多是不便于农业利用的土地如沙地、盐碱地、沼泽地、河滩、海涂等，这些造林地均是造林困难的立地类型。

（2）农耕地、四旁地及撂荒地。以农耕地作为造林地主要出现在营造农田防护林及情况下，四旁地指四旁植树所用的土地，撂荒地指停止农业利用一定时期的造林地。

（3）采伐迹地和火烧迹地。森林采伐后的土地称之为采伐迹地，是良好的造林地。森林火烧后需要重新造林地称为火烧迹地，与采伐迹地相似，但需要人工清理站杆、倒木等。

（4）局部更新的迹地、次生林及林冠下造林地。这类造林地的共同特点是造林地上已长有树木或幼树，但其数量不足或质量不佳，需要补植补造。

2.造林树种选择

造林树种选择恰当与否是关系到造林成活率和保存率、生长速度及成林、成材的大问题，树种选择的关键是适地适树。适地适树就是造林地的立地条件和树种的生态学特性互相适应，以充分发挥树种和立地的生产潜力，达到一定技术经济条件下获得最高收益的目的。选择造林树种应综合考虑树种的生长特性、立地条件和造林目的等因素。

（1）选树适地或选地适树。首先要做到选树适地或选地适树，即根据树种的生物学特性和其对环境条件的要求选择适宜的造林地，或者根据造林地的立地条件选择适宜的树种。树种选择首先要考虑其适宜生长分布区，同时要兼顾其对土壤水分和肥力、光照、酸碱度的要求。造林地选择时要充分考虑坡向、土壤、坡位、海拔等立地因子对树木生长的影响。

（2）按造林目的选树。造林目的是选择树种的重要因素。造林目的集中体现在林种上。用材林树种选择的主要指标是速生、丰产、优质。生态防护林树种选择的主要原则是抗逆性强，成林容易，能够达到预期的生态防护目标。树种选择优先考虑乡土树种，慎重引进外来树种。每个树种都有一定的天然分布区，在其分布区内可以正常生长。乡土树种虽然生长较好，但生产力并不一定是最高的。一些外来树种有着高产、抗逆性强等优良特性，在充分的引种试验基础上，应大力推广。

（3）改树适地或改地适树。改树适地即通过选种、引种驯化及育种等方法，使树种逐渐适应造林地的立地条件，如引进抗逆性强的新品种或优良无性系等。

改地适树指通过整地、客土或施肥、灌溉等措施改变造林地的环境条件，以利于树木生长。如土层较薄的山地进行爆破整地以深松土壤，地下水过高的盐碱地、滩涂地进行高阶整地等。

3.人工林的结构与组成

（1）人工林的树种组成。人工林的树种组成是指构成林分的树种成分及其所占比例。由一个树种组成的林分叫纯林，由两个及以上树种组成的林分叫混交林。

林分的结构取决于林分的发育过程和不同的树种组成。同龄纯林只能形成结构简单的单层林。不同的树种高生长速度不同，林冠逐步分化成不同的层次易形成复层林。混交造林有利于充分利用和改善立地条件，提高林产品的产量和质量，提高林分的稳定性和生态防护效益。纯林的设计、施工、抚育管理甚至采伐利用等环节相对简单。营造混交林不但造林施工和抚育、采伐等工序复杂，而且必须准确把握具体立地条件下各树种之间的相互影响关系。

（2）树种选择。混交林内的树种，有主要树种和伴生树种之分。正确地选择树种是营造混交林的关键，主要树种的选择以造林目的材种为依据，多为高大的乔木树种；伴生树种应选择在林内起辅助作用的树种，具有改良土壤、护土及隔离等作用，一般为中小型乔木或灌木树种，但有时也可能是高大的乔木树种。

（3）混交类型。混交类型是混交林内不同类型树种的搭配方式，主要混交类型有：

①乔灌混交型：主要树种和灌木树种混交搭配，如油松和紫穗槐、胡枝子、山杏等混交，主要适用于立地条件较差时营造生态防护林。

②主伴混交型：主林层高大的乔木树种和次林层较耐阴的中小乔木树种相搭配，主要适用于立地条件较好时营造林用材林和水源涵养林。

③主主混交类型：2个或2个以上的高大乔木树种混交，通常林冠均位于主林层，主要适用于良好立地条件营造用材林。

④综合混交类型：高大乔木、中小乔木和灌木三者混交，兼有主伴类型和乔灌类型的优点，利于形成多层次林冠的混交林，主要适用于用材林和防护林。

4.混交方法

（1）株间混交。株间混交即同一栽植行内不同树种相间排列，不同树种间紧密接触，有利于发挥种间的相互影响。当混交林中一个树种少量植株分散分布在另外树种的大量植株之间时，即多株混入一株，又称星状混交。

（2）行间混交。行间混交即隔行混交它既有利于发挥树种间的有利作用，又便于调解树种间的矛盾，常用于主伴混交、乔灌混交和综合混交类型。

（3）带状混交。带状混交即同一树种组成的带与其他树种的带相间排列（带宽一般3~7行）。树种之间只在边缘进行接触，相互影响较小，常用于主混交类型。

（4）块状混交。块状混交是同一树种组成的块状地与其他树种的块状地交替排列，因而比带状混交均匀。块的排列可以是规则的，也可能根据小地形变化采用不规则的团簇状。

（5）行带状混交。行带状混交是行状混交和带状混交的过渡类型，综合了这两个类型的特点。

（6）植生组混交。植生组混交是群丛状配置的混交方法，同一植生组内树种相同且密集，植生组之间距离较大。此种混交方法树种之间的作用发挥得较迟，但林分的抗逆性和稳定性较强，可用于沙地造林、次生林改造林和森林人工更新。

5.混交比例

混交林中各个树种所占比例叫混交比例。一般来说，混交林中主要树种的比例应大于50%；在立地条件较差的地方，应加大灌木树种比例，而且条件越差，灌木所占比例应越大。当混交林内树种间矛盾突出时，需加大竞争力弱树种的比例。

6.混交年龄和苗龄

人工混交林多采用同龄苗木同时造林，但也可在人工林培育的前期或后期引进其他造林树种。为了缓解树种间的生长竞争强度，可采用不同苗龄的苗木造林。

（二）造林整地

造林整地是在造林前通过清理植被和翻垦土壤改善造林地环境的一项重要工序，正确、细致、适时整地对于提高造林成活率和促进幼林发育有着显著作用。造林整地一般分为全面整地和局部整地两大类，根据立地条件的不同又演化出多种形式；生产上应根据立地条件、造林目的和经济状况，选择合适的整地方法。

1.全面整地

全面整地是翻垦造林地的全部土壤，清除灌草。本方法效果好，但用工多，投资大，成本较高，适于机械化作业、林农间作等。多用于平原、无风蚀、水蚀风险的平坦地、水平梯田和草地、沙地，投资较高的经济林也较多采用全面整地。

2.局部整地

局部整地是翻垦造林地部分土壤的整地方式，主要有块状和带状整地两种类型。

（1）块状整地。块状整地包括穴状整地、块状整地和鱼鳞坑整地。

①穴状整地：穴状整地是在造林地的植树位置进行挖穴整地，穴的规格和密度根据树种和苗木大小掌握。一般穴径30~50cm，深30cm，穴距1~1.5m，行距1.5~4m。每亩挖110~330穴。穴面与坡面相平行，适用于土层深厚、植被和水分条件较好的造林地。本整地方法简单易行、省工省时，但对土地的改善作用较小。

②块状整地：块状整地有大块和小块之分。大块边长可达1~2m，小块30~50cm，深30cm。大块状整地可进行团簇状造林。块状整地适于灌木、杂草生长繁茂的造林地，相比穴状整地破土面积大，利于苗木生长，比鱼鳞坑、水平阶整地省工。

③鱼鳞坑整地：鱼鳞坑是沿等高线挖成的半圆形坑，用石块和心土筑成外埂，高30cm，长径0.7~1.5m，与等高线平行，短径0.5~1.0m，上下距2.5m，坑深50cm。每亩整成130~220个，用土填坑2/3。坡面外高里低呈反坡状。土不足时从坑的上方客土，并在地基较牢的一端留一个溢水口。小鱼鳞坑适于坡度陡、地形破碎的造林地。大鱼鳞坑适于土层深厚、坡度平缓的山地。鱼鳞坑整地目前是山地造林应用最普遍的整地方法，具有用工少、效果好的特点。

（2）带状整地。带状整地分为水平阶整地、石坎整地、水平沟整地、沟状梯田、台田、带状耕翻压青等多种形式，其中水平阶整地适用于营造生态林、防护林；石坎整地、水平沟整地和沟状梯田适于营造经济林或林农间作；台田整地适用于低洼地、盐碱地造林；带状耕翻压青适用于草原、沙地。

①水平阶整地：沿等高线将坡面修筑成狭窄的阶状台面。阶面水平或稍向内倾，形成较小的反坡。一般石质山地阶宽0.5~0.6m，土石山地及黄土地区可达1.5m。阶的外缘修筑土埂，阶长视地形而定，一般3~6m。

②石坎梯田：栽植经济林一般修筑石坎梯田，即用石块垒坎建成水平梯田。梯田宽度根据坡度和土层厚度而定，根据经验，坡度10°以下时，田面宽10m以上；坡度10°~20°，田面宽5~10m；坡度20°以上时，田面宽不少于4m。在土层较薄和不能客土造田的地方，只能根据土层厚度确定田面宽度，挖方部分田面以下要保留0.5m的土

层。石坎高度由地面坡度和田面宽度决定，一般为2m，底宽1m，顶宽0.3m，田坎外坡1∶0.1~1∶0.2，内坎垂直。

③水平沟：沿等高线挖沟整地。沟的纵断面呈梯形。沟的上口宽0.5~1.0m，沟底宽0.3m，沟深0.3~0.6m，外侧斜面坡度约45°，内侧坡（植树坡）约35°，沟长4~6m，两水平沟上下行距2~3m，左右沟距2m。水平沟过长时，沟中可留埂，为增强保持水土效果，可将沟串联起来。

（三）造林方法

根据造林材料的不同，可以分为植苗造林、播种造林和分殖造林三种主要方法，其中植苗造林是我国应用最广泛的造林方法。

1.植苗造林

植苗造林又分为裸根苗造林和容器苗造林两种形式，是用苗木作为造林材料进行造林的方法。苗木在苗圃中培育，生长有完整的根系和健壮的树干和枝条，抵御不良环境条件的能力较强。良种壮苗是提高造林成活率和培育健康林分的基础条件。

苗木在圃地挖出后直接造林称为裸根苗造林；苗木预先培育在有基质的容器中，用带基质的苗木上山称为容器苗造林。容器苗造林具有成活率、保存率高、缓苗快、适应性强等优点。目前，阔叶树多采用裸根苗造林，油松、落叶松、侧柏松等针叶树种普遍采用容器苗造林，容器苗造林的树种日趋多样化。

（1）苗木年龄和规格。造林目的和树种不同，采用苗木的年龄和规格也有所不同。山地针叶树种造林苗龄一般为1.5~4年，苗高15cm以上，基径0.3cm以上，其中一些生长缓慢的树种如云杉、杜松需采用苗龄3~5年。山地阔叶树种造林苗龄一般为1年，苗高50cm，基径0.6cm以上。少数树种如锦鸡儿、黄连木、沙棘等为1~2年，苗高30cm以上，基径0.4cm以上。在干旱地区，为提高成活率，提倡采用容器苗，苗龄多为2~3年。平原防护林、行道树及村镇绿化，针叶树以3~7年生大苗为宜，苗高1.5~2.0m，胸径1cm以上；阔叶树用2~3年生大苗，苗高3~4m，胸径2~5cm；少数树种如泡桐，用1~2年生苗均可，苗高3m以上，胸径2cm以上。造林苗木过小，成林慢，抚育时间长，不易保护，但苗木过大，栽植难度大，造林成活率相对较低，缓苗时间较长。

（2）苗木处理。苗木处理对提高造林成活率有重要作用，特别是裸根苗及大苗造林。主要处理方法如下。

剪根：起苗时部分根系受到损伤，根系过长栽植时易窝根，对成活和生长不利，应适当剪短。对受到损伤的根系，应从受损部分以上短截。

①根系保湿：起苗后，根系应妥善保湿，常用的方法是蘸泥浆或保水剂。具体做法是用黏质性强的田园土加水调成糊状泥浆，将根系在浆中反复浸蘸，使根系均匀沾满泥浆，

然后用保湿材料包装，运往造林地。

②截干、修枝：阔叶树种苗木，起苗后通常需要进行定干处理，并剪除侧枝，以减少运输、栽培过程中的水分损失。定干高度应根据苗木生长发育规律和主干的充实程度掌握，如1年生杨树定干高度2m左右，2年生3～4m。干旱地区造林，对萌生能力较强的刺槐、柠条、沙棘、胡枝子、紫穗槐等树种，应对主干进行短截，一般保留主干高度10cm左右。采用大苗造林时，应对主干和树冠的侧枝进行短截，保留原枝长的1/2～1/3，以减少蒸腾，维持苗木体内的水分平衡。

③假植与包装：起苗后，不能立即造林的苗木，应就地假植，将根系全部埋入湿土中，使其与土壤密切接触。如越冬假植，应用湿润沙土将苗木的1/2～2/3埋住。

（3）造林季节。各地气候条件及树种不同，造林季节有较大差异，可分为春季、雨季和秋季三个栽植季节。

①春季：此期正值树木从休眠转入萌动期，气温和地温逐渐升高，土壤处于返浆期，是多数树种适宜的栽植期。凡在春季干旱不严重的造林地，均可于春季进行栽植。春季栽植宜早不宜晚，土壤解冻后立即进行，芽膨大前结束，这样使苗木在早春到来前有较长的恢复时间。但有的树种如刺槐大苗、臭椿、枣、花椒等，早栽成活率较低，以树液开始流动，临近放叶时栽植成活最高。

②雨季：春季严重干旱地区，以雨季栽植为宜。雨季降水多，空气湿度大，土壤水分充足，利于苗木成活。侧柏、油松、酸枣、花椒等均可在雨季进行栽植，尤其是容器苗。但雨季正是苗木生理活动旺盛期，蒸腾量大，水分稍有不足就会造成苗木死亡。因此，雨季栽植时间性很强，适时栽植是提高雨季造林成活率的关键。各地雨季到来时间不尽相同，要密切注意当地的天气预报，抓住大雨或下过透雨的连阴有利天气及时栽植。

③秋季：秋季植苗造林时间长，从落叶到土壤封冻前均可栽植。秋季造林宜早不宜晚，秋季前期栽植的苗木由于地温尚高，在封冻前尚有较长的根系恢复期，甚至能够长出新根，有利于维持苗木正常的生理活动和提高成活率，当土壤出现冻层，应停止栽植，以防填土不实，影响成活。

（4）栽植方式及方法。根据整地、植苗穴形式和大小、苗木的规格等，可分为穴植、缝植和大坑栽植三种方式。

①穴植：穴植是应用最广泛的栽植方式。具体做法是在造林地上，挖一个比苗木根幅稍大、内壁直立的坑。栽植时要一手提苗，使苗靠近内壁，根系舒展，根茎与地面平，一手先填湿土、碎土，将根系全部埋住并踏实，使土与根系密接；随后再填松土，并使之高出地面3～5cm，形成丘状。如栽植容器苗，应将苗木放于坑的中央，然后在周围填上湿土、碎土并用手按实，最后在表层再覆一层松土以利保墒。"三踩两埋一提苗"是提高成活率的有效措施。

②缝植：苗木根系小的侧柏、油松、落叶松等小苗，可采用缝植法。此法破土面积小，利于保墒。具体做法是：将镐头或专用植苗锹插入土中，深20～30cm，稍加摆动后使之形成一个与地面垂直或稍倾斜、宽3～5cm的窄缝，将苗木放入缝中，苗木根茎与地面平，并使根系舒展，然后将锹撤出，将缝合拢踩实。

③大坑栽植：平原防护林、通道两侧绿化等常用大坑栽植法。根据苗木规格，坑深50～100cm，直径50～100cm。栽植时，苗木放于坑的中央位置，根系舒展，然后填湿土、碎土，接着将苗木轻轻上提，使根茎低于地面5～10cm，踏实后再填土与地面平，并再次踏实，然后灌水，使水渗后再填一层松土，形成高出地面10～20cm土丘。苗木高大或有树冠时，需做好支架，以防大风摇动根系。

（5）栽植深度。植苗时的栽植深度，要根据树种特性、造林条件、苗木大小而定。土壤墒情好的林地，一般要使原根茎土印与地面平；造林地干旱或用大苗造林时，应适当深栽，埋土要超过原土印5～10cm。采用平茬苗木，切口与地面相平或低于地面1～3cm。

（6）造林密度。所谓造林密度，是指造林时单位面积林地的栽植株数或播种穴的数量。人工林的密度随着其生长发育而不断变化，初植密度是后期各阶段密度的基础，对林产品的数量、质量以及林分的稳定性都有很大影响。密度过大或过小均不利于达到经营目的。合理的密度受树种、林种、立地条件、栽培技术等多方面因素的影响。

2.播种造林

播种造林也叫直播造林，是没有经过苗木培育过程，直接把种子播种在造林地的造林方法。由于不经过苗木移植，对于直根系树种即主根发达、须根稀少的树种是很有利的。播种造林施工技术简便，省去了繁杂的育苗工序，且造林施工过程中种子处理、运输和播种相对植苗造林要简便得多，造林成本低，同时不经过缓苗，苗木适应性强。但播种造林对立地条件要求严格，幼苗对不良环境的抵抗能力也较弱，造林后的幼林抚育也有较高管理要求。

（1）播种方法穴播。在整好的造林地挖穴，将种子播入土壤，是应用最广泛的播种方式。具体做法是：挖一个直径10～15cm、深5～10cm的穴，捡净石块和灌草根，将穴底整平，然后将种子均匀播入穴内。也可先开一个长20～30cm、宽3～5cm、深5～10cm的沟，将沟底整平后，再将种子均匀播入沟内，最后覆土压实。穴的密度按造林设计开挖。

①块状簇播：与穴播相似，是在整好的1m×（1～2）m的块状地上，分数穴播种。这种方式可以较早形成植生组，提高幼苗抵御不良环境的能力，适宜在灌草茂密的造林地、次生林以及环境条件较差林地改造时采用。

②缝播：缝播是一种不进行造林前整地的播种方法。做法是：用镰刀或小锄在地面划一个长10～15cm、宽1～3cm、深3～5cm的缝，将种子播入缝中，将种子播入缝中后将缝合拢。缝要选在土层较厚的地方，株行距按造林设计确定。这是一种粗放的造林方法，但

具有省工、简便以及有利于预防鸟兽和冻拔危害的优点。

③撒播：撒播最明显的特点是将种子均匀撒在造林地表面，而不播入土壤中。因此，撒播对造林地条件要求较严格。首先要选择水分充足、土层深厚的阴坡或半阴坡，其次植被盖度不宜过低或过高。植被盖度过低，土壤保湿效果差，种子发芽生根困难；盖度过高种子不易落地着土，而且即使种子能够顺利发芽，也会因得不到充足的光照而生长细弱。植被盖度以0.3～0.7为宜，如盖度过高，可在播前进行局部整地或割除。

撒播应在降水集中的季节进行，并做到不重播、不漏播。播种量应根据种子质量大小确定。撒播的优点是：方法简便、速度快，可以人工，也可以机械。飞播造林也是撒播造林的一种方式，适宜在荒山面积大、劳力缺乏的深山区进行。撒播的缺点是：时间性较强，要求造林地严格，用种量大，保苗效果差，而且幼林抚育难度较大。

（2）种子处理。播种前的种子处理包括浸种、催芽、消毒、拌种等。对休眠期长的种子在春播前必须进行催芽。对一般的种子也应进行浸种处理，以使幼苗能早出土，争取在温度升高、土壤干旱期到来前幼苗就发育有较好的根系及较强的抵抗力，但造林时如果造林地的土壤很干旱，此时应播干种子，待下透雨后前动发芽。

（3）播种季节。充足的水分和适宜的温度，是种子萌发的重要条件。选择土壤水分充足，温度适宜的时间进行播种，是保证出苗的关键。

①春季播种：大多数树种适宜在春季进行播种。春季播种应适当早播，以当地晚霜过后出苗为宜。播种过晚，幼苗出土晚，抗春旱能力差。在春旱严重的地区不宜进行春季播种。

②雨季播种：在春季严重干旱的地区，宜在雨季播种。雨季土壤水分充足，温度高，种子发芽及时，出土快。有些树木的种子也在这时成熟，为了减少种子贮藏工作，可在雨季进行播种。雨季播种不宜过晚，应保证在冬季到来前苗木达到木质化。在易发生冲淤的坡地和水分变化剧烈的阳坡，应在下透雨之后播种，以免遭暴晒和"小干旱期"（在雨季出现连续晴天3天以上的天气状况）的危害及冲淤。雨季播种应进行催芽处理，以加快出苗。

③秋季播种：秋季是大多数树木种子成熟的季节，也是土壤水分比较充足、温度适宜种子发芽的时间，这时已临近冬季，播种后如果种子发芽，幼苗嫩弱，抗寒能力差，难以过冬。有些种子秋季成熟后，不易贮藏，应及时秋播，另外需要沙藏的种子采用秋播也可省去人工处理环节。秋播种子冬季需要长时间在造林地越冬，易受鸟兽危害，应采取必要的防范措施。

（4）播种量的确定。播种量直接影响出苗量。播种量过低，苗木数量不足，定株时不便于选留壮苗，影响林分质量。播种量过大，浪费种子，增加抚育用工，提高造林成本。播种量要根据树种、种子质量、造林密度确定。

（5）播种深度。适宜的播种深度应根据种子大小、播种季节、土壤水分状况和土壤质地确定，原则是：雨季宜浅，秋季宜深；土壤水分充足宜浅，土壤水分较差宜深；黏质土宜浅，沙质土宜深。播深通常是种子粒径的2~3倍，一般小粒种子播种深度0.5cm，中粒种子1~2cm，大粒种子5~8cm。

3.分殖造林

分殖造林是利用树木的营养器官如根、干、枝条等作为造林材料直接进行造林的方法。这种造林方法能够保持母本的优良性状，且生长势良好。分殖造林对造林地尤其是土壤水分条件要求比较严格，要求造林地土壤湿润，而且在树种及造林材料上也受到较大限制，只适用于产生不定根或不定芽能力强的树种，如杨属、柳属的一些树种。另外柽柳、楸树、泡桐、沙枣和紫穗槐等也可进行分殖造林。分殖造林要选择土壤湿润、土质疏松的地方，如河流两岸、渠旁、沟道或地下水位较高的沙地。分殖造林主要分为插条造林和插干造林两种。

（1）插条造林。截取树木枝条的一段进行造林的方法叫插条造林，也是应用最多的分殖造林方法。

插穗的采集与处理：插穗从遗传性状优良、无病虫害的健壮母树上采集。采集时间宜在秋季落叶后或春季萌芽前。有些树种如杨、柳等，还可随采集随造林。插穗年龄一般为1~2年。插穗上端要削平，下端要削马蹄形，直径越粗越好。一般小头直径不小于1cm，长度为30~70cm。干旱沙地宜深插，以利水分吸收；在地下水位较高的地方，可浅插，插穗可短些。在气候干旱地区，插前应将插穗用清水浸泡12~24h，使其充足吸水，但浸泡时间不宜过长，且不可用污水，以免切口腐烂。

造林时间和方法：插条造林春、秋两季均可进行。插条造林前应提前整地。扦插深度因插穗长度和造林地的土壤水分条件不同而不同。在土壤水分较好的造林地可外露3~10cm。干旱地区要全部插入土中。在盐碱土壤中扦插造林，应适当多露，以防盐碱水浸泡插秘的上切口。在风沙危害严重的地方，地上可不露。秋季扦插时为了保护插穗顶端不致风干失水，扦插后要及时用土把插穗切口埋住。

（2）插干造林。插干造林又叫栽干造林，是利用树木的粗枝、幼树树干和苗干等直接在栽植造林地的造林方法，适用树种主要是柳树和易生根的杨树，适用的造林地有"四旁"地和湿地，沙地也可以应用。

穗的采集与处理：一般采用2~4年生的苗干或粗枝，直径3~8cm，长度因造林目的和立地条件而异，高干造林的干长通常为2~3.5m，低干造林的干长一般为0.5~1.0m。

造林时间和方法：插干造林季节春、秋季均可，春季造林在树液开始流动前进行，不宜过晚。栽植深度视造林地土壤质地和水分条件而定，原则上要使干的下切口既处在湿润的土壤上，又要通气良好，一般为0.4~0.8m。过深不利于生根，过浅则易干旱和风倒。进行插干深栽的，深度可达1.5～2m，使下切口尽量接触地下水。为了防止切口顶端失水，可在切口处涂油漆等进行保护。

4.分根及分蘖造林

（1）分根造林。一些树种如泡桐、楸树、香椿树等，根产生不定芽和不定根的能力较强，可将根截成根段进行造林。

根插穗的采集与处理：从生长健壮、遗传性状优良的母树上采集1～2年生、直径1～2cm的根，采集时间以秋季落叶后和春季树木萌芽前为好，如能随采随造林，不用特殊处理。但有的树种，如泡桐等根系含水量过高，根挖出后晾晒1～2天造林，出苗效果更好。秋季挖的根如果在春季造林应进行越冬贮藏。具体方法是：选择背风向阳、排水良好的地方，东西向挖沟，沟深80cm，宽1m，长度根据根的多少而定，沟底垫10cm的河沙，将成捆种根并排竖放在沟内，粗的一头向上，摆满一层后再覆一层湿沙，如此可以摆放几层，直至距地面30cm处为止，最后用湿土把沟填满。临近结冻时，再覆土高出地面20cm。为利于通气，沟内每隔1m要竖一直径10～20cm的草把。翌春解冻后取出造林。

造林时间及方法：分根造林以春季为好，具体做法是：挖深20～30cm的坑，根段大头垂直向上或倾斜45°放入坑中，上端低于地面1～3cm，然后覆土至与地面平，踏实，再覆松土堆成高10～20cm的土丘，待发芽时将土丘扒开。如造林地土壤干燥，可先灌水，水渗后再挖坑造林，埋根后不可再灌水，以防烂根。

（2）分蘖造林。枣、香椿、楸树等树种根系性强，可将母树根系所生出的萌蘖苗连根挖出进行造林。时间可在春季萌芽前和秋季落叶后进行。

（四）人工幼林的抚育管理

人工幼林抚育管理，是从造林后至郁闭前这一时期进行的技术措施，对于提高林木的保存率和林分健康发育具有重要作用。

幼林抚育管理的任务是通过林地管理创造较为优越的生长环境，满足苗木、幼树对水分、养分、光照、湿度等方面的要求，进行林木密度调控和干形修剪，使之生长迅速、旺盛，并形成良好的干形，并使其免遭恶劣自然环境条件的危害和人为破坏。

1.人工幼林的土壤管理

土壤管理的主要内容包括松土除草、施肥和灌溉等。

通过松土可疏松表层土壤，切断上下土层间的毛细管联系，减少水分物理蒸发，改善土壤的保水性、透水性和通气性；可促进土壤微生物的活动，加速有机质分解。干旱、半干旱地区可保墒蓄水，水分过剩可提高地温，增强土壤的通气性，盐碱地松土可减少返碱时盐分在地表的积累。

除草的作用是主要清除与苗木、幼树竞争的各种植物，为生长提供必要的营养空间和充足的营养、水分和阳光。但一定数量的杂草、灌木也可为苗木适度庇荫，防止日灼，挡风防寒，减轻冻拔危害，并可预防土壤侵蚀。

松土除草从造林后开始，一般应进行3~5年。生长较慢的针叶树种年限应适当加长。松土和除草应结合进行，也可单独进行。水分条件良好的幼林地，杂草、灌木生长繁茂，可只割灌除草而不松土；干旱半干旱林地可只进行松土以蓄水保墒。

每年松土除草的时间和次数应根据树木生长状况和当地气候条件、造林条件和经济状况等确定。

灌溉和施肥可明显促进幼树生长发育，适用于经济林、速生丰产林或有条件的林地，但对于大面积的荒山造林，目前尚不具备条件。

2.人工幼林的抚育技术

人工幼林的抚育技术包括平茬、除蘖、间苗、整形修剪和接干等。

（1）平茬。平茬是利用树种的萌芽能力，截去已成活的苗木或幼树的大部分主干，使保留在地表以上部分长出新干的一种技术措施。平茬适用于由于机械、病虫害危害等原因主干失去培养前途的幼树；干旱地区造林采用平茬措施可有效提高造林成活率；有些树种主干较低，平茬后可促进主干的发育，利于培育高大主干；有些灌木树种，平茬后可促进冠幅增大，枝叶繁茂，可加速幼林郁闭；有些树种平茬后获得的大量枝条、小杆、编条，可取得较好的经济效益，是常用的经营方式。

平茬一般在幼林期进行，灌木林的平茬期限可适当延长。具体时间以树木休眠季节为宜，不宜在晚春树木发芽后进行，以防伤流量过多和感染病虫害；也不要在生长季节进行，以利枝条发育充实，免遭寒害。平茬高度一般保留根、茎5~10cm。平茬主要适用于泡桐、杨树、柳树、臭椿、苦楝、紫穗槐、刺槐等乔灌树种。

（2）除蘖。有些萌蘖性强的树种或截干造林的幼树，常从根茎附近生长许多萌条，致使主干不明显，生长势削弱。为保证幼树生长健壮，应及时去除多余的萌蘖条。生长健壮的萌蘖条可代替原有生长不良的主干，在生产上有一定的利用价值。除蘖一般在造林后1~2年内进行，但有时也需延长并反复进行多次，才能达到效果。

（3）间苗。用簇播、簇植或穴播、丛植方法营造的幼林，多有簇内或穴内提前郁闭的现象发生。随着植株对营养空间需求的增大，小群体内的个体开始分化，生长出现差异。间苗就是通过小群体内的密度控制保证优势植株更好生长的措施。

间苗开始的时间、强度和次数，可根据小群体内幼树的生长状况和密度确定。一般可以在群体内发生明显化分时，密度较大的速生、喜光树种（如落叶松）等林分，第1次间苗可在造林后3~4年，强度宜大些。生长中速的树种如油松、栓皮栎等林分，可在造林后7~8年，强度应稍小些；生长缓慢的耐阴树种（如云杉、冷杉）等林分，可推迟到10年以后，强度宜更小。人工林间苗一般分1~2次进行。在立地条件差的地方，林木保持群体状态更有利于抵御不良环境，也可以少间苗或不间苗。

人工林间苗要掌握去劣留优、去小留大的原则，尽量保留生长高大、通直和树冠发育良好的优势植株，除去生长低矮、纤弱、偏冠无培养前途的幼树。

（4）整形修剪。整形修剪是去除多余枝条或对主干生长有影响的侧枝以增强树势，促进树木的高生长和主干的通直性，提高干材质量、培养良好冠形的技术措施。过去在森林培育中应用较少，近年来中幼龄林修枝工作较为普遍。

不同分枝类型的树种，应采用不同的整形修剪方法。单顶分枝类型如杨树、香椿、梧桐、枫杨等，其顶芽发育饱满，越冬后能够延续主梢生长，一般不必修枝。但是，如果幼树发育有竞争枝，则应在冬季剪除。合轴分枝类型及假二叉分枝类型的树种如白榆、刺槐、泡桐、楸树、国槐等，其主梢大多没有顶芽或顶芽越冬易发生冻害受伤等，翌年主梢由接近枝梢上部的叶芽延续。这类树种可在冬季短藏主梢，令其下的壮芽形成新的主干，春、夏季及时除去顶梢以下的竞争枝。

（5）接干。接干是对主干低矮的树种人为"接高"的一项技术。目前只应用于泡桐。接干的方法有多种，其中"目伤"接干法应用较多。春季发芽前，在树干上部选其同侧的"芽眼"，以刀刻伤此芽上方，深达本质部，宽约1cm，长约1cm，长约为枝围的1/3，并揭下皮层，同时上截"目伤"的延长枝，下藏树冠内膛新萌发的直立枝。"接干"芽萌发后，可抹去多余的芽。截头抹芽法是春季萌芽前，在苗干上部选取饱满芽，截去芽的上方枝干，使此芽萌发形成新干。

此外，幼林抚育还包括幼林保护工作，它是指对于火灾、病虫、不良气候以及人畜破坏等灾害的预防和防治。

第三节　森林抚育采伐技术

一、森林抚育采伐技术

森林抚育采伐，又称抚育间伐，是在未成熟的森林中，按经营要求每隔一定时期，伐去部分林木的一种森林经营措施。抚育采伐的主要目标是为保留优良林木创造良好的生长发育环境，以培育优质森林。通过抚育采伐可实现以下目标：调整林分组成，调节林分密度，缩短林木培育期限，提高林分质量，提高木材利用率，改善林分卫生状况以获得早期经济效益。

（一）抚育采伐原理

无论是天然林或人工林，林木之间在个体发育上均存在差异，即使在同龄纯林中，由于种内竞争，这种差异会随着林分的生长而逐渐明显，这就是林木分化现象。引起林木分化的原因，主要是林木个体的遗传性及其所处的小环境。林分的年龄、密度、树种及立地条件等，都会直接影响林木分化的程度和开始的早晚。通常壮龄林时期，林木生长旺盛，竞争激烈，因而分化强烈，密度越大，林木争夺阳光和生长空间的矛盾加剧，林木分化越明显。立地条件较好的林分，分化程度也明显大于立地条件差的林分。抚育采伐的原则是遵循森林的演替规律，为优良林木生长创造良好的生长空间。

（二）林木分级方法

林木分级的方法有很多，在森林经营实践中总结了多种分级方法。

1.克拉夫特生长分级法

在同龄林中，按林木生长优劣程度分为五级，故称为五级分类法。

I级——优势木，超出主林冠层的高大林木，直径最粗，树冠发育良好。

II级——亚优势木，树高和直径生长略次于I级木，树冠占据主林层。

III级——中等木，位于林冠中层，生长中等，树高和直径低于前者，但树干的圆满度较大。

IV级被压木，树高和直径生长明显落后，树冠受挤压，又可分为IVa和IVb两个亚级。IVa树冠狭窄，侧方受压，但尚能伸进林冠层，枝条在树冠上分布比较均匀。IVb树冠偏生，只有顶部能伸进林冠层，侧方和上方均受压抑。

V——濒死木和枯立木。其中分为两个亚级：Va——濒死木；Vb——枯立木。

本分级方法在我国应用非常普遍，其缺点是在使用中完全根据林木生长势和树冠形态进行分级，忽略了树干形态和其他的严重缺陷。

2.霍莱氏的林木分级法

D——优势木，其树冠超出上层林冠的一般水平，上方光照充分，局部接受侧方光照，树高和直径均大于林分平均林木，树冠发育良好。

C——亚优势木，树冠形成林冠的平均高度，上方光照充足而少有侧方光照，树冠通常中等大小并有程度不同的拥挤。

I——中等木，林木高度低于前两级，但树冠尚能进入林冠层，上方光照少，没有侧方光照，通常树冠较小，且侧方相当拥挤。

O——被压木，树冠完全处于平均林冠以下，上方、侧方均无光照。这种树冠分级方法比较简单，适合于疏伐实践的一般需要。特别是对中等木和被压木的划分标准非常明确，所以易于识别，尤其适宜在阔叶林中应用。

3.三级分类法

在混交林的抚育采伐中，经常采用三级分类法。

A——优良木，树冠发育正常，干形优良，生长旺盛，又称培育木。

B——有益木，能促进优良木的自然整枝，生长中等或偏下的林木，又称辅助木。

C——有害木，妨碍优良木或伴生木生长的不良林木。例如，双杈、干梢、弯曲等林木以及霸王树。

天然混交林中，林木多呈群团状分布。这种现象在天然次生林中更为普遍，利用三级分类法，除能反映林木分化程度外，同时考虑了森林演替规律和营林的要求。

（三）抚育采伐的种类和方法

在不同类别的森林中，由于树种组成和年龄阶段不同，适用的抚育种类和方法不同，生产中较多的抚育方法主要包括透光伐、疏伐两大类型。

1.透光伐

透光伐指在幼龄林时期，为解决树种之间或林木与其他植物间的矛盾，保证目的树种不受压抑，以调整林分组成为主要目的的抚育措施。

（1）透光伐的采伐对象。混交幼林中，抑制目的树种生长的低价值树种、灌木和高大草本植物。密度较大的幼龄林中，干形不良及生长落后的幼树。无性更新的幼龄林中，丛生萌条，需砍去干形不良、生长落后的萌条，择优而留。更新已获成功、幼树已基本郁闭时，砍去迹地上的残留林木。

（2）抚育方法。透光伐主要分为以下3种方法：

①全面抚育：是按确定的采伐树种和采伐强度，在全林中进行普遍抚育的一种透光伐。本方法适用于主要树种分布均匀、劳力充裕、交通方便、小径材或薪炭材有市场的情况。

②群团状抚育：透光伐只在主要树种分布的树丛内进行，无主要树种分布的地方可不进行抚育。

③带状抚育：透光伐仅在划定的带内进行，保留带不进行抚育。带的宽度可根据树种特性、林地条件及劳力情况而定。抚育带宽1~2m，保留带宽3~4m。透光伐后5~10年，保留带内的林木有可能妨害林木生长时，应及时伐去；在进行带状抚育时，应考虑当地风害方向和地形条件；带的设置方向应与风害方向垂直；在山地陡坡容易引起水土流失的地方，抚育带和保留带尽量沿等高线设置，以免引起滑坡和水土流失。

群团状抚育和带状抚育，是一种节省劳力和开支的局部抚育措施，适用于交通不便、劳力不足、小径材销路不畅的深远山区。

（3）透光伐的时间及采伐强度。我国北方通常在初夏进行，此时气温已转暖，伐后环境的改变对刚解放出来的幼树影响较小。这时树液已开始流动，枝条变软，可减轻对保留木的损伤，也易于识别树种。北方的冬季一般不进行透光伐，因为此时幼树枝条细弱，易被采伐木损伤，尤其是春季干旱、风害严重的地方，刚被解放的幼树易遭风害而大量死亡。

透光伐一般不用采伐株数或材积计算采伐强度。因为透光伐在幼林中进行，采伐株数虽多，但材积并不大，如果采伐林内个别的混生残留老龄林木，其株数虽少，但蓄积量却很大。在这种情况下按株数或材积计算的采伐强度均有较大的变动幅度。所以，一般多用单位面积上保留的目的树种株数作为透光伐强度的参考指标。

2.疏伐

疏伐是最主要的一种森林抚育采伐种类。人们根据树种特性、林分结构和经营目的，研究创造出多种疏伐方法，生产上应用较多的主要有以下4种。

（1）下层疏伐。下层疏伐是模拟自然稀疏进程，把将要淘汰的低生长级的林木进行采伐利用，虽然也采伐个别干形不良的或有病虫害的上层林木，但并未改变自然选择进程的方向，其实质是以人工稀疏取代林分自然稀疏的过程。下层疏伐所形成的单层林，仍然保持良好的水平郁闭。由于及时清除了被压木，扩大了保留木的营养空间，也缓和了林木间的竞争强度，适用于松、杉和其他阳性树种组成的纯林，尤其是阳性针叶纯林应用效果最好。

（2）上层疏伐。上层疏伐主要采伐林冠上层的林木，其根据是低生长级林木所占据的空间和消耗的养分，对上层林木不足以构成威胁，而真正对光照、空间和养分的竞争，存在于优势木和亚优势木间。因此，应将居于林冠上层影响优良木生长的高大劣质林木伐去，使林冠疏开，为保留的优良木创造良好的生长空间。

上层疏伐选择采伐木，多用三级分类法，有时也用五级分类法。每次疏伐时，均为培育木（也称主伐木或终伐木）的生长创造条件。关于培育木的确定，通常有两种方法。第一种方法，首先确定培育木；另一种做法，第1次疏伐时，先不确定培育木，视林木的生长情况，在第2次或第3次疏伐时，再行确定。两种方法各有利弊，第一种方法目的性非常明确，便于选择采伐木。但是，随着林木的生长，有的培育木很可能丧失其培育价值而长期保留在林分内；后一种做法选择的培育木，是经过反复比较优选出来的，具有较高的质量，但是，在施工过程中，增加了每次选木的难度。

上层疏伐后，仍形成复层林，林分中保留了大小不等的优良木和辅助木。实质上是人为地改变了林分自然选择的总方向。疏伐后，林分的生长条件发生了较大变化。在实施上层疏伐时，应适当控制疏伐强度，避免由于环境条件的剧烈变化而影响林木的正常生长。

（3）综合疏伐法。综合疏伐法选择采伐木灵活性很大，它不受任何疏伐方法的限制，既可以在林冠上层选伐，也可以在林冠下层选伐。其主要目的是为林分中保留的各级优良木和辅助木创造适宜的生长发育条件。实施综合疏伐时，通常将生态上彼此联系密切的林木，分成若干个植生组，以植生组为单位，按三级分类法（优良木、有益木和有害木）进行选伐。伐后林分仍保持复层林。但由于每次疏伐前，需要重新划分植生组，故要求操作人员必须具备一定的生态专业知识和熟练的选木技术。

（4）机械疏伐法。机械疏伐法是按一定的株行距或其他几何图形，机械地确定采伐木，即按隔行或隔株的原则进行疏伐。例如，隔一行伐一行，隔一株伐一株等。这种疏伐只用于第1次疏伐，以后的疏伐则改用选择性疏伐或二者结合应用；也可在平原地区速生丰产林中应用。机械疏伐的特点是操作简便，省工省时，可以降低采伐成本和便于机械化作业，但疏伐过程中不对优良木进行选择，部分优良木被过早采伐。

二、森林经营的发展方向

近年来，森林可持续经营的观点被普遍接受，森林经营的目标由原来单纯地提高木材产量向提高林分质量和生态防护功能转变，近自然林业、目标树经营技术等新的森林培育理论和技术在我国逐渐应用。随着社会的发展，我国的生态文明建设与经济建设之间的矛盾逐渐显露出来，即自然环境随着经济建设的发展变得愈来愈恶劣。因此，在发展经济的前提下如何提高生态文明建设已经成为当今社会发展的一个重要课题。

森林抚育工作对于开展生态文明建设十分重要。首先，通过森林抚育工作能够提高我国的森林总量，同时也能够提高林分质量；其次，高质量的森林抚育工作对于提升森林绿化的质量起到良好的促进作用。除此之外，加强森林抚育工作也能够维护林内的物种多样性，同时还能够实现经济效益与生态效益的最大化。因此，规范森林抚育经营管理并确定其未来的发展方向，使其朝着现代化的方向发展是现阶段需要重点研究的课题。

（一）新形势下森林抚育工作的必要性

1.提升森林总量，提高林分质量

森林抚育工作的必要性之一是提升森林总量，提高林分质量。森林抚育工作主要是对未成熟的林分进行结构调整，这样能够有助于及时剔除由于感染病虫害导致的非健康生长的林木，避免健康林木受其侵害影响林分质量。与此同时，也能够提高林木的抗病性与抗耐性，提高林木成活率，提升森林的总量。除此之外，加强森林抚育工作还能够增加林木的光照面积，保证林木能够有充分的光照、水分等良好的生长环境，加快林木成熟。

2.提升森林绿化的质量效果

森林抚育工作的必要性之二是提升森林绿化质量效果。近年来，由于人类文明的发展导致了生态环境变得愈来愈恶劣，因此造林绿化已经变成了改善我国生态环境的必要手段，受到了人民群众的广泛关注。换言之，就是林业建设的发展势头变得愈发迅猛。在进行林业建设的过程中，建设人员往往更看重林木的栽植，对于林木的管理往往会有所疏忽，导致造林绿化工程虽然在不断地开展，但效果却并不明显。因此，需要加强森林抚育经营管理工作，以便有效地解决此类问题，增强森林绿化的质量效果。

3.维护林内物种多样性

森林抚育工作的必要性之三是维护林内物种多样性。保证林内的物种多样性对于生态系统来说有着十分重要的作用，因此加强森林抚育工作十分重要。通过森林抚育工作，能够有效地维持林内的生态平衡，同时也能够促进林内环境的可持续发展。另外，有效的森林抚育经营管理工作能够促进林内林木的健康生长，使其快速形成成熟的生态系统，保证林内的生态循环，同时丰富林内的物种多样性，提高林内质量。

4.实现生态效益、经济效益最大化

森林抚育工作的必要性之四是实现生态效益、经济效益最大化。首先，就生态效益来说，森林抚育工作主要是对生长质量较差、受到病虫害感染的林木进行剔除，保证林内的林木能够健康生长，同时也能够促进森林生态系统的稳定发展。除此之外，将通过森林抚育工作伐除的林木作为食用菌生产的原料也可以实现有效的生态循环。其次，就经济效益来说，森林抚育工作能够吸纳大量的劳动力，增加职工的收入，推动林业建设发展。另外，通过森林抚育工作也能够生产大量的小径木料，从而满足市场对于木料的不同需求，创造经济价值。

（二）新形势下森林抚育经营管理措施

1.合理应用各种技术手段

在经济发展的同时环境问题也日益凸显出来了，如土壤沙化、扬尘、雾霾天气的出现，因此对森林资源的保护被逐渐地重视起来。传统模式下进行森林资源的开采很大程度上会导致林内生态系统在短时间内无法恢复，甚至会出现林内生态链断裂的问题。所以，在新的形势下应该加强森林抚育经营管理工作，合理应用各种技术手段保证林内幼苗能够有充足的光照、水分、肥料，这样才能够提高幼苗的耐病性与抗病性，从而保证林内林木的质量与数量。

2.开拓创新森林抚育技术

目前，我国的森林结构普遍显现为人工林为主、生态林为辅的结构特征。但在森林抚育过程中还存在着一定的缺陷，因此导致在造林的过程中存在着幼苗出现枯死的现象，降低了我国森林的成林率。在开展森林抚育经营管理工作时应该将提升造林质量作为工作重点，在实践过程中合理地开拓创新森林抚育技术，为林内幼苗的生长创造良好条件。在此过程中，相关部门可以对该领域的技术人员进行重点培养，并制定完善的森林抚育经营管理的实施手段，保证此项工作的有序开展，从而推动我国林业资源的发展。

3.严格规范森林抚育管理操作流程

在进行森林抚育经营管理工作过程中，为了保证工作的有效性，还需要严格规范森林抚育管理的操作流程。首先，工作人员需要结合当地林业的实际情况进行分析，明确森林抚育经营管理的重点内容；其次，工作人员还需要了解国家的相关规范，保证在进行森林抚育经营管理过程中的合理性与科学性；最后，工作人员需要结合以上内容完善操作流程，规范管理的操作流程，提高幼苗的成林率，提升造林绿化的生态效益与经济效益。

（三）森林抚育经营管理发展方向

1.体现时代性、科学性、规范性

森林抚育经营管理是一项长期且复杂的工作，在未来的发展过程中不仅要逐步建立完善的发展机制，还要能够随着社会的发展需求不断变化工作方法，从而体现出森林抚育经营管理的时代性、科学性与规范性。

（1）将森林抚育经营管理工作与时代的发展相结合，探寻经营管理的最优方法，保证森林抚育经营管理工作的有效展开；

（2）相关管理部门完善相应的管理制度，如激励制度、执行制度、监督制度等，一方面约束管理人员规范化进行森林抚育经营管理，另一方面提升森林资源的数量与质量，从而发展森林资源的规模；

（3）未来进行森林抚育经营管理时，也需要将此项工作与其他工作相联系，并跟随着时代特征科学地开展，保证森林抚育工作的高效进行。

2.加强林业生态效益与经济效益的融合

加强森林抚育经营管理工作的最终目标就是促进经济的发展与建设。换言之，森林抚育经营管理的未来发展方向之一就是将生态效益与经济效益相结合。具体来说，就是需要通过森林抚育工作将林内感染病虫害或生长不健康的幼苗进行伐除，以此保证成林率与森林质量。除此之外，在保证森林的生态效益的前提下也需要提升森林带来的经济效益，如利用伐除的林木满足人们的日常生活生产需求，同时也能够增加森林抚育经营管理带来的经济效益，促进林业的发展。

综上所述，森林抚育工作对于增强生态效益与经济效益来说有着非常重要的作用。目前，森林抚育经营管理工作在实践过程中应用的措施包含了合理利用并开拓创新各种技术手段，同时也要严格地遵循操作流程，这样才能够保证森林抚育经营管理工作的顺利开展。除此之外，森林抚育经营管理还应该朝着体现时代性、科学性、规范性的方向发展，并在未来的发展中将生态效益与经济效益相结合。

第六章　生态污染机理

第一节　生物对污染物的吸收和迁移

一、植物对污染物的吸收与迁移

（一）植物对污染物的吸收

1.植物对气态污染物的黏附和吸收

随着大气污染的加剧，大气中充斥着各种有害气体，如SO_2、NO_x光化学烟雾、飘尘、降尘等，使大气质量降低。

植物能黏附和吸收气态污染物。植物黏附污染物的数量，主要决定于植物表面积的大小和粗糙程度等。例如，云杉、侧柏、油松、马尾松等枝叶能分泌油脂；杨梅、榆、朴、木槿、草莓等叶表面粗糙、表面积大，具有很强的吸滞粉尘的能力；女贞、大叶黄杨等叶面硬挺，风吹不易抖动，也能吸附尘埃。而加拿大杨等叶面比较光滑、叶片下倾，叶柄细长，风吹易抖动，滞尘能力较弱。

据研究，针、阔叶树种截获粉尘的数量是：山毛榉5.90%，橡树7.15%，鹅耳枥7.92%，白蜡8.68%，花楸9.99%，白桦10.59%，杨12.80%，刺槐17.58%，松2.32%，落叶松4.05%，云杉5.42%。叶片吸附粉尘，能减少空气中含尘量，再经雨水淋洗后，又能重新吸附粉尘。

氟化物是一种积累性的大气污染物，能通过叶片气孔或茎部皮孔进入植物体。气孔是叶片吸收污染物的主要部位。SO_2伤害植物的过程首先是通过气孔进入叶片后，被叶肉吸收，高浓度的SO_2可导致植物气孔张开和关闭的机能瘫痪。光化学烟雾的主要成分之一——臭氧，能进入气孔损害叶片的栅栏组织。

2.植物对水溶态污染物的吸收

植物吸收污染物的主要器官是根，但叶片也能吸收污染物。

（1）水溶态污染物到达植物根（或叶）表面。水溶态的污染物到达根表面，主要有两个途径：一条是质体流途径，即污染物随蒸腾拉力，在植物吸收水分时与水一起到达植物根部；另一条是扩散途径，即通过扩散而到达根表面。

（2）水溶态污染物进入细胞的过程。植物的细胞壁是污染物进入植物细胞的第一道屏障，在细胞壁中的果胶质成分为结合污染物提供了大量的交换位点。Wierzibika指出，从溶液中吸收的铅首先沉积在根表面，然后以非共质体方式扩散进入根冠细胞层。在根的成熟区域，在皮层细胞壁和表皮细胞壁都可发现铅的沉积。彭鸣等的研究也证明，玉米根吸收的铅大量沉积于细胞壁，说明植物最初对铅的迅速吸收主要靠细胞内自由空间的非代谢性扩散运动。在环境中，当铅浓度较低和刚开始吸收时，铅首先是被细胞壁吸附，与细胞壁上带有负电荷的"道南"牢固结合。当这种结合达到平衡后，才有粗颗粒的铅沿细胞壁的水分自由空间沉积、迁移。同时从电镜相片上可看到，当外界铅浓度相当大时，也有部分细颗粒铅透过细胞壁，穿过质膜进入细胞质中。这说明细胞壁、质膜是铅进入细胞内部的障碍。由于它们的保护，铅较难进入细胞内部。因此，这也是细胞对重金属的一种排斥机制。

（3）污染物透过细胞膜的方式。植物吸收环境中的污染物有两种方式：一种是细胞壁等质外空间的吸收；一种是污染物透过细胞质膜进入细胞的生物过程。

（二）污染物在植物体内的迁移

从根表面吸收的污染物能横穿根的中柱，被送入导管。进入导管后，随蒸腾拉力向地上部移动。一般认为穿过根表面的无机离子到达内皮层可能有两种通路：第一条为质外体通道，即无机离子和水在根内横向迁移，到达内皮层是通过细胞壁和细胞间隙等质外空间；第二条是共质体通道，即通过细胞内原生质流动和通过细胞之间相连接的细胞质通道。

彭鸣等用扫描电子显微镜与X线显微分析的结果证明，不同重金属在玉米根内的横向迁移方式不同。镉主要是以共质体方式在玉米根内横向迁移，铅主要以质外体方式在玉米根内移动。在根的横切面不同组织中，铅的分布有差别。根的皮层组织中铅的积累最高，进入中柱后，铅的净积分和相对含量明显降低。在中柱内部，木质部薄壁组织积累了较多的铅，导管中相对较少。

污染物可以从根部向地上部运输，通过叶片吸收的污染物也可从地上部向根部运输。不同的污染物在植物体内的迁移、分布规律存在差异。由于污染物具有易变性，可通过不同的形态和结合方式在植物体内运输和储存。根吸收的部位不同，向地上部移动的速率也有差异。如小麦根尖端1~4cm区域吸收的离子最易向地上部转移，由更成熟的部位吸收的离子，移动速度就慢得多。向地上部移动还和植物的发育阶段有关，禾谷类在抽穗前10d左右吸收的离子最易向地上部转移。

二、动物对污染物的吸收与迁移

包括人体在内的动物体都能吸收和迁移污染物。与植物细胞不同，动物细胞缺乏细胞壁，因此细胞膜起着更大的屏障作用。

（一）污染物通过动物细胞膜的方式

污染物通过动物细胞膜的方式有两大类：被动运输与特殊转运。被动运输又包括简单扩散和滤过作用；特殊转运又可分为载体转运、主动运输、吞噬和胞饮作用。可见，这些方式与植物体有类似之处，体现了生物膜结构与功能的高度统一。下面简要介绍吞噬和胞饮作用。

某些固态物质与细胞膜上某种蛋白质有特殊亲和力，当其与细胞膜接触后，可改变这部分膜的表面张力，引起细胞膜外包或内凹，将固态物质包围进入细胞，这种方式称为吞噬作用；如吞食细胞外液的微滴和胶体物质（液态物质，特别是蛋白质）也可通过这种方式进入细胞，称为胞饮作用。

（二）动物体对污染物质的吸收

动物对污染物的吸收一般是通过呼吸道、消化道皮肤等途径。

1.经呼吸道吸收

空气中的污染物进入呼吸道后通过气管进入肺部，其中直径小于5nm的粉尘颗粒能穿过肺泡被吞噬细胞所吞食；部分毒物如苯并（a）芘、石棉、铍等能在肺部长期停留，会使肺部致敏纤维化或致癌；部分毒物运至支气管时刺激气管壁产生反应性咳嗽而吐出或被咽入消化道。肺泡总面积约55m²，是皮肤的40倍。肺泡上皮细胞膜对脂溶性、非脂溶性分子及离子都具有高度的通透性。因此，当肺泡中吸入的污染物达到一定量，容易进入血液并很快引起中毒。当然，肺泡壁有丰富的毛细血管网，能起到部分解毒的作用。

NO_2通过呼吸道时与SO_2相比，很少停留在上呼吸道，而是从下呼吸道侵入肺的深部。在0.5~5.0mg/L时，人体在正常呼吸状态下，能摄取吸入量的80%以上，最大呼吸时可达90%以上。用0.3mg/L[13]~0.9mg/L[13]NO_2对猴子进行试验，证明有50%~60%分布在肺内部，且不久通过血液向肺外移动。

动物对臭氧和SO_2的吸收各有其特点。根据 Yokoyama 和 Frank 等对狗的实验证明，低流量经鼻吸入时，SO_2摄入率（气管上部）几乎为100%，而臭氧仅72%。高流量经口吸入时，两者的摄取率都有很大程度的下降，但臭氧的摄取率更低。这至少可以说明在同一呼吸条件下，臭氧到达下呼吸道的程度要比SO_2大。这可能和两者对水的溶解度不同有关（35℃时，100g水可溶解$SO_2$6.47g，臭氧仅0.00077g），因此吸入臭氧可能损伤支气管末梢。

大多数汞化合物的挥发性很高，特别是金属汞蒸汽气压高，易通过呼吸道进入体内。金属汞在呼吸过程中很难被呼吸道黏膜吸附、阻拦，易达肺部。实验证明，动物肺泡吸收率可达50%～100%，人体可达75%～85%。有机汞也易从呼吸道进入肺部，如给小鼠蒸熏二甲基汞45s，小鼠就可吸收50%～80%，这说明肺泡有极高的吸收率。

2.经消化道吸收

消化道是动物吸收污染物的主要途径，肠道黏膜是吸收污染物的主要部位之一。整个消化道对污染物都有吸收能力，但主要吸收部位是在胃和小肠，一般情况下主要由小肠吸收，因小肠黏膜上有微绒毛，可增加吸收面积约600倍。

肠道吸收量因污染物化学形态不同而有很大差异。例如，甲基汞和乙基汞被肠道的吸收量远高于离子态汞。因为有机汞是脂溶性，能随脂类物质被消化道吸收，其吸收率达95%以上；而肠道对无机汞中的离子态和金属汞的吸收率在20%以下，人体为1.4%～15.6%，平均为7%。Hg^{2+}不易为肠壁吸收，主要是易与氨基酸（特别是含硫氨基酸）形成络合物，不易被吸收，即使进入肠道上表皮细胞的Hg^{2+}也容易随细胞的脱落与粪便一起排出体外。镉在呼吸道的吸收率为10%～14%，消化道为5%～10%。

肠道吸收可因某种物质的存在而加强或减弱。当投予甲基汞时，若存在足够的半胱氨酸就会促进肠道黏膜上的氨基酸特别是半胱氨酸的主动运输。利用半胱氨酸与甲基汞的结合，就能增加肠道对甲基汞的吸收。乙醇对肺泡吸收汞有抑制作用，这是因为组织内金属汞转变为无机离子态汞要经过氧化酶的作用，而乙醇能阻碍氧化酶的氧化。

3.经皮肤及其他途径的吸收

皮肤是动物体对污染物吸收的一道重要防卫体系，它由表皮和真皮构成。表皮又分为角质层、透明层、颗粒层和生发层；真皮是表皮下一层致密的结缔组织，又分为乳头层和网状层。

经皮肤吸收一般有两个阶段：第一阶段是污染物以扩散的方式通过表皮，表皮的角质层是最重要的屏障；第二阶段是污染物以扩散的方式通过真皮。

（三）污染物在动物体内的迁移与排出

镉有1/3～1/2蓄积在肝和肾，影响人体健康。肠道吸收的镉，首先输送到肝，促进肝中金属硫蛋白的合成；同时，与金属硫蛋白结合的锌相置换。长期投予镉的动物，其肝中的大部分镉与金属硫蛋白结合。镉以某种机理进入血液，血浆中的镉大多与高相对分子质量蛋白质结合，再输送到肾外的其他器官。在红细胞中，与血红蛋白或与金属硫蛋白结合的镉因不易通过红细胞膜，因而难以完成从肝输送到其他器官的作用而为肾小球过滤。被肾小管吸收的镉蛋白结合体，在肾小管内被异化，或重新合成金属硫蛋白。肾皮质中的大部分镉与金属硫蛋白结合。

进入血液中的汞化合物是以和红细胞或血浆中的蛋白质结合的形式向各组织转移，但无机离子态汞与低级烷基汞有明显不同。投入甲基汞后积累在红细胞中的比例，小鼠为75%～95%，大鼠为95%以上，家兔和猴子为90%以上。在大鼠皮下注射无机离子态汞，注射24～48h后，被红细胞所接收的约为全血的20%。

低级烷基汞对膜的渗透性也高，容易通过红细胞膜。进入红细胞中的甲基汞可能和谷胱甘肽这类低相对分子质量物质结合。汞在体内迁移，血浆可作为主要途径，红细胞直接参与金属在组织内的迁移。

无机离子态汞在肾内积累最多，其次是肝、脾、甲状腺。血液中的汞浓度变动较大，刚投入时很高，但比其他组织减少得快。

接触汞蒸汽后，被吸入体内的金属汞都被氧化成无机离子态汞，因而分布几乎遍及脏器。金属汞极易通过血脑屏障而到达脑中枢，进入后很快被氧化为Hg*，就很难从脑中排出。

有关动物排出污染物的机理，目前尚不清楚，但由于粪便中含有剥离的肠膜，证明可以从消化道直接排出。通过胆汁向消化道排出也是主要途径之一，认为胆汁中的汞结合了胆汁中特异的高相对分子质量蛋白质。低级烷基汞从尿中排出量少，对人而言，从粪便排出约为尿排出量的10倍。在排出汞之前的转移过程中，有机汞已产生脱烷基化，因此粪便中排出的汞大部分是无机汞。尿中的汞是由肾小管排出，其中6%～25%是无机汞，并随时间的推移有增加的趋势。

粪和尿以外的排出途径还有乳汁、呼气、毛发等。

三、微生物对污染物的吸收

污染物连接到微生物细胞壁上有3种作用机制：离子交换反应、沉淀作用和络合作用。大多数微生物都具有结合污染物的细胞壁，细胞壁固定污染物的性质和能力与细胞壁的化学成分和结构有关。革兰氏阳性菌的细胞壁有一层很厚的网状的肽聚糖结构，在细胞壁表面存在的磷壁酸质和糖醛酸磷壁酸质连接到网状的肽聚糖上。磷壁酸质的磷酸二酯和糖醛酸磷壁酸质的羧基使细胞壁带负电荷，具有离子交换的性质，能与溶液中带正电荷的离子进行交换反应。革兰氏阴性菌的细胞壁中，两层膜之间只有很薄的一层肽聚糖结构，因此，一般说来它们固定污染物的量比较低。

另外，细胞的能量转移系统在物质转运过程中不能区分电荷相同的是否为代谢所需物质，所以一些污染物可能随代谢必需物进入微生物细胞。

黄淑惠研究发现，芽枝状枝孢在最适pH和温度下，具有对Au^{3+}的最大吸附量140mg/g（干重）。电镜观察表明，Au^{3+}在细胞壁的表面慢慢还原为不溶的元素金，并沉积在细胞壁和菌丝的横隔上。

据报道，能吸附铅的微生物有蕈状芽孢杆菌、小刺青霉、长木链霉、产黄青霉等。

第二节　生物富集

一、生物富集的概念

生物从环境中吸收营养物质以满足其生长发育的同时，还会主动或被动地从环境中吸收许多生长发育所非必需的物质。有些物质（如酚类）在生物体内易于降解，存在的时间不长，生物在不断从外界环境中吸收的同时，其分解过程也在不停地进行，因而不易积累；而有些物质（如有机氯化合物、金属元素）在生物体内不易被降解，可在生物体内以原来的形态或其他形态长时间存在。由于这类物质在生物体内的分解过程十分缓慢，生物吸收的数量远远大于分解的数量，导致这类物质在生物体内积累。生物积累的物质，可以是生长发育所必需的营养物质或元素，也可能是生长发育不需要的物质，还可能是对生物的生长发育有毒性作用的物质。污染生态学的主要研究内容之一就是环境中的污染物在生物体内的积累现象及积累机制。

生物个体或处于同一营养级的许多生物种群，从周围环境中吸收并积累某种元素或难分解的化合物，导致生物体内该物质的浓度超过环境中浓度的现象，叫作生物富集，又称生物浓缩。生物富集常用富集系数或浓缩系数，即生物体内污染物的浓度与其生存环境中该污染物浓度的比值来表示。

还有人用生物积累、生物放大等术语来描述生物富集现象，但这两个概念与生物富集既有联系也有区别。生物放大是指在生态系统的同一食物链上，由于高营养级生物以低营养级生物为食，某种元素或难分解的化合物在机体中的浓度随着营养级的提高而逐步增大的现象；生物积累是指同一生物个体在其整个代谢活跃期中的不同阶段，机体内来自环境的元素或难分解化合物的浓缩系数不断增加的现象。

研究生物富集，对于了解污染物对生物的毒害作用及生物解毒机理具有重要的意义，并为利用生物工程治理环境污染提供理论依据。

二、生物富集机制

影响生物富集的因素很多，生物种的特性、污染物的性质、污染物的浓度和作用时间以及环境特点是主要的决定性因素。

（一）生物种的特性

1.不同器官

生物的不同器官对污染物的富集量有很大差异。这是因为各类器官的结构和功能不同，与污染物接触时间的长短、接触面积的大小等也都存在很大差异。

对鲢鱼、草鱼、鲤鱼的研究证明，在相同铅浓度下，这3种鱼各部位的富集规律都一致，即鳃>内脏>骨骼>头>肌肉。这是因为鳃是呼吸器官，始终与水中的铅接触，使大量铅吸附在鳃耙、鳃丝上，因此含铅量高，进入鳃的铅被送入血液，约4%留在血浆中与血浆蛋白结合，其他铅随血液循环到达代谢旺盛的内脏，在肝、肾中大量沉积。此外，内脏还通过食物的消化、吸收，储存更多的铅。骨骼是铅的最后仓库，当血液中的铅通过骨骼的组织时，便以$Pb_3(PO_4)_2$的形式沉积。肌肉含铅量低则与该组织代谢力强和对铅的亲和力较弱有关。了解鱼积累重金属的规律，并以此来评价重金属对鱼的污染，对于制定环境污染标准及食品卫生标准具有重要意义。

对鱼的鳞片、卵的分析表明，鳞片的含铅量相当高。这是因鳞片能大量吸附铅，同时鱼在铅的刺激下皮肤分泌大量黏液，易于大量吸附铅。卵的含铅量虽低，但积累时间很短，以单位时间计，含铅量还是很高的。

水稻铅污染模拟试验的结果表明，各器官铅的富集量差别很大。各器官含铅量的大小次序为：根>叶>茎>谷壳>米。

水生维管束植物各器官富集总规律与上述陆生植物相同，但器官之间的差异没有陆生植物明显。特别是沉水植物狐尾藻，它的所有器官（根、茎、叶）都能吸收水中的污染物，都可称为吸收器官，以0.005mg/L镉液培养后测定其含镉量，以根含镉量为100%，则茎为10.9%，叶是41%。

2.不同生育期

生物在不同生育期接触污染物，体内富集量有明显差异。对水稻的研究表明，在水稻的不同生育期施铅，根对铅的富集顺序为：拔节期>分蘖期>苗期>抽穗期>结实期。叶片和茎对铅的富集量也以拔节期施铅最高。谷壳和糙米的富集量则不同，都是以结实期施铅富集量最高，其富集顺序为：结实期>苗期>拔节期>抽穗期>分蘖期。

3.不同生物种

不同生物种对污染物的吸收累积情况存在差异。薛栋森等对美国华盛顿州Tacoma冶炼厂下风向林地土壤上植物中汞的含量和分布进行了研究，发现菌耳和地衣因为具有很强的吸收微量元素的能力，比同一区域内的树木可吸收累积更多的汞。

黄会一等研究了木本植物对土壤中镉的吸收、积累和耐性，认为镉被植物根系吸收进入植物体后迁移量是较大的。镉在植物体内的迁移，因树种的生物学特性不同而有差异。木本植物从根部吸收的镉在各器官的分配不是按一般所谓的金字塔形分配（根>叶>茎），而是根据各树种的生物学特性不同而有差异。由于土壤理化性质，气候条件和抚育管理措施的不同，即使处于同一土壤污染量下，相同树种的不同植株之间对土壤镉的吸收量也不尽一致，有时变动较大，但在体内的运转和分配率基本是稳定的。黄会一等还研究了木本植物对土壤汞污染防治功能。结果表明，加拿大杨树对土壤中的汞具有较强的吸收富集能力，几种杨树富集汞的强弱顺序为：加拿大杨>晚花杨>旱杨>辽杨。

颜素珠等研究了8种水生植物对铜的吸收，发现受试植物对铜的吸收和沉降规律为：苦草（2种）>黑藻>水龙>喜旱莲子草>大藻>心叶水车前>水车前。

于常荣等做了松花江鱼类汞污染现状研究，发现生活在同一江段的不同鱼类总汞与甲基汞平均含量各不相同，表现为（按含汞量由高到低顺序）：雷氏七鳃鳗鱼，花鮋青鱼，黄鱼，鲤鱼，银鲫，犬首鮈，银鲴。雷氏七鳃鳗总汞与甲基汞平均含量最高，主要是因为其营寄生生活，而且体表无鳞，头部有7个鳃孔，可通过皮肤和鳃孔直接吸收环境中的汞。王敏健等研究发现，肉食性鱼类对有机物的富集能力高于草食和杂食性鱼类。

（二）污染物的性质

污染物的性质主要包括污染物的价态、形态、结构形式，相对分子质量、溶解度或溶解性质、物理稳定性、化学稳定性、生物稳定性、在溶液中的扩散能力和在生物体内的迁移能力等。

化学稳定性和高脂溶性是生物富集的重要条件。例如，氯化碳氢化合物（以总DDT为代表）具有很高的理化和生物稳定性，其理化性质能在环境中和在生物体内的迁移过程中长时间保持稳定。特别是DDT，属脂溶性物质，在水中溶解度很低，仅0.02mg/kg，但能大量溶解在脂类化合物中，其浓度可达1.0×10^5mg/kg，比在水中的溶解度大500万倍。因此，这类污染物与生物接触时，能迅速地被吸收，并贮存在脂肪中，很难被分解，也不易排出体外。有机氯农药由于难以被化学降解和生物降解，极易通过食物链而大量累积，目前已被禁用。

有机磷农药和氨基甲酸酯类农药与有机氯农药相比，较易被生物降解，它们在环境中的滞留时间较短，在土壤和地表水中降解速率较快，在水中的溶解度较大。因此，被沉积物吸附和生物富集过程是次要的。然而，当它们在水中浓度较高时，有机质含量高的沉积物和脂类含量高的水生生物也会吸收相当数量的该类污染物。

酚类污染物具有较高的水溶性，且易于为生物所降解，因此，大多数酚类污染物都不能在生物体内富集，主要残留在水中。然而，苯酚分子氯化程度增高时，在水中的溶解度下降，脂溶性增强，就易被生物累积，如五氯苯酚。

除草剂具有较高的水溶解度和低蒸汽压，易从溶液中挥发而不易发生生物富集。多氯联苯（PCB）具有很高的化学稳定性和热稳定性，广泛用作变压器、电容器的冷却剂和绝缘材料、耐腐蚀性涂料等。PCB极难溶于水，不易分解，但易溶于有机溶剂和脂肪，具有高的辛醇－水分配系数，能强烈地分配到沉积物的有机质和生物的脂肪中，因而极易为生物有机体所富集。PCB在水体中呈现的分布规律是：在水中的浓度非常低，在水生生物体内和沉积物中的浓度却很高。

生物对甲基汞的富集能力很强，因为甲基汞具有更高的化学稳定性。C—Hg的共价键较稳定，不易破裂，再加上生物体的活性—SH基的解离常数为–17，所以不管溶液多稀，甲基汞都是以不可逆转的方向在体内积累。

生物富集还与生物对污染物的解毒能力（污染物的生物稳定性）有关。解毒能力愈强，则富集能力愈弱；反之则富集能力愈强。解毒能力又与污染物的化学结构有关。如PCB中可置换的氯的数目或位置不同，其代谢、解毒，富集的情况差别就很大。许多研究者对氯置换数不同的各种单一PCB成分进行深入研究，得出以下几条规律：

（1）四氯以下的低氯代PCB，几乎都能代谢为单酚，部分可进而形成二酚，所以易分解，不易富集。

（2）五氯或六氯代PCB同样可以氧化为单酚，但速度相当慢，较易富集。

（3）七氯以上的高氯代PCB则几乎不被代谢，能高度富集。

（4）氯数目相同的PCB，相邻位置未被置换或邻位为氯置换的，比没有这两种情况的易被代谢而不易被富集。

重金属作为一类特殊的污染物，具有显著的不同于其他污染物的特点。首先，重金属在环境中不会被降解，只会发生形态和价态变化，同时，重金属在土壤环境中的迁移能力很差，因此，重金属可以在环境中长期存在。其次，许多重金属是生物生长发育所必需的营养元素，如铜、锌、铬等，这些重金属具有很强的生物富集效应。只有在超过一定的浓度时，它们才可以被称作污染物，会产生更高的生物积累，并对生物的生长发育产生副作用。有些重金属为生物生长发育所非必需，它们具有与许多矿质营养元素相同或相似的外层电子层结构，能通过扩散和细胞膜渗透进入生物体内，发生生物积累。这类重金属在环境中只要微量存在，即可产生毒性效应，影响生物的生长发育。再次，环境中的某些重金属可在微生物的作用下转化为毒性更强的重金属化合物，如汞的甲基化作用。最后，重金属在进入生物体内后，不易被排出，在食物链中的生物放大作用十分明显，在较高营养级的生物体内可成千万倍地富集起来，然后通过食物链进入人体，在人体的某些器官中蓄积起来造成慢性中毒，影响人体健康。

（三）污染物的浓度和作用时间

生物体内污染物的富集量与环境中污染物的浓度成正相关，但富集系数与环境中污染的浓度没有显著的正相关性，相反有随污染物浓度增高而逐渐下降的趋势。

（四）环境特点

环境要素通过影响生物的生长发育和污染物的性质间接影响污染物的生物富集。土壤重金属作物效应的区域差异就是环境要素作用的结果。

土壤环境对植物的富集作用有十分重要的影响。土壤水分过多，污染物以还原态为主，活性受到抑制，富集量减少。土壤水分过少，污染物的可给态数量少，富集量亦因此而减少。土壤pH低，有利于污染物的活化，富集量增加。土壤中有机质和矿质元素的大量存在，会极大地降低植物富集重金属的数量。不同类型的土壤，对不同种类的有机和无机污染物具有不同的降解、吸附和淋溶作用，并因此而影响土壤生物和植物对污染物的生物积累。

气态污染物主要通过气孔进入植物体，凡是能影响光合作用的因素均能影响气态污染物在植物体内的积累。

鱼体内积蓄的几乎都是甲基汞，其含量多少和湖底有机质含量有关，湖底有机质含量越高，则湖底甲基汞占总汞量越高而鱼体含汞量越低。例如，含有机质50%的底泥中汞含量很高，水中甲基汞含量低，因此，鱼体中含汞量很低。

第三节　污染物的毒害作用及机理

一、污染物的毒害作用

（一）污染物对植物的影响

1.对植物吸收的影响

污染物能影响植物根系对土壤中营养元素的吸收，原因之一是污染物能改变土壤微生物的活性，也能影响酶的活性。盆栽水稻分蘖期时，土壤酶活性与添加铅浓度成显著负相关，如蛋白酶、蔗糖酶、β－葡萄糖苷酶、淀粉酶等，但脲酶则随Pb—Cd复合作用浓度升高而增加，成明显的正相关。由于土壤微生物和酶活性的变化，从而影响土壤中某些元素的释放和生物可利用态含量。原因之二是污染物能抑制植物根系的呼吸作用，影响根系的吸收能力。

重金属影响植物对某些元素的吸收，可能还与元素之间的颉颃作用有关。锌、镍、钴等元素能严重妨碍植物对磷的吸收；铝能使土壤中磷形成不溶性的铝－磷酸盐，影响植物对磷的吸收；砷能影响植物对钾的吸收。

有机污染物也对植物吸收营养元素产生影响。土壤、水体和大气中残留的有机污染物，如来源于石油的烃类，多氯联苯，多环芳烃、含氯溶剂，炸药和有机农药等，大多数属于持久性有机污染物，它们具有化学性质稳定，难以被生物降解和容易在生物体中富集等特点。这些有机污染物会影响植物对营养元素的吸收，不仅会使农作物减产或绝收，而且还会通过植物和动物进入食物链，对生态环境造成有害影响。另一方面，有机污染物在人体内积累后有可能引发癌症、畸形和神经系统疾病等多种疾病，严重威胁人类的生存和健康。近年来，我国的整体环境质量在不断改善，但许多地区由有机污染物引起的污染现象却日益严重。

2.对植物细胞超微结构的影响

植物在受到重金属或其他污染物的影响而尚未出现可见症状之前，在组织和细胞中已发现生理生化和亚细胞显微结构等微观方面的变化。

（1）细胞核的变化。彭鸣等用电子显微镜观察了镉、铅对玉米根、叶细胞超微结构的影响后发现，经10mg/kg镉处理5d后，可观察到核变形、外膜肿大、内腔扩大，严重的核膜内陷；在25mg/kg镉处理时，可观察到核的变形肿胀，核仁破碎趋边。除主核外，还可发现根尖细胞核发生微核化，并发现内质网扩张。在细胞主核附近，可发现许多溶酶体积累，高尔基体的形成面有许多小潴泡积累。叶细胞核受镉伤害程度，明显低于根细胞核。

（2）线粒体结构的变化。对照玉米幼根的线粒体具有完整的外膜，线粒体无肿胀，内腔中有许多峰突。5mg/kg镉处理玉米5d后，线粒体结构无明显变化；10mg/kg镉处理5d后，线粒体出现受害症状，表现为凝聚性线粒体，膜扩张，内腔中踏突消失，出现颗粒状内含物，中心区出现空泡；100mg/kg铅处理5d后，线粒体没有明显的受害症状，但经500mg/kg铅处理时，线粒体高度肿胀，腔内出现絮状沉积物；当1000mg/kg铅处理5d后，线粒体肿胀成巨型线粒体，内腔中的各种物质已经解体成为空泡，有的内部残存颗粒状内含物，细胞质中多溶酶体。植物受铅污染的浓度虽远高于镉，但铅污染后都出现线粒体肿胀、膜的内陷、外伸等现象。

（二）污染物对动物和人体健康的影响

1.对动物的影响

污染对动物生命活动的影响十分普遍，也十分多样。

（1）污染物对动物的组织器官和内脏的破坏作用。重金属元素能严重影响和破坏鱼类的呼吸器官，导致呼吸机能减弱。首先，这些重金属能黏积在鳃的表面，造成鳃的上皮和黏液细胞贫血和营养失调，从而影响对氧的吸收和降低血液输送氧的能力。重金属还能降低血液中呼吸色素的浓度，使红细胞减少。例如，当鱼类受铝、汞、锌的毒害时，能抑制鱼类血红蛋白的合成，使氧和血红蛋白分离曲线发生改变，影响鱼类血液输送氧的能力。

农药的转化与降解关系到农药是否残留，即其在环境中持久性和稳定性的问题。对农业生产而言，农药滞留时间越长，控制病虫害及杂草等的效果越好，但对环境的污染可能越重，对人体的危害也越大。因此，对农药的选择应遵循"高效、低毒、低残留"的原则。

农药急性中毒主要取决于其急性毒性，慢性毒性还包括蓄积毒性和远期效应，如致癌、生殖发育毒性、免疫功能损害等。二嗪农、甲基对硫磷、乐果能使鱼的红细胞和血红蛋白下降；甲基对硫磷和乐果能使红细胞和核的直径减少。在农药等有机污染环境中，动物经常肝大，肾衰竭，常出现蛋白尿，心动过速，常因脏器受损而致死。

由于重金属元素的作用，还会使鱼类血液中的呼吸色素浓度发生变化，导致红细胞量异常（减少）。例如，用亚致死剂量镉处理饲鱼，有明显的贫血反应。有人提出用溶血性贫血和不成熟红细胞数目的增加，可以监测鱼的铅中毒。

（2）污染对动物生长发育的干扰。在污染环境中，动物经常营养严重不良，个体偏小、体重偏轻，很多动物不能进入发情期，产生的后代数量少、质量低，生物种群往往不断走向衰退。鱼类、水鸟、哺乳动物等，如果生存的环境被有机氯类的农药污染，这些动物的繁殖率和繁殖质量将会受到严重的影响。

（3）污染与衰老。现代遗传学证明，生物的长寿程度与生物自身DNA损伤修复能力直接相关。

生物细胞遗传物质在正常条件下都会因内部微环境的改变和外部的影响而受到不同程度的损伤，不过DNA是生物体内唯一能自我修复的分子，为了维持遗传信息的正确和完整性，生物在进化中形成了几种酶促DNA修复过程，损伤和修复是一种动态平衡。

绝大多数污染物均能明显地干扰DNA的修复能力。DNA修复是一系列的酶促反应过程，在污染物作用时，酶促反应受到干扰，使修复作用失调，增大了DNA的损伤，从而影响生物的寿命。目前，各种环境污染物随大气、土壤、水体，通过呼吸、接触、饮食等途径进入生物体中，干扰DNA的修复能力，从而使包括人类在内的很多种生物在尚未活到生理寿命时就因污染而死亡。

2.对人体健康的影响

环境污染对人体健康的影响，已越来越引起人们的重视，但是，污染物如何对人体产生毒害作用，其毒害机理目前还有很多尚不清楚。研究污染物的毒害机理以及如何减轻毒害是污染生态学的主要研究内容之一。

（1）无机污染物对人体健康的影响。汞以有机汞的形式被人体吸收，能随血液循环进入脑部，并在脑部积累。进入脑部的甲基汞衰减缓慢，能引起神经系统损伤及运动失调等，严重时能疯狂痉挛致死。主要原因是甲基汞能抑制神经细胞膜表面的Na^+-K^+-ATP酶活性，这种酶受到抑制后将导致膜去极化，从而影响神经细胞之间的神经传递。另外，甲基汞也能使有髓神经纤维出现鞘层脱节和分离，影响神经电信息传递的进程和速度。

氟是环境中主要污染物之一，在氟污染地区常引起氟中毒。氟引起的疾病有斑釉齿、骨质硬化症、骨质软化症及甲状腺肿瘤。

人体每日摄取8～10mg氟就会出现氟骨症，具体症状有：骨硬化（棘突、骨盆、胸廓）；不规则骨膜骨的形成，异位钙化（韧带、囊、骨间膜，肌肉附着部位、肌腱）；伴随骨髓腔缩小的骨密质增厚、密度增大；不规则骨赘；不规则外生骨庞；肌肉附着部位显著和粗糙；牙根的牙骨质过度增生。

（2）有机污染物对人体健康的影响。有机化合物进入机体后的毒害机理有两方面：其一，毒性来自本身的化学结构，如生物碱、氯仿、乙醚等。其毒害作用相当于物质本身的生理毒性。该物质毒害作用的强弱决定于进入生物体内的数量。这类生理活性物质在体内能被酶分解、转化、降解。其二，毒性与代谢有关，大部分慢性毒性属这一类。这类毒物进入生物体后，在酶的作用下，能产生具有较强反应能力的不稳定中间代谢产物，其中一部分和蛋白质、核酸等细胞高分子成分发生共价结合，产生不可逆的化合物，使蛋白质的化学特性发生改变，导致组织坏死和变态；而核酸的化学特性改变能破坏细胞正常传递遗传信息，引起细胞突变死亡，组织出现肿瘤。进一步研究这类活性物质对核酸特别是DNA的作用，证明是因为与形成氢键的碱基对的碱基直接结合，使A—T、C—G键不能形成，遗传信息的转录和正常的DNA复制就不能进行，结果导致细胞突变和组织癌变。

二、受害机理

（一）生物活性点位

生物活性点位是生物大分子中具有生物活性的基团和物质。在生物大分子中的活性点位有：羧肽酶、碱性磷酸酶、碳酸酐酶、细胞色素C，血红蛋白以及铁氧还原蛋白等。许多生物过程都需要金属离子的参与，生物大分子是该过程的主角，这些金属离子通常结合在生物大分子的活性点位上。对于外来的重金属，当其进入生物体后，可以和生物大分子上的活性点位结合，也可以和其他非活性点位结合。当这些重金属和生物大分子上的活性点位或非活性点位结合后，在一定的情况下对生物产生毒性。对于含有金属的酶，金属和酶共同构成生物活性点位，金属是活性点位的一部分，金属离子参与生物过程。除生物活性点位能结合金属外，生物大分子的一些给电子基团也能结合金属离子。这些给电子基团包括蛋白质上的咪唑基，巯基，羟基、氨基，胍基和多肽以及核酸上的碱基，核糖羟基和磷酸酯基，它们可以是活性点位的一部分，也可以不是。生物所必需的微量金属就结合在这些生物活性点位和给电子基团上。生物活性点位是有毒金属进攻的部位之一，结合在活性点位上的微量金属可被外来重金属所取代，由此可引起生物的各种病变。例如，很多酶的活性中心含—SH基。这类—SH基与重金属具有特别强的反应，如三价砷与—SH的作用，从而使酶失活。酶的非活性中心部分与重金属结合，使结构发生变形，酶活性减弱。某些金属还可作用于金属酶中蛋白质的羧基或巯基，使蛋白质变性，使酶及其所含的金属失去活性。金属酶活性中心的金属能被重金属置换，也能使酶失活。此外，某些元素离子的氧化还原作用可使金属酶辅基的活性键受破坏，使酶失活。例如，含巯基的酶（如NR酶）对重金属非常敏感，如Cd和NR酶中巯基有很高的亲和性，能破坏酶的活性；汞和砷的有机化合物可逆地与巯基形成硫醇键，从而抑制巯基酶的作用。

（二）重金属对生物毒性效应的分子机理

关于重金属使生物中毒的分子机理，目前还未弄清楚，但从大量的生物毒性试验结果可以推测，毒性是由于重金属与生物大分子作用造成的。金属离子既可取代生物大分子活性点位上原有的金属，也可以结合在该分子的其他位置。当有毒金属离子与生物大分子上的活性点位或非活性点位结合后，可以改变生物大分子正常的生理和代谢功能，使生物体表现中毒现象甚至死亡。例如，牛胰羧肽酶A是一种研究最广泛的含锌酶，其功能是使蛋白质分子中羧基末端的氨基酸从蛋白质上断裂下来。在该酶中，Zn结合在末端肽键的羰基氧上，和蛋白质分子共同构成生物活性点位，其中Zn是活性点位的一部分。当Zn被其他有毒金属取代后，该酶的生物活性即被改变。

核酸是生物的遗传物质，它含有很多可结合金属离子的活性点位和非活性点位。核酸有脱氧核糖核酸（DNA）和核糖核酸（RNA），其中脱氧核糖核酸是生物遗传信息的主要来源。在DNA双螺旋结构中，每个单链具有糖-磷酸酯骨架，而碱基结合在磷酸酯基上，双螺旋是靠配对的碱基通过氢键连接起来的。在双螺旋结构中有一个碱基顺序，这个顺序决定着遗传密码。在DNA碱基中，互补的碱基和非互补的碱基都可通过氢键结合起来。但当非互补的碱基配对结合时，就会在遗传密码的传递中出现错误。金属离子对DNA双螺旋结构有稳定作用。当金属离子浓度较低时，DNA两条链作用还不太稳定，此时只有互补的碱基才能发生配对作用，使两条链牢固地结合在一起；当金属离子浓度较高时，由于金属离子的稳定作用使两条链稳定地结合在一起，此时除了互补的碱基能配对，非互补的碱基也能配对，从而导致碱基的配对错误，使遗传密码的传递发生错误，使生物体产生病变。另外，金属离子能使核酸解聚，结合在磷酸酯基上的金属离子可从RNA和多核酸的磷酸二酯链上夺取电子，从而使得成键不稳定和易水解，这样生物大分子可降解成小的碎片，从而使生物机体发生病变。大量的金属离子如Co、Mn、Ni、Cu、Zn等可促使这种降解作用。

不同浓度的同一金属离子结合在生物大分子的不同点位上，会对生物产生不同的效应。例如，金属离子可结合到核酸的不同位置上，对核酸的生理功能产生不同的影响。当Zn结合到核酸的碱基上时，可使DNA的解旋可逆；当Zn^{2+}和磷酸酯基结合时，则可加速RNA的解聚。又如，草酰乙酸脱羧酶是一种催化CO_2分子从草酰乙酸上脱落下来的酶，Mn^{2+}、Co^{2+}、Pb^{2+}、Cd^{2+}的浓度对该酶的活性有很大的影响。在低浓度时，酶的活性较高，而高浓度时酶的活性受到很大程度的抑制。当向不需要金属离子的酶中加入金属离子时，会对酶的活性产生抑制作用。如核糖核酸酶能够使核酸裂解成核苷酸单体，在该酶中有1个包括2个组氨酸和1个赖氨酸的活性点位。在上述裂解反应中不需要金属离子的参与，但金属离子会对其活性产生重要影响。低浓度金属离子可增加该酶的活性，而高浓度金属离子会抑制该酶的活性。这是因为，低浓度时金属离子结合到酶的活性位置上，对酶的活性有促进作用；而高浓度时多余的金属离子结合到酶的去活性位置上，对酶的活性产生抑制作用。可见，有关金属的生物中毒有两种可能的分子机制：一是有毒金属进攻生物大分子活性点位，取代活性点位上的有益金属，破坏了生物大分子正常的生理和代谢功能，造成生物的病变；二是有毒金属键结合到生物大分子的去活性位置上，降低或消除了生物大分子（如酶）原有的生物活性，同样使生物发生病变。

第四节　生物对污染物的解毒作用

一、生物对污染物的结合钝化

（一）植物对污染物的结合钝化

植物对污染物的结合钝化作用包括植物根系分泌物，细胞壁、细胞膜、细胞质和液泡的结合钝化作用。根系分泌物是植物根系在生命活动过程中向外界环境分泌的各种化合物。根系分泌物能同根际土壤中的污染物结合，降低移动性，获得对污染物的解毒。这里重点介绍细胞壁、细胞膜、细胞质和液泡的结合钝化作用。

1.细胞壁的结合钝化作用

细胞壁是重金属进入细胞内部的第一道屏障，也是结合、固定污染物的重要部位，因为细胞壁果胶质中的多聚糖醛酸和纤维素分子的羧基、醛基等基团都能够与重金属等毒物结合，从而降低重金属向细胞质运输而解毒。林治庆等研究了木本植物对汞的解毒，发现木本植物根细胞壁对汞存在较强的亲和力，对低浓度汞的解毒方面具有重要意义。何冰等对两种不同生态型的东南景天进行对比研究，发现非生态富集型品种能抑制铅离子的跨膜运输，使其体内铅离子含量较生态富集型要低。

进入植物体内的农药和其他大分子有机物也能够与细胞壁上的纤维素、木质素、淀粉等物质发生螯合作用，这种农药螯合物在植物体内被固定下来，不转移到其他地方，也不参加代谢，因此失去毒害植物的机会。如除草剂——百草枯难以进入对它有解毒的杂草的细胞质，大部分被结合在细胞壁上，因此不能被传导到作用部位——叶绿体。

2.细胞膜的结合钝化作用

细胞膜上的蛋白质、糖类和脂质也能够结合透过细胞壁的污染物。研究表明，当环境中的铅浓度相当大时，也有部分铅透过细胞壁，在细胞膜上沉积下来。

3.细胞质和液泡的结合钝化作用

细胞质和液泡中具有许多能够与污染物结合的"结合座"，当部分污染物突破细胞壁和细胞膜进入细胞质后，就能够和细胞质中的蛋白质，氨基酸中的羧基、氨基、巯基、酚基等官能团结合，形成稳定的螯合物，从而起到钝化作用，其中难溶性硫化物的络合作用尤显重要。

金属离子与细胞质中蛋白质和其他有机化合物中的巯基以及其他基团有很强的亲和力，因此，进入体内的金属离子常与蛋白质结合而降低毒性。

生物将污染物运输到体内特定部位，使污染物与生物体内活性靶分子隔离是生物产生解毒适应性的又一途径，这一作用被称为生物的屏蔽作用和隔离作用。有些污染物及其辄合物被输送进入液泡，在一定程度上不能扩散出来，也不能主动地输送回细胞质中，因此液泡在植物解毒中承担着隔离有毒污染物及其代谢产物的重要作用。液泡区域化作用可能是植物对重金属的解毒机制之一，重金属被局限在液泡这种活性较低的区域，阻止过多的重金属进入原生质体，使细胞质内的细胞器和一些重要的代谢活动少受重金属毒害。

（二）动物对污染物的结合钝化

污染物可经呼吸道、消化道、皮肤和其他一些途径进入体内。毒物在机体内的吸收、分布、代谢和排泄过程是一个极为复杂的过程，涉及许多屏障，其中之一是污染物在动物体内经多种方式被结合、固定下来，使其不能到达敏感位点（称"靶细"或"靶组织"）。牡蛎是双壳类浅海底栖动物，翁焕新（1996）研究了重金属在牡蛎中的生物积累特性，发现重金属在贝壳中的积累量很高。这在一定程度上缓解了重金属对牡蛎机体的毒害。有些污染物进入动物体内后被固定在骨骼中。各种脂溶性有毒污染物进入组织后，多数要与体内的某些化合物或基团结合，使毒性减低，极性和水溶性增加，从而可以迅速随尿液或汗液排出体外。

污染物在动物体内结合的部位主要包括血浆蛋白、肝、肾、脂肪组织和骨骼组织。污染物与血液中的白蛋白结合，阻碍了污染物透过细胞膜进入靶器官产生毒性，一般污染物与血浆蛋白的结合为可逆性非共价结合，如重金属与蛋白质的羟基、羧基、咪唑基、氨基和甲酰基结合形成氢键。肝细胞中含有一种配体蛋白能与多种皮质类固醇及偶氮染料等污染物相结合。肝、肾中含有金属硫蛋白能与重金属结合；将污染物结合在组织中而解毒。脂肪组织对脂溶性污染物的吸收和结合解毒也具有重要的作用。而骨骼组织中某些成分对污染物具有特殊的亲和力，如氟化物可以取代羟基磷灰石晶格中的羟基而存在于骨骼中，铅和锶可以取代骨骼中的钙而沉淀。

葡萄糖醛酸化是动物体内（除猫外）最常见的解毒方式，如苯经过氧化后生成酚，然后与葡萄糖醛酸结合。污染物主要通过醇或酚的羟基和羧基的氧、胺类的氮、含硫化合物的硫与葡萄糖醛酸的第一位碳结合成苷。污染物与葡萄糖醛酸结合后活性降低，水溶性增加，易从尿和胆汁中排出。

乙酰化是各种芳香胺类、酰胺类（如胺、2-萘胺）等污染物的重要生物转化途径，使氨基的活性作用减弱，从而达到解毒的目的。

谷胱甘肽是机体内存在的一种最重要的非蛋白巯基。它具有重要的生理功能，其解毒作用的机理主要有3个方面：

（1）为亲电子物质或其他氧化代谢物提供巯基，形成无毒的加成物，如还原型谷胱甘肽中的巯基可以与污染物中的碳原子结合，还可以与亲电子的金属离子结合，所以是重要的解毒物质。

（2）阻断亲电子污染物及其代谢物与重要的生物大分子的共价结合，使其保持正常代谢。

（3）对脂质过氧化作用的抑制及对自由基的清除。

（三）微生物对污染物的结合钝化

微生物在环境污染胁迫下，能够从体内分泌出某些具有络合污染物能力的有机物质，使污染物的移动性降低或极性改变，从而不容易进入微生物体内；或者污染物在微生物细胞壁、细胞膜和细胞质上发生结合钝化作用，在体内进行解毒作用。

微生物对污染物的结合钝化作用包括微生物分泌物对污染物的沉淀作用和胞外络合作用，细胞壁、细胞膜和细胞质的结合钝化作用。

沉淀作用：沉淀作用是指由微生物产生某些物质，该物质能够和溶液中的污染物发生化学反应，形成不溶性化合物的过程。如生活在湖泊沉积物、沼泽地和缺氧土壤中的脱硫弧菌属和脱硫肠杆菌属能够氧化有机物，还原硫酸盐生成硫化氢、硫化氢和金属反应，生成硫化物沉淀，使可溶性的金属从溶液中分离出来。此外，某些微生物细胞表面的磷酸酯酶能够裂解甘油—2—磷酸酯，产生能够沉淀可溶性金属（如镉、铅和铀）的 HPO_4^{2-}。

胞外络合作用：当微生物细胞产生某些物质并且分泌到胞外时，有些物质具有络合金属的能力。它们可以是螯合剂，如铁末沉着体；或者是能够连接污染物的胞外聚合物。这些胞外聚合物包括多糖、核酸和蛋白质，它们可以吸附可溶性金属，使其不容易进入菌体。植物外生菌根能分泌大量富含有机酸、蛋白质、氨基酸和糖类的物质，能与重金属结合，减轻重金属对植物的毒性。

细胞壁结合作用：大多数的微生物细胞壁都具有结合污染物的能力，这种能力与细胞壁的化学成分和结构有关。例如，革兰氏阳性细菌的主要成员芽孢杆菌属的菌都具有固定大量金属的能力。因为其细胞壁有一层很厚的网状肽聚糖结构，在细胞壁表面存在的磷壁酸质和糖醛酸磷壁酸质连接到网状的肽聚糖上。磷壁酸质的羧基使细胞壁带负电荷，能够与金属离子结合。这是细胞壁固定金属的主要机制。植物菌根真菌的根外菌丝对重金属的吸附作用表现在菌丝体细胞壁中的几丁质、黑色素、纤维素及纤维素衍生物等能够与重金属结合。

细胞质的结合作用：在重金属胁迫环境中，微生物体内普遍存在金属硫蛋白，类金属硫蛋白和重金属螯合素。

二、生物对污染物的代谢解毒

（一）植物对污染物的代谢解毒

虽然植物具有拒绝吸收，结合钝化环境污染物的解毒机制，但在污染物浓度较高，体内的"结合座"达到饱和的情况下，为了避免受害，植物对污染物的代谢转化作用就变得必不可少了。生物在代谢活动过程中，通过酶的作用，能把污染物逐步代谢为毒性较低或完全无毒的物质，这是生物重要的解毒方式。

改变代谢方式是代谢解毒的方式之一。

有机物的分解转化作用是代谢解毒的重要内容，一般分为两个阶段：第一阶段在加氧酶的作用下加入一个羟基、羧基、氨基或巯基；第二阶段与乙酸、半胱氨酸、葡萄糖醛酸、硫酸盐、甘氨酸、谷氨酸和谷胱甘肽等结合，失去活性而解毒。

不少外来有毒物质通过机体内的酶促反应，可以转化成低毒或无毒物质，或转化为水溶性物质而利于排出体外，生物对外来毒物的这种防御机能称为解毒作用。污染物在生物体内酶的作用下，通过氧化、还原、水解、脱烃、脱卤、羟基化和异构化作用，逐步代谢为毒性较低或完全无毒的物质。植物对农药等有机物的代谢转化作用是很强的，许多有机物如酚、氰等进入植物体后，可以被降解为无毒的化合物，甚至降解为二氧化碳和水。植物对二氧化硫的氧化作用也很典型。二氧化硫在植物体内能够形成一种毒性很强的亚硫酸，但在植物体内又很快被氧化成硫酸根离子，使毒性降低。凤眼莲对酚、毒杀芬、灭蚊灵、氰等多种有机污染物都具有降解能力。

目前世界上有机农药有1000多种，常用的有200多种。有机农药按用途可分为杀虫剂、杀菌剂、除草剂、选种剂等；按化学成分，农药则可分为有机氯农药、有机磷农药、有机汞农药、氨基甲酸酯类农药等。有机氯农药品种较多，如DDT、六六六、艾氏剂等；特点是化学性质稳定、不易分解、毒性较缓慢、残留时间长，微溶于水而溶于脂肪、蓄积性很强，水生生物对其的富集系数可高达几十万倍。有机磷农药如对硫磷、敌百虫、敌敌畏等，毒性大，但较易直接水解，在环境中的滞留时间短，蓄积作用微弱。

除草剂、杀虫剂和杀菌剂等化学农药的大量使用带来了严重的环境污染，农药进入环境中发生一系列的物理、化学和生化反应。耐药性植物具有分解转化这些农药的作用。一般说来，在高等植物体内导致毒性降低的基本生化反应包括氧化反应、还原反应、水解作用、异构化作用和轭合作用。

（二）动物对污染物的代谢解毒

污染物进入动物体后，在体内经过水解、氧化、还原或加成等一系列代谢过程，改变其原有的化学结构，生理活性也相对减弱，加速了从体内的排泄过程。通常，转化是将亲脂的外源性污染物转变为亲水物质，以降低其通过细胞膜的能力，从而加速其排出。另一方面，有些污染物通过生物转化可能毒性反而增加，或水溶性增加。如对硫磷、乐果在生物转化过程中形成对氧磷和氧乐果，导致毒性增加。因此，生物转化具有双重性。

污染物的生物转化过程是酶促过程，主要是发生在肝。另外，在肺、肾、胃肠道、胎盘、血液、睾丸和皮肤等组织中存在较弱的肝外代谢过程。污染物在动物体内的生物转化可分为两大类，第一类包括氧化还原和水解反应，第二类是结合反应。氧化、还原和水解反应是污染物首先经过的第一阶段反应，结合反应是第二阶段反应。大多数污染物经过这两类反应，但也有少数污染物只经过其中一种，最后排出体外。

1.氧化反应

各种脂溶性污染物进入动物组织后，几乎都能够被肝微粒体的氧化酶所氧化，产生各种代谢物。微粒体酶系对作用物的特异性较低，通常称为混合功能氧化酶系（mixed function oxidase system，MFOS），它是氧化酶系中最重要的酶系，可作用于具有不同化学结构的各种脂溶性污染物。MFOS能够催化脂类、类固醇和其他化学物质，使其转化为极性较强、脂溶性较低的代谢产物。如卤代烃类化合物可以在MFOS催化下形成卤代醇类化合物，再脱去卤素元素而解毒。DDT经过氧化脱卤形成DDE和DDA，其毒性依次降低。

另外，非微粒体酶促的氧化反应主要的催化酶包括醇脱氢酶、醛脱氢酶及胺氧化酶类，存在于肝细胞线粒体和细胞质基质中。如乙醇在体内经过醇脱氢酶催化形成乙醛，再由乙醛脱氢酶催化形成乙酸，而产生对酒精的解毒。

2.还原反应

酶促还原反应主要存在于肝、肾和肺的微粒体和胞质基质中。肠道菌丛中某些还原菌也含有还原酶。肝中的还原反应，主要有偶氮还原酶和硝基还原酶所催化的两类反应，它们主要在微粒体中进行。硝基还原酶可使硝基苯，对硝基苯甲酸等的—NO_2还原成—NH_2。由于生物体处于富氧状态，对还原反应不利；而肠道属于厌氧环境，较易发生还原反应。

3.水解反应

动物组织中包含大量非特异性的酯酶和酰胺酶，能够水解酯类、酰胺类、酰肼类、氨基甲酸酯类等污染物，起解毒作用。如酯酶水解酯键而形成羟基团及醇，酰胺酶水解酰胺键而形成酰胺或胺。不少有机磷化合物主要以这种方式在体内解毒。如敌百虫或敌敌畏等农药污染物进入动物体内后，尿中常有二甲基磷酸排出；对硫磷及其体内的氧化物对氧磷，在水解时均产生对硝基酚，并由尿排出；乐果等含酰胺基的有机磷农药可经酰胺酶水解而解毒。

4.结合反应

经过第一相反应的污染物在一定的转移酶和ATP作用下，与内源物质结合。结合反应主要发生在肝和肾。结合反应的类型包括：葡萄糖醛酸结合、硫酸结合、谷胱甘肽结合、乙酰结合、氨基酸结合和甲基结合。如氢氰酸与半胱氨酸结合而解毒，苯甲酸与甘氨酸结合形成马尿酸而排出体外。

多数污染物经上述几种生物转化后，使它们的毒性降低或消失。如杀虫剂西维因在动物体内先经氧化成羟基化代谢物，然后和糖醛酸结合，形成糖醛缩式苷合物。事实上，很多农药等有机化合物在生物体内的代谢过程非常复杂，对硫磷的代谢就是典型。

三、生物对污染物的遗传解毒控制

（一）植物对污染物的遗传解毒控制

一些生物解毒的产生是由于生物体内与污染物作用的靶分子发生遗传突变，突变结果降低了生物靶分子与污染物的亲和力，从而降低了生物对污染物的敏感性，使生物产生对污染物的解毒。这方面最典型的例子是一些草本植物对磺酰脲类、咪唑酮类、三氮苯类和脲类等除草剂产生解毒。或者，能够改变植物蛋白质的代谢方式，使其不受污染物的干扰，保证植物正常生活。

（二）微生物对污染物的遗传解毒控制

质粒对微生物的遗传解毒控制具有重要的意义。质粒是一种独立于细菌染色体外，共价闭环的双链环状DNA分子，长1~200kb。质粒一般不携带重要基因，是一种辅助性遗传单位。在一般条件下，质粒的得失对细菌生长影响不大，但在特殊环境中，质粒的存在与否对细菌的生存与发展是至关重要的。质粒根据其功能可分为解毒质粒和载体质粒，其中解毒质粒与微生物对环境污染物的解毒关系密切。质粒具有转移性和消除性，通过转移和消除质粒可研究质粒在细菌中的功能。如恶臭假单胞菌含质粒OCT可分解烷烃，如果将此质粒消除，则细菌不再具有分解能力；而将能降解苯和二甲苯的质粒TOL转移到不具降解能力的大肠杆菌中，可使大肠杆菌能在以苯和二甲苯为唯一碳源的培养基上生长。

从美国学者Chakrabarty发现降解水杨酸盐的SAL质粒以来，科学工作者先后在不同细菌中发现了与生物解毒有关的不同质粒。这些质粒有的可单独产生解毒功能，有的要与细菌染色体编码的产物共同发挥作用才能产生解毒。

根据质粒解毒功能不同可将其分为：

（1）抗药质粒，指能分解各类抗生素的质粒，如抗氨苄青霉素、四环素的pBR322质粒。

（2）污染物外排质粒，是指参与将污染物排出体外的质粒，如一些参与将重金属镉、锌外排的质粒，如质粒pI258、质粒pI147等。

（3）降解性质粒，此类质粒种类最为繁多，现已发现能降解各类污染物的不同质粒，根据其降解对象不同可将降解质粒分为4类：①假单胞菌属中的石油降解质粒，其上编码可降解石油及其衍生物如樟脑、辛烷、萘，水杨酸盐、甲苯和二甲苯等的酶类。②农药降解质粒：如编码降解2，4-D、六六六等农药的酶类的质粒。③化工污染物降解质粒：如对氯联苯和尼龙低聚体降解质粒等。④抗重金属离子质粒：目前研究最清楚的抗重金属质粒是抗汞质粒。

我国学者也分离到了不少解毒质粒，如从活性污泥中分离到一株以菲为唯一碳源和能源的假单胞菌，其对菲降解能力是由质粒控制。南京农业大学分离到一种降解氯苯的含质粒气单胞菌，将该菌株中的质粒抽提出来，转化至无质粒、不能降解氯苯的大肠杆菌后，可使大肠杆菌能在以氯苯为唯一碳源的培养基中生长，表明气单胞菌降解氯苯的基因位于质粒上，并且由质粒单独控制，转入大肠杆菌后此基因可正常表达。此外，还分离到对多氯联苯有很强降解能力的PCW质粒，中山大学分离到抗镉质粒等。

通过基因工程的方法，利用质粒DNA重组和质粒转化可以培育对多种污染物具有解毒的生物，如Chakrabarty等将OCT质粒和抗汞质粒MER同时转入恶臭假单胞菌中，使其既能降解烷烃又可在含汞50~70mg/L的环境中生长，并能降解有机汞。瑞士的Kulla分离到两株假单胞菌，编号为K24和K46，它们分别含可降解2种偶氮染料的质粒，通过质粒转化获得可同时降解2种染料的工程菌。

美国伊利诺伊州大学的研究者将分解不同污染物的5种细菌的质粒混合，使细菌间质粒自然结合传递，最后获得能分解5种污染物的超级工程菌。利用质粒转化使一种微生物体内含有多种降解质粒的方法受到质粒之间相容性的限制。不相容质粒不能同时存在于同一细胞内。质粒的不相容性是指利用同一复制系统的不同质粒，由于其在复制及随后分配到子细胞的过程中彼此竞争，使不同质粒不能稳定地和平共处。除通过质粒的直接转移使生物获得解毒外，通过质粒DNA重组也是获得生物抗性的重要途径。如美国科学家在细菌中发现分解除草剂2，4-D的质粒，它们用限制性内切酶将此基因从质粒上切割下来，再用连接酶将其组建到载体质粒上，然后转移到另一生长速度快的细菌体内，加快2，4-D的分解速度。Negoro等研究尼龙寡聚物降解质粒时，将编码降解尼龙寡聚物的2种酶E1和E2的基因用限制性内切酶Hind Ⅲ分别切割下来，再将其分别连接到同一载体质粒pBR322上，将其转移至生长迅速的大肠杆菌体内，使大肠杆菌可快速降解污水中的尼龙寡聚物。此外，Mulbry等将编码降解对硫磷的对硫磷水解酶基因克隆到质粒M13、Mp10上；Liaw等将编码能分解二苯醚2.4kbDNA片段克隆到载体质粒pUC19上，再将其转入大肠杆菌中，使大肠杆菌获得降解能力。Murooka等将Streptomycessp的甾醇氧化酶基因克隆到质粒plJ702上，转入S.lividans中，发现在合适的培养条件下，克隆后的甾醇氧化酶基因表达强度比原来高出数倍。

我国中山大学罗进贤将抗镉的假单胞杆菌R4染色体的抗镉基因克隆至pBR322质粒上，并将其转入大肠杆菌HB101中，使其可在含100mg/LCdCl$_2$的L-肉汤中生长（通常情况下，大肠杆菌HB101最高能生长在含50mg/LCdCl$_2$的L-肉汤中）。从以上介绍可以看出，质粒在生物适应环境，分解有毒物质中扮演着重要的角色。然而，在利用质粒解毒时也遇到不少问题，如将外源解毒质粒转入新的宿主时，往往解毒基因表达呈减弱趋势，这种外源基因表达能力下降或消失的现象称为种的壁垒。据推测，可能由受体菌与原质粒宿主菌的染色体控制的遗传背景存在差异，依赖DNA的RNA聚合酶和核糖体结合位点不同等原因所致。此外，一些质粒存在不相容性，使一些性状不能通过质粒转移而同时存在于同一细胞中。且由于质粒的不稳定性，容易被某些环境因子如高温、化学污染物、重金属等消除，从而失去对污染物的解毒能力。另外，质粒存在于宿主菌细胞中，往往会增加宿主菌的负担，有些质粒还会干扰宿主代谢，使宿主菌的生长和繁殖速度减慢，而不利于对有毒物质的分解。总之，质粒在生物的解毒方面起着重要的作用，但还有许多问题需要进一步研究。

第七章　生态污染防治技术

第一节　大气污染防治技术

一、大气污染的危害和对人类的影响

（一）大气污染对人类生命安全造成的影响

人类的生存离不开空气，大气污染会使人们接触受到污染的空气，受到大气污染的影响，对人的肺部和呼吸系统造成极大的损害，对其他器官也会造成不良影响，严重的大气污染最终会影响人们的生命安全。

（二）大气污染会影响生物物种的生存

在动物呼吸受污染的空气或植物吸收了受污染空气后，会对动植物自身的生长发育造成影响，大气中的有害物质进入食物链，造成有害物质在动植物体内累积，导致动植物抵抗病虫害的能力下降，严重的会造成动植物死亡。大气污染也会形成酸雨等，对动植物的正常生长造成影响。

（三）大气污染影响全球的气候

大气污染会给大气循环中带来大量的有害成分，形成温室气体，导致全球气象灾害增加，最终影响正常的大气循环，带来大量的气象灾害。

（四）导致臭氧层空洞的产生和扩大

臭氧层保护地球不受太阳的大量辐射。大气污染会导致臭氧层空洞的产生和扩大，导致地球表面太阳辐射，影响地球上动植物的正常生长。

二、大气污染产生的原因

（一）自然原因

大气污染产生的自然原因主要包括火山喷发、森林大火和气候变化。火山喷发会带来大量的扬尘、硫化物等有害物质，进入大气循环，导致大气污染。森林火灾通过树木的燃烧会产生大量的扬尘和颗粒物，造成大气污染。气候变化如风等，会将尘埃吹到大气中，形成沙尘暴，造成短时间的大气污染，影响人的正常生产生活。

（二）人为原因

人为造成的大气污染主要包括人类活动、生产生活等造成的污染物、有害物质和颗粒物不经处理直接排放进入大气，造成大气污染。主要包括工业生产、农业生产活动、交通和生活污染。

工业污染是大气污染的最主要来源，是指随着工业生产的扩张和发展，向大气排放的废气增多，造成大气污染；农业污染主要是因为农民为了降低生产成本，促进农作物生长，无限制地使用有毒有害物质进行土地的施肥和除虫害，通过生态循环进入大气；交通污染是大气污染的主要来源，随着城市机动车的保有量不断增多，汽车尾气的排放量不断增多，有害物质不断进入大气，导致大气中的有害物质增多，增加了大气的压力；城市生活中也会出现大量的固体垃圾，如果没有得到很好的处理，就会形成有害气体造成大气污染。

三、大气污染防治技术

（一）划分城市工业生产区和生活区，实现生产生活的合理规划

要防治城市大气污染，首先要做好城市多层次、多角度的规划。加强对城市重工业和能源的调整，制定严格的大气污染检验标准，对于未达标的企业强制整改，加大对重污染企业的监管和改造力度，将人口密集地区的重工业部分迁出，并禁止在城市上风向进行重工业、高污染企业生产的布置。同时，在城市规划时要综合考虑城市的环境，主动规划工业区与居民区的布局，将工业区集中到城市的下风向地区，并治理企业随意放置固体废弃物等行为，将重工业、高能耗、高污染企业搬迁到距离城市较远的区域，减少对城市大气的影响。

（二）健全大气污染防治相应法律法规

健全大气污染防治相关的法律法规，对于不按标准排放，造成大气污染的企业，不仅

要作出经济处理，还要追究相应的法律责任，为大气污染防治工作提供相应的法律保障。加强对重污染企业的监督，增加废气排放的环保成本，推动清洁能源、清洁企业的发展，从而有效减少大气污染。

（三）清洁生产推广绿色能源

对企业排放的工业废气进行及时的治理，达到减少排污的目的。针对我国不同的区域可以采取不同的方式，比如，可以在北方提供集体供暖，南方提供集体制冷，最大程度地发挥能源的可利用价值。改进设备，在供热和制冷过程中充分燃烧燃料，减少产生的大气污染。尽量使用绿色能源，使用风能、太阳能等，有利于降低大气污染。在燃煤设备中，可以采用火电锅炉节能脱硝一体化技术、垃圾热解处理技术等，设立专项资金，采用新技术，减少企业造成的大气污染问题。做好大气环境质量监测工作，测定大气中的二氧化硫和各种硫酸盐等成分，减少大气中的二氧化硫污染。

（四）利用气象条件防治大气污染

在大气污染源确定并且比较稳定的阶段，可以利用气象条件，控制大气污染，减少污染物的传播和沉积。气象部门在参与治理大气污染时，不仅要提供详细的大气污染气象条件，还要为政府设计规划城市建设的合理布局，为城市规划提供科学依据，利用风力、降水等气象条件，减少大气中的污染物。

（五）减少污染物的排放

要减少污染物的排放，减少化石能源的使用，多采用风能、太阳能等清洁能源，通过科技探索，减少清洁能源的生产成本，增加清洁能源使用覆盖率，对高污染、高能耗的机械设备进行整改或回收处理。在使用燃煤时可以采取脱硫技术，尽量减少硫化物排放，限制人们对未脱硫煤的使用，发展新能源代替化学能源，寻找可替代能源，减少污染物的排放，从根本上控制大气污染。

（六）提高大气的自净能力

大气具备一定的自净能力，在气温环境不同的情况下，大气的自净能力也不同，在风力较小，降水也比较少的情况下，大气的自净能力较低，风力较大，降水较多的情况下，大气的自净能力较强。在植物覆盖率较高的地区，大气的自净能力也较高。因此，我国的大气污染在冬季有升高的趋势。要提高大气的自净能力，就要因地制宜，坚持植树造林种草，在大气污染严重影响到人们的正常生产生活时，适当人工降水，减少有毒有害物质在大气中停留和沉积。

（七）加强汽车尾气排放治理

想要更好地解决汽车尾气污染问题，从而逐步提升城市大气质量，首先要按照机动车类型的不同，对其污染物排放标准进行确立，同时要求机动车采用清洁能源，定期对石油、天然气等能源质量进行严格检查，尽最大限度对汽车尾气排放量进行有效的控制，从而促使我国城市朝着生态化建设的方向发展。

（八）提高城市的绿化覆盖率

首先，需要对城市的绿化面积进行科学、合理的增加。尽可能地加大绿化植被的覆盖率，政府要积极地起到带头作用，开展植树造林活动，利用绿色植物来吸收大气中的有害物质，从而达到净化空气的目的。相关的环境保护部门要积极地开展大气环境保护宣传工作，以电台广播或者是发放条幅的方式，来增强城市居民的大气环境保护意识，从而使得人人都能够参与到大气环境保护中来。对居民区以及街道附近都要进行合理的绿化建设，在建筑的建设上，尽可能地采用绿色环保的材料，这样可以有效减少大气污染。全民积极地参与到绿化建设上来，提高城市的绿化覆盖面积，改善大气环境质量，从而提高城市人们生活的舒适度。

（九）进一步增强公民的环境保护意识

任何一个单位或部门都无法单独完成环境保护工程，这需要整个社会的共同努力，人们的日常生活和工作都会对生态环境造成一定影响。在进行大气环境保护和治理时，需要通过大力宣传来增强公民的环保意识，使社会各界人士能够积极参与到环保工作中。政府需要鼓励公民积极参与低碳出行，减少私家车上路的频率，多乘坐公共交通；另外，通过有效措施设置禁烟区，减少香烟对空气的污染；同时，定期组织市民参与植树护绿活动，为环保工作贡献一份力量。

第二节　水污染防治技术

水污染防治技术，也称水污染控制技术、水污染处理技术，就是利用多种方法将污水中所含有的污染物分离出来，或转化为稳定、无害的物质，使污水得到净化，满足我国污水排放标准，从而保护和改善水环境质量。

一、污水处理方法

污水处理相当复杂，具体处理方法的选择取决于污水中污染物的性质、组成、状态及对水质的要求。根据污水处理原理，污水处理方法可分为物理处理法、化学处理法、物理化学和生物处理法4类。根据污水处理程度，污水处理方法可分为一级处理、二级处理和三级处理3类。

（一）污水处理方法分类

1.按照污水处理原理划分

（1）物理处理法。物理处理法就是利用物理作用分离污水中呈悬浮状态的固体污染物质，去除较大颗粒物、油类和不溶于水的固体物质，在处理过程中污染物的性质不发生变化。该方法操作简单、经济，常采用重力分离法、截留法和离心分离法等。

（2）化学处理法。化学处理法是指利用某种化学反应使污水中污染物质的性质或形态发生改变，从而从水中除去的方法。该方法的主要处理对象是水中溶解性污染物质或胶体物质，多用于工业废水处理。常采用的化学处理方法有混凝、中和、氧化还原、电解等。

（3）物理化学法。物理化学法是指利用物理化学反应的作用分离回收污水中的污染物，该方法主要用于工业废水处理。常采用的物理化学处理方法有吸附、萃取、离子交换、膜分离等。

（4）生物处理法。生物处理法是指利用微生物的代谢作用，使污水中溶解性、胶体的和细微悬浮状态的有机污染物转化为稳定的无害物质。生物法主要包括利用好氧微生物作用的好氧法（好氧氧化法）和利用厌氧微生物的厌氧法（厌氧还原法）两大类。前者广泛用于处理城市污水及有机性生产污水，常用的方法有活性污泥法和生物膜法；后者多用于处理高浓度有机污水与污水处理过程中产生的污泥，现在也开始用于处理城市污水与低浓度有机污水。

2.按照污水处理程度划分

（1）一级处理。一级处理包括筛滤、重力沉淀、浮选等物理方法，主要去除污水中的漂浮物、悬浮物和其他固体。一般经过一级处理后，悬浮固体去除率为70%～80%，而BOD的去除率为25%～40%。一级处理一般达不到排放标准。对于二级处理来说，一级处理就是预处理。

（2）二级处理。二级处理常用生物法（如活性污泥、厌氧好氧等）去除污水中的有机污染物等溶解性污染物质。一般通过二级处理后，污水中的BOD_5和SS的去除率分别达90%和88%以上。污水经二级处理后一般可达到《城镇污水处理厂污染物排放标准》

（GB19818—2002）一级B标准。但还有部分微生物、不能降解的有机物、氮、磷、病原体及一些无机盐等尚不能去除。

（3）三级处理。三级处理又称深度处理。三级处理的对象是细微的悬浮物、氮、磷、难以生物降解的有机物、矿物质和病原体等。处理方法主要有絮凝沉淀、砂滤、活性炭吸附、离子交换、反渗透和电渗析等。污水经三级处理后可以回收重复利用于生活或生产，既可充分利用水资源，又可提高环境质量。但三级处理厂的基建投资及运行费用较为昂贵，使其发展和推广应用受到一定限制。

（二）常见污水处理方法

1.常见物理处理方法

（1）格栅或筛网分离法。格栅或筛网一般作为污水处理厂的第一个处理工序，其主要目的是去除污水中粗大的部分，以保证处理设施或管道等不产生堵塞或淤积。

格栅是由一组（或多组）相平行的金属栅条组成，斜置在污水流经的渠道上，或泵站集水池的进水口，或取水口进口端部，用以截阻水中较粗大的悬浮物和漂浮物杂质，以免堵塞水泵及沉淀池的排泥管。格栅所能截留污染物的数量随所选用的栅条间距和水的性质有很大区别。一般以不堵塞水泵或处理设备为原则。有些处理系统设置粗细两道格栅，效果较好。栅条间距一般采用16～25mm，最大不超过40mm。格栅的清渣方法有人工清除和机械清除两种。

筛网多用于纺织、造纸、化纤等工业废水的处理。这些工业废水含有的细小纤维不能被格栅截留，也难于通过沉降去除，它们缠住水泵叶轮，堵塞过滤填料；若排入水体，既污染环境，又危害水生生物（堵塞鱼鳃黏膜，使鱼类窒息致死）。对于水中不同类型和尺寸的悬浮物，如纤维、纸浆和藻类等，可选择不同材质的金属丝网（不锈钢丝网、铜网）和不同尺寸的筛网孔眼来回收，因此筛网过滤可作为预处理，也可作为水重复利用的深度处理。有的造纸厂利用筛网分离回收废水中的短纤维纸浆，进行综合利用。

（2）重力沉降法。固体颗粒在液相中的重力沉降是净化污水和从污水或固-液悬浮液中回收有用组分的重要方法之一。其基本原理是固体颗粒或颗粒聚集体在其重力作用下自液相中自由沉降，达到固相从液相分离的目的。沉降处理工艺是一个完整处理过程中的一个工序，也可以作为唯一的处理方法。根据固液分离目的的不同，重力沉降又可分为沉淀、浓缩和澄清等不同应用途径。重力沉降一般只适用去除20～100um以上的颗粒。胶体不能用沉淀法去除，需经混凝处理后，使颗粒尺寸变大，才具有下沉速度。

沉降处理的设备主要有沉砂池和沉淀池。沉砂池的作用是去除污水中相对密度较大的无机颗粒，如泥沙、煤渣等密度较大的无机颗粒物，一般设在沉淀池之前，可使沉淀池的污泥具有较好的流动性，并不致磨损污泥处置设备。沉淀池的作用是依靠重力使悬浮杂质与水分离。根据沉淀池内水流方向不同，可将沉淀池分为五种，即平流式沉淀池、竖流式沉淀池、辐流式沉淀池、斜管式沉淀池和斜板式沉淀池。

（3）过滤法。过滤是使污水流过一定空隙率的过滤介质以截留污水中悬浮物质，从而使污水得到净化的处理方法，是从液体介质中分离固体颗粒物的有效方法之一。其基本原理是通过不同过滤介质、在不同物理条件下截留固体颗粒，从而达到固-液分离的目的。

深层过滤是较为特殊的过滤方法，是利用深层粒状介质（通常为砂砾或焦炭粒）进行的澄清过滤。其主要原理是利用粒状物过滤介质形成的孔隙或孔道截留悬浮液中固体悬浮物或污染物，而液体可靠自重穿过过滤介质自下部排出。深层过滤主要用于处理固相含量相当低（质量分数<1%）的悬浮液、颗粒的粒径小于过滤介质孔隙尺寸的废水或污水的澄清，以便于回收利用。通常情况下，深层过滤可以得到悬浮物量不大于5mg/L的澄清液，若与凝聚过程相结合，经沉降可得到澄清度更高的滤液。

（4）气浮法。水体中的部分污染物，如乳状油和密度近于$1.0g/cm^3$的微细悬浮颗粒等，是难以用自然沉淀或上浮的方法从污水中分离出来的，对这类污染物可用气浮法进行处理。

气浮法就是将空气通入污水中，并使其以微小气泡的形式从水中析出成为载体，使污水中的上述污染物质黏附在气泡上，并随气泡浮升到水面，形成泡沫浮渣（气、水、颗粒三相混合体），从而使污染物从污水中分离出去。按照水中气泡产生的方法不同，气浮法可分为散气气浮、溶气气浮和电气浮。

2.常见化学处理方法

（1）中和法。中和法是利用碱性或酸性药剂将酸性污水或碱性污水调整至近中性的处理方法，被处理的酸和碱主要是无机的。该方法是一种预处理方法，不能去除污染物，不是单独采用的，一般和其他方法配合使用。

在工业生产中，酸性污水主要来源于化工、冶金、化纤、炼油、金属酸洗和电镀等工业行业，碱性污水主要来自造纸、皮革、化工、印染等工业。对于浓度较高的酸性污水（质量分数大于4%～5%）和碱性污水（质量分数大于2%～3%）一般首先考虑回收利用。若酸碱浓度过低，回收利用经济价值不大，可以考虑中和处理。

酸性污水的中和处理分为酸性污水和碱性污水相互中和、药剂中和以及过滤中和等；碱性污水的中和处理分为碱性污水与酸性污水中和、药剂中和等。酸性污水的中和剂有石灰、石灰石、大理石、白云石、碳酸钠、苛性钠、氧化镁等，其中石灰应用最广。碱性污水的中和剂有硫酸、盐酸、硝酸等，常用的药剂是工业硫酸。有条件时也可采取向碱性污水中通入烟道气（含CO_2、SO_2等）的办法进行中和。

（2）化学沉淀法。化学沉淀法是指向污水中投加某些化学药剂，使之与水中溶解性物质发生化学反应，生成难溶化合物，然后通过沉淀或气浮加以分离的方法。这种方法主要用于给水处理中去除钙、镁硬度，废水处理中去除重金属（如 Hg、Zn、Cd、Cr、Pb、Cu 等）和某些非金属（如 As、F 等）。化学沉淀法根据使用的化学药剂的不同，可分为氢氧化物沉淀法、硫化物沉淀法、钡盐沉淀法及铁氧体沉淀法等，该方法的优点是经济简便、药剂来源广，在处理重金属废水时应用最广，但存在劳动条件差，管道易结垢、堵塞、腐蚀，沉淀体积大和脱水困难等问题。

（3）氧化还原法。氧化还原法是指利用溶解于污水中的有毒有害物质能在氧化还原反应中被还原或被氧化的性质，将其转化为无毒无害新物质的处理方法。根据污染物在氧化还原反应中能被氧化或被还原的不同，污水中的氧化还原处理分为氧化法和还原法两大类。

氧化法主要用于处理污水中的氰化物、硫化物以及造成色度、臭味、BOD 及 COD 的有机物，也可氧化某些金属离子。常用的氧化剂包括空气、氧气、臭氧、氯、次氯酸钠、二氧化氯、漂白粉和过氧化氢等，在实际处理过程中，还可根据污染物特征，选择其他合适的氧化剂。

（4）混凝法。混凝法是指向污水中预先投加化学药剂破坏胶体的稳定性，使废水中的胶体和细小悬浮物聚集成具有可分离性的絮凝体，再加以分离除去的过程。混凝包括凝聚和絮凝两种过程，凝聚是指胶体脱稳并聚集为微小絮粒的过程；絮凝是指微絮粒由于高分子聚合物的吸附架桥作用聚结成大颗粒絮体的过程。常用的混凝剂有聚丙烯酰胺、硫酸铝、明矾、聚合氧化铝、硫酸亚铁、三氯化铁等。这些混凝剂可用于去除含油废水、染色废水、煤气站废水、洗毛废水中的高分子物质、有机物和某些重金属（汞、镉、铅等）。混凝法具有设备简单，易于实施、推广与维护等优点，但存在运行费用高、沉渣量大等不足。

二、污水处理系统

污水中的污染物是多种多样的，因此不可能只用一种方法就可以将所有污染物都去除干净，往往需要几种单元处理操作联合成一个有机整体，并合理配置其主次关系和前后次序，才能达到预期净化效果与排放标准。这种由单元处理设备合理配置的整体，称为污水处理系统，也叫污水处理流程。

污水处理流程的组合，一般应遵循先易后难、先简后繁的规律，即首先去除大块垃圾和漂浮物，然后再依次去除悬浮固体、胶体物质及溶解性物质。也就是先使用物理法，然后再使用化学法和生物处理法。

对于某种污水，采取哪几种处理方法组成系统，要根据污水的水质、水量、回收其中有用物质的可能性、经济性、受纳水体的具体条件，并结合调查研究与经济技术比较后决定，必要时还需进行试验。

第三节　噪声污染控制技术

噪声是一种声波。噪声污染是由噪声源产生，再通过传播介质对人产生影响。所以，噪声控制包括降低噪声源的噪声、控制噪声的传播途径和个人防护3个方面，对它们既要分别研究，又要作为一个系统综合考虑。在噪声传播途径上采用吸声、隔声、消声等技术，是工程上常用的依据声学和振动原理来控制噪声的措施。

一、噪声控制的一般方法

（一）声源控制

控制声源是控制噪声污染的最根本、最有效的途径。运转的机器设备和各种交通运输工具是主要的噪声源，控制它们的噪声有两条途径：一是改进结构，提高各个部件的加工精度和装配质量，采用合理的操作方法等，降低声源的噪声发射功率；二是对振动设备采用阻尼隔震、减震等措施来控制噪声的辐射。因此，开发新材料、新技术、新工艺，推广使用低噪声设备，是控制噪声污染的长远战略。

（二）控制噪声的传播途径

对噪声传播途径控制的主要措施有：

（1）在城市建设中合理布局，按照不同的功能区规划，使居住区尽量远离噪声源。

（2）在车流量大并且人口密集的交通干道两侧，建立隔声屏障，或利用天然屏障（土坡、山丘）以及其他隔声材料和隔声结构来阻挡噪声的传播。

（3）利用声波的吸收、反射、干涉等特性，采用局部声学技术，将传播中的噪声声能转变为物体的内能。

（三）个人防护

在工厂或工地工作的人可以佩戴护耳器，如耳塞、耳罩、头盔等，以减小噪声的影响，或者采用轮班作业制度以减少个人在噪声环境中的暴露时间。

二、吸声降噪

当声波入射到物体表面时，部分入射声能被物体表面吸收而转化为其他能量，这种现象叫作吸声降噪，简称吸声。能够吸收较高声能的材料或结构称为吸声材料或吸声结构。

（一）吸声原理出强

多孔材料内部具有无数细微孔隙，孔隙间彼此贯通且与外界环境相通，声波入射到材料表面时，一部分被反射，一部分则通过材料表面的孔隙开口进入材料内部传播。声波进入孔隙后与孔壁摩擦，由于黏滞性和热传导效应，声能被转变为热能耗散，从而达到了"吸收"声能的效果。

共振吸声结构的吸声原理和多孔吸声材料的原理不同，它是通过结构共振而使声能转变为振动能再转变为热能耗散掉。共振吸声结构对低频的声波吸收效果较好。

表示材料吸声特性的参数叫作吸声系数，吸声系数的大小除了和材料本身性质、入射声的频率以及入射角度有关，还与材料的安装方式如材料背后有无空气层、空气层的厚度以及材料的固定方式等有关。

（二）多孔吸声材料

多孔吸声材料是应用最普遍的吸声材料，一般分为纤维型、颗粒型和泡沫型三种。常见的纤维型多孔吸声材料有玻璃棉、岩棉、植物纤维等；泡沫型材料有泡沫塑料、泡沫混凝土等；颗粒型材料有微孔吸声砖、膨胀珍珠岩等。

为了充分发挥多孔吸声材料的吸声性能，结合生产、安装和使用的需要，多孔吸声材料常常被制成各种吸声制品和结构，如吸声板、空间吸声体、吸声尖劈等。

1.吸声板

大多数多孔吸声材料表面疏松，整体强度性能差，因此在实际使用过程中往往需要在表面覆盖上一层护面材料。带护面板的吸声板由刚性骨架、多孔材料层和护面层组成。骨架一般用角铁、木架或薄钢片制成。护面层常用金属丝网、钢板网、穿孔塑料板等，为了不影响吸声效果，护面板的穿孔率一般不小于20%。吸声板既能克服多孔材料易脱落老化的缺点，防止机械损伤，又能起到装饰作用，而且安装、清洁简便。

2.空间吸声体

空间吸声体由框架、吸声材料和护面结构制成，悬吊在空间的特定位置上。它通常有平板形、圆柱形、球形、圆锥形等，其中以平板矩形最常用。空间吸声体悬挂在声场中，能从各个方向吸收声波，有效吸声面积比它的投影面积大得多，只要较小的悬挂面积（约为顶面面积的40%）就能达到顶面满铺吸声材料的减噪效果，当面积比为35%时，吸声效率最高。空间吸声体吸声系数高，加工制作简单，拆装灵活，适用于噪声高且混响声大的室内场所，降噪效果可达10dB左右，分散悬挂时对中高频吸声效果可提高40%～50%。

3.吸声尖劈

吸声尖劈是一种楔形吸声结构，由金属钢架内填充多孔吸声材料构成。它的吸声性能十分优良，低频特性极好，常用于有特殊要求的声学环境，如消声室等。吸声尖劈的吸声原理是当声波入射到波浪外形的楔形槽壁上时，一部分声波进入吸声材料而被吸收，一部分被反射到槽壁对面的吸声材料上被吸收，如此循环往复，使得吸声效率远高于平面材料。吸声尖劈对50Hz以上的声波吸声系数高达99%。

（三）共振吸声结构

共振吸声结构常用于对低频噪声的吸收，消除噪声中的离散成分。常见的共振吸声结构有薄板共振吸声结构、穿孔板共振吸声结构和微穿孔板吸声结构等。

1.薄板共振吸声结构

将薄板固定在边框上，并将边框架与刚性面板牢固地结合在一起，就构成了薄板共振吸声结构。薄板共振吸声结构就相当于弹簧和质量块系统，薄板相当于质量块，板后空气层相当于弹簧，当声波入射到薄板上时，会引起板面振动，使薄板发生弯曲变形。板和固定支架之间的摩擦以及薄板本身的内阻尼使部分声能转化为热能损耗。当入射声波的频率和薄板吸声结构的固有频率一致时就会产生共振，此时板的形变最大，声能衰减量最多。薄板共振吸声结构的吸声带较窄，可在其边缘上加一些能增加结构阻尼的材料如毛毡、海绵等来加宽吸声频带，也可以采用不同单元大小的薄板或不同腔深的吸声结构来满足不同频段噪声的吸收。

2.穿孔板共振吸声结构

穿孔板共振吸声结构是在薄板上穿以一定孔径的小孔，并在板后留有一定厚度的空腔。薄板的材料可以选用钢板、铝板、胶合板、塑料板等。在工程上通常先对噪声进行频谱分析，找到共振频率，并根据材料和现场条件等，选定孔径、腔深、穿孔率、孔距等，一般选取板厚1.5～10mm，孔径2～10mm，穿孔率1%～10%，腔深50～250mm。

3.微穿孔板吸声结构

针对穿孔板吸声结构吸声频带较窄的缺点，我国科学家研制出了微穿孔板吸声结构。它是利用板厚1mm以下、孔径1mm以下、穿孔率为1%～5%的薄金属微穿孔板与板后空腔组成的吸声结构。其由于板薄、孔小、声阻比比穿孔板大得多且质量又小，所以在吸声系数和带宽方面都优于穿孔板。为了使吸声频带向低频方向扩展，还可以把它做成双层微穿孔板结构。微穿孔板吸声结构装饰性强，易清洗，适用于高温、高湿、有腐蚀性气体的特殊场所，但其加工较复杂，造价比较高。

三、隔声

日常生活中，如果外界噪声很大，干扰了室内的正常生活，我们可以把门窗关上来降低这种干扰。这种利用门、窗、墙或板材等构件将噪声源和接收者相隔离，或把需要安静的场所封闭在一个小空间内，从而达到保护接收者目的的方法叫隔声。具有隔声能力的屏蔽物称为隔声构件或隔声结构，如隔声门、隔声墙、隔声窗、隔声屏障、隔声罩等。隔声方法特别适合那些减噪量要求大，且容许将声源与接收者分在两个空间的场合。

（一）原理

声波在传播的过程中，碰到匀质屏蔽物时，由于两分界面特性阻抗的改变，使得一部分声能被屏蔽物反射回去，一部分声能被屏蔽物吸收，还有部分声能透过屏蔽物传播到另一侧的空间中去，所以选择设置合适的屏蔽物就可以使大部分声能不传播出去，从而降低噪声的传播。

隔声构件的隔声量越大，隔声性能越好。影响隔声构件隔声性能的因素主要包括三个方面：隔声材料的品种、密度、弹性、阻尼等因素，构件的几何尺寸、安装条件以及密封状况，噪声源的频率特性、声场分布以及声波的入射角度。

（二）单层密实均匀构件的隔声

用作隔声的材料要求密实厚重，如砖墙、钢筋混凝土、钢板、木板等。单层密实均匀构件的隔声性能取决于构件单位面积的质量，又称为面密度，单位kg/m^2。当声波传播至构件表面时，激励构件发生振动。构件面密度越大，则惯性阻力越大，越难以激发振动，所以声波越难透射，隔声效果越好，这被称作"质量定律"。此外，隔声材料的隔声性能还与材料的刚性及阻尼有关。

随着频率的增加，单层隔墙隔声特性呈现四个区域，即劲度（刚度）控制区、阻尼控制区、质量控制区和吻合效应区。当入射声波频率很低时，隔声量主要由墙体的刚度决定。随着频率的增加，进入了隔墙的共振频率及谐波的控制频区，在这一区域，隔声量下降，第一共振频率处隔声量最小，随频率上升出现共振的现象越来越弱，直到消失。增加结构阻尼可以抑制其共振幅度和共振区上限，提高隔声量并缩小共振区范围，因此该区也称阻尼控制区。当频率超出阻尼控制区后即进入质量控制区，隔声量由墙的质量决定，符合质量定律，且随频率升高线性增加。当频率升高到一定值后，墙板隔声量反而下降，出现隔声低谷，这种现象称为吻合效应。

（三）双层密实均匀构件的隔声

单层密实均匀构件的隔声量受质量定律支配，但工程中增加构件厚度就增加了更多的材料成本并占用较多的空间，所以在隔声量要求较高的场合，单层构件不适用，宜采用双层或多层密实均匀构件。

双层或多层构件是在两层板式构件中间隔着一定厚度的空气层或多孔吸声材料的复合结构，空气层或多孔材料对第一层构件的振动具有弹性缓冲作用和吸收作用，使声能得到一定衰减之后再传到第二层，这样就能突破质量定律，提高构件整体的隔声量。适当地增加两层结构之间的距离，在两板间填充吸声材料，并尽量减少两板间的刚性连接都能提高双层或多层密实均匀构件的隔声量。

（四）隔声罩和隔声间

隔声罩是一种密闭刚性壳体结构，它是对噪声源加以控制，对产生噪声的机械设备予以整体或部分封闭，减小噪声对周围环境造成的影响。隔声罩按声源机械操作、维护以及通风冷却要求可分为固定密封全隔声罩、活动密封型隔声罩和局部敞开型隔声罩等三类。隔声罩体积小，用料少，隔声效果好，是目前控制机械噪声的重要方法之一。但是，隔声罩设计时要注意解决好通风散热、连接处隔震、方便检修和操作及监视等问题。

隔声罩由板状隔声构件组成，工程中一般用厚度为1.5～3mm的钢板为面板，涂覆一定厚度的阻尼层，用穿孔率大于20%的穿孔板做内板壁，中间填充用纤维布包裹的多孔吸声材料，一般可以达到20dB～40dB的隔声量，常用来降低风机、电动机、空压机、球磨机等机械噪声。

如果车间里产生噪声的机器很多，每台机器产生的噪声又相差不大，这种情况则适宜建造隔声间，供工作人员在其中操作、控制或休息，免受噪声影响。隔声间又称隔声室，与隔声罩的区别是：隔声罩是将产生噪声的机器放在隔声围护结构里面，使传播出来的噪声减弱；隔声间是指用隔声围护结构建造一个相对安静的小环境，作业人员在里面，防止外面的噪声传进来。隔声间常用于声源数量多且复杂的强噪声车间，如压缩机站、水泵房、汽轮发电机车间等。建造隔声间时要注意必要的热工条件，保持清洁的空气通风，并注意门窗等隔声薄弱环节的设计。

（五）隔声屏

隔声屏是用来阻挡声源和接收者之间直达声的障板或帘幕状结构，兼具有隔声和吸声双重作用，是简单而有效的降噪结构。隔声屏一般用砖、砌块、木板、钢板、塑料板、玻璃等厚重材料制成，面向声源的一侧辅以吸声材料。隔声屏的设计多数为经验式的，高频声波长短，容易被阻挡，在屏后形成声影区，低频声波长长，在屏的周围容易产生绕射。所以，隔声屏的隔声效果取决于入射声波频率的高低、屏障尺寸的大小，一般频率越高效果越好。

隔声屏常用于露天大型噪声源，如交通噪声的防噪，在高架路、高速公路以及城市轨道交通两侧设置隔声屏障，尤其当道路通过医院、学校、居民区等特定区域时，一般均设有隔声屏以保护这些地区内人们免受噪声打扰。同时，由于隔声屏灵活、拆装方便，对于某些不适合直接用全封闭隔声罩降噪的机械设备以及室内减噪量要求不大的情况，也可以用隔声屏。

四、消声

消声器是安装在机械设备的进、排气管道或通风管道上，既能允许气流通过，又能有效阻止空气动力性噪声的装置。消声器可使设备本身发出的噪声和管道中的空气动力噪声都得到降低，改善劳动条件和生活环境。评价消声器性能的指标有两种：插入损失和传递损失。插入损失即系统中接入消声器前后，在系统外某点测得声压级的差值。传递损失是指消声器入口处和出口处声功率级的差值，也叫作消声量。

目前应用的消声器种类繁多。根据消声原理不同，消声器一般可分为阻性消声器、抗性消声器、阻抗复合式消声器、微穿孔板消声器、喷注耗散型消声器。

（一）阻性消声器

阻性消声器是依靠管内壁上吸声材料的作用，使得沿管道传播的噪声衰减，从而达到消声的目的。阻性消声器是一种吸收型消声器，其消声原理类似于多孔吸声材料。为了保证气体的流通量，可根据需要的消声量来确定消声器的通道结构和截面形状，通常有直管式、蜂窝式、折板式、弯头式等。阻性消声器结构简单，对中高频噪声控制效果好，但不适合在高温高湿的环境中使用，也不适用于卫生条件要求较高的场合，如食品厂和制药厂等。

一般来说，阻性消声器的长度越大，内饰面吸声面积越大，吸声系数越高，消声效率就越好，能在较宽的中高频范围内消声。但是，当通道面积较大时，高频声波会以声束的形式沿通道中央穿过，很少甚至不与管壁上的吸声材料接触，消声量反而会急剧下降。所以，在设计消声器时，对于小风量的细管道可以选直管式消声器；而对于大尺寸通道，采用蜂窝式、折板式等形式消声器可显著提高高频消声效果；但对低频声波效果不明显，且由于气流的冲击，可能产生再生噪声，同时由于通道过多或出现弯曲，会明显增加气流阻力，降低消声器的空气动力性。因此，选择阻性消声器时应综合考虑这三个方面。

（二）抗性消声器

抗性消声器与阻性消声器的根本不同之处在于不用多孔吸声材料吸声，而是通过旁接共振腔或利用管道截面的突变而使部分声波产生反射和衍射，不能继续沿管道传播而消声。抗性消声器可分为共振式、扩张式和组合式等几种。

当噪声呈明显低中频脉动特性时，可选用扩张室消声器，但扩张段的截面积不宜过大。因为同阻性消声器一样，过大的截面积会使得进入扩张室的声波集中为声波束从中部穿过，导致扩张室不能充分发挥作用，一般控制扩张比在4～15。可以通过内插管或者串联不同长度扩张室等方法改善扩张室消声器的消声频率特性。

共振腔消声器是由一段开有若干小孔的管道和管外一个密闭的空腔所组成。小孔和空腔组成一个弹性振动系统，小孔孔颈中具有一定质量的空气柱，在声波的作用下空气柱像活塞一样做往复运动，与孔壁摩擦，使得声能转变为热能。当气流产生的声波频率和共振腔本身的固有频率一致时便会发生共振，空气柱运动速度加快，在共振频率附近取得最大的消声量。

（三）阻抗复合式消声器

由于阻性消声器和抗性消声器的频率特性不同，若把它们组合起来，则可以在比较宽的频率范围内都有较高的消声量，这种消声器叫阻抗复合式消声器。工程中很多噪声都是宽频带的，所以消声器产品有相当数量是阻抗复合式的。阻抗复合式消声器理论上可以认为是阻性与抗性消声作用在同一频带上的叠加，但由于声波在实际传播过程中有反射、绕射、折射、干涉等特性，所以事实上消声量并不是简单的叠加关系，最可靠的办法是进行实测。

（四）微穿孔板消声器

微穿孔板消声器是一种不用多孔吸声材料而同时具有阻性和共振消声器特点的消声器，具有较宽的消声频率范围。此类消声器所用的微穿孔板板厚1mm，孔径小于1mm，穿孔率在1%～3%范围内，通常有单层和双层微穿孔板两种，双层微穿孔板比单层的吸声性能更好。微穿孔板消声器有耐高温和高湿、不怕油雾、不怕气流冲击、阻力损失小、再生噪声低等优点，适用于高速气流的场合，广泛应用于大型燃气轮机和内燃机的进排气管道、柴油机的排气管道、通风空调系统和高温高压蒸汽放空口等处。

（五）喷注耗散型消声器

气体从喷嘴高速喷射时会产生强烈的空气动力性噪声，这类噪声声级高、频带宽、传播远。为了降低排气喷流噪声，工程上一般先节流降压，再用喷注耗散型消声器处理，常用的有小孔喷注消声器、节流降压消声器、多孔扩散消声器等。以下详细介绍小孔喷注消声器。

小孔喷注消声器的原理不是声音发出后把它消除，而是从发声机理上使干扰噪声减小。它的结构很简单，用许多相隔一定距离的小孔代替原有的直径较大的喷口，孔径一般为1～3mm，总开孔面积大于原排气口面积的1.5～2倍。由于喷注噪声峰值频率与喷口直径成反比，喷口直径小，噪声峰值频率高，当直径足够小时，噪声峰值将位于人耳不敏感的特高频段，因此人所感觉到的噪声降低了，从而有了消声的效果。小孔喷注消声器主要适用于降低压力较低而流速较高的排气放空噪声，消声量一般为20dB左右。它具有体积小、结构简单、经济耐用等优点。

五、有源消声

传统的噪声控制方法如声源处降噪、传播过程中降噪以及保护接收者都属于噪声的被动控制，它们在低频段的降噪效果往往不明显。为了积极主动地消除噪声，随着信号处理技术的发展，"有源消声"已经成为一种可实施的热门技术，它在低频控制方面具有独特的优越性。有源消声的原理非常简单，主要是利用声波在传播过程中互相干涉的现象。所有的声音都由一定的频谱组成，如果可以找到一种声音，其频谱与所要消除的噪声频谱完全吻合，只是相位正好相反，两者相互叠加干涉后就可以完全消除噪声。工程上具体实施时，先探测我们所不需要的噪声场，通过电子线路分析和一系列运算处理后将原噪声的相位倒过来，产生与噪声声场幅值相等但相位相反的二次声场去抵消噪声声场，达到降噪的目的。

有源消声控制技术在低频段的降噪效果、软件可行性和成本等方面相对于其他噪声控制技术有显著的优势，已经成为噪声控制领域的新研究热点。

第四节　固体废弃物污染控制技术

一、固体废物减量化

（一）城市固体废物

控制城市固体废物产生量增长的对策和具体措施如下。

1.逐步改变燃料结构

我国城市垃圾中，有40%～50%是煤灰。如果改变居民的燃料结构，较大幅度提高民用燃气的使用比例，则可大幅度降低垃圾中的煤灰含量，减少生活垃圾总量。

2.净菜进城、减少垃圾产生量

目前我国的蔬菜基本未进行简单处理即进入居民家中，其中有大量泥沙及不能食用的附着物。据估计，蔬菜中丢弃的垃圾平均占蔬菜质量的40%左右，且体积庞大。如果在一级批发市场和产地对蔬菜进行简单处理，净菜进城，即可大大减少城市垃圾中的有机废物量，并有利于利用蔬菜下脚料变成有机肥料。

3.避免过度包装和减少一次性商品的使用

城市垃圾中一次性商品废物和包装废物日益增多，既增加了垃圾产生量，又造成资源浪费。为了减少包装废物产生量，促进其回收利用，世界上许多国家颁布包装法规或条例。强调包装废物的产生者有义务回收包装废物，而包装废物的生产者、进口者和销售者必须"对产品的整个生命周期负责"，承担包装废物的分类回收、再生利用和无害化处理处置的义务，负担其中发生的费用。促使包装制品的生产者和进口者以及销售者在产品的设计、制造环节少用材料，减少废物产生量，少使用塑料包装物，多使用易于回收利用和无害化处理处置的材料。

4.加强产品的生态设计

产品的生态设计（又称为产品的绿色设计）是清洁生产的主要途径之一，即在产品设计中纳入环境准则，并置于优先考虑的地位。环境准则包括降低物料消耗，降低能耗，减少健康安全风险，产品可被生物降解。为满足上述环境准则，可通过如下方法实现：

（1）采用"小而精"的设计思想。采用轻质材料，去除多余功能，这样的产品不仅可以减少资源消耗，而且可以减少产品报废后的垃圾量。

（2）提倡"简而美"的设计原则。减少所用原材料的种类，采用单一的材料，这样产品废弃后作为垃圾分类时简便易行。

5.推行垃圾分类收集

按垃圾的组分进行垃圾分类收集，不仅有利于废品回收与资源利用，还可大幅度减少垃圾处理量。分类收集过程中通常可把垃圾分为易腐物、可回收物、不可回收物三大类。其中，可回收物又可按纸、塑料、玻璃、金属等四类分别回收。美国、日本、德国、加拿大、意大利、丹麦、荷兰、芬兰、瑞士、法国、挪威等国都大规模地开展了垃圾分类收集活动，取得了明显的成效。

6.搞好废旧产品的回收、利用的再循环

报废的产品包括大批量的日常消费品，以及耐用消费品如小汽车、电视机、冰箱、洗衣机、空调、地毯等。随着计算机技术的飞速发展，计算机更新换代的速度异常快，废弃的计算机设备数目惊人，目前我国每年至少淘汰500万台计算机，对这些废品进行再利用也是减少城市固体废物产生量的重要途径。

（二）工业固体废物

我国工业规模大、工艺落后，导致固体废物产生量过大。提高我国工业生产水平和管理水平，全面推行无废、少废工艺和清洁生产，减少废物产生量是固体废物污染控制的最有效途径之一。

1.淘汰落后生产工艺

取缔、关闭或停产各污染严重的企业及淘汰落后生产工艺，这对保护环境，削减固体废物的排放，特别是削减有毒有害废物的产生意义重大。

2.推广清洁生产工艺

推广和实施清洁生产工艺对削减有害废物的产生量有重要意义。利用清洁"绿色"的生产方式代替污染严重的生产方式和工艺，既可节约资源，又可少排或不排废物，减轻环境污染。

例如，传统的苯胺生产工艺是采用铁粉还原法，其生产过程产生大量含硝基苯、苯胺的铁泥和废水，造成环境污染和巨大的资源浪费。南京化工厂开发的流化床气相加氢制苯胺工艺，便不再产生铁泥废渣，固体废物产生量由原来每吨产品2500kg减少到每吨产品5kg，还大大降低了能耗。

工业生产中的原料品位低、质量差，也是造成工业固体废物大量产生的主要原因。只有采用精料工艺，才能减少废物的排放量和所含污染物质成分。例如，一些选矿技术落后，缺乏烧结能力的中小型炼铁厂，渣铁比相当高。如果在选矿过程中提高矿石品位，便可少加造渣熔剂和焦炭，并大大降低高炉渣的产生量。一些工业先进国家采用精料炼铁，高炉渣产生量可减少一半以上。

3.发展物质循环利用工艺

在企业生产过程中，发展物质循环利用工艺，使第一种产品的废物成为第二种产品的原料，并以第二种产品的废物再生产第三种产品，如此循环和回收利用，最后只剩下少量废物进入环境，以取得经济的、环境的和社会的综合效益。

二、固体废物资源化与综合利用

（一）固体废物的资源化途径

1.物质回收

例如，从废弃物中回收纸张、玻璃、金属等物质。

2.物质转换

即利用废弃物制取新形态的物质。例如，利用废玻璃和废橡胶生产铺路材料，利用炉渣生产水泥和其他建筑材料。利用有机垃圾生产堆肥等。

3.能量转换

即从废物处理过程中回收能量，包括热能或电能。例如，通过有机废物的焚烧处理回收热量，进一步发电；利用垃圾厌氧消化产生沼气，作为能源向居民和企业供热或发电。

（二）固体废物资源化技术

1.物理处理技术

物理处理是通过浓缩或相变化改变固体废物的结构，使之成为便于运输、储存、利用或处置的形态。物理处理方法包括压实、破碎、分选、增稠、吸附、萃取等。物理处理也往往作为回收固体废物中有价物质的重要手段。

2.化学处理技术

采用化学方法使固体废物发生化学转换从而回收物质和能源，是固体废物资源化处理的有效技术。煅烧、焙烧、烧结、溶剂浸出、热分解、焚烧、氧化还原等都属于化学处理技术。如对含铬废渣（铬渣是冶金和化工部门在生产金属铬或铬盐时排出的废渣，其中所含的六价铬的毒性较大）的处理就是将毒性大的六价铬还原为毒性小的三价铬，并生成不溶性化合物，在此基础上再加以利用。

3.生物处理技术

生物处理法可分为好氧生物处理法和厌氧生物处理法。好氧处理法是在水中有充分溶解氧存在的情况下，利用好氧微生物的活动，将固体废物中的有机物分解为二氧化碳、水、氨和硝酸盐。厌氧生物处理法是在缺氧的情况下，利用厌氧微生物的活动，将固体废物中的有机物分解为甲烷、二氧化碳、硫化氢、氨和水。生物处理法具有效率高、运行费用低等优点，固体废物处理及资源化中常用的生物处理技术有：

（1）沼气发酵。沼气发酵是有机物质在隔绝空气和保持一定的水分、温度、酸和碱度等条件下，利用微生物分解有机物的过程。城市有机垃圾、污水处理厂的污泥、农村的人畜粪便、作物秸秆等皆可作为产生沼气的原料。为了使沼气发酵持续进行，必须提供和保持沼气发酵中各种微生物所需的条件。沼气发酵一般在隔绝氧的密闭沼气池内进行。

（2）堆肥。堆肥是将人畜粪便、垃圾、青草、农作物的秸秆等堆积起来，利用微生物的作用，将堆料中的有机物分解，产生高热，以达到杀灭寄生虫卵和病原菌的目的。堆肥有厌氧和好氧两种，前者主要是厌氧分解过程，后者则主要是好氧分解过程。

（3）细菌冶金。细菌冶金是利用某些微生物的生物催化作用，使矿石或固体废物中的金属溶解出来，从溶液中提取所需要的金属。它与普通的"采矿—选矿—火法冶炼"比较，具有如下特点：①设备简单，操作方便；②特别适宜处理废矿、尾矿和炉渣；③可综合浸出，分别回收多种金属。

三、固体废物的无害化处理处置

（一）焚烧处理

焚烧法是一种高温热处理技术，即以一定的过剩空气量与被处理的废物在焚烧炉内进行氧化燃烧反应，废物中的有害毒物在高温下氧化、热解而被破坏。这种处理方式可使废物完全氧化成无毒害物质。焚烧技术是一种可同时实现废物无害化、减量化、资源化的处理技术。

1.可焚烧处理废物类型

焚烧法可处理城市垃圾、一般工业废物和有害废物，但当处理可燃有机物组分很少的废物时，需补加大量的燃料。一般来说，发热量小于3300kJ/kg的垃圾属低发热量垃圾，不适宜焚烧处理；发热量介于3300～5000kJ/kg的垃圾为中发热量垃圾，适宜焚烧处理；发热量大于5000kJ/kg的垃圾属高发热量垃圾，适宜焚烧处理并回收其热能。

2.废物焚烧炉

固体废物焚烧炉种类繁多。通常根据所处理废物对环境和人体健康的危害大小，以及所要求的处理程度，将焚烧炉分为城市垃圾焚烧炉、一般工业废物焚烧炉和有害废物焚烧炉三种类型。但从其机械结构和燃烧方式上，固体废物焚烧炉主要有炉排型焚烧炉、炉床型焚烧炉和沸腾流化床焚烧炉三种类型。

3.焚烧处理技术指标

废物在焚烧过程中会产生一系列新污染物，有可能造成二次污染。焚烧设施排放的大气污染物控制项目包括：①有害气体，包括SO_2、HCl、HF、CO和NO_x；②烟尘，常将颗粒物、黑度、总碳量作为控制指标；③重金属元素单质或其化合物，如Hg、Cd、Pb、Ni、Cr、As等；④有机污染物，如二噁英，包括多氯代二苯并对二噁英（PCDDs）和多氯代二苯并呋喃（PCDFs）。

（二）固体废物的处置技术

固体废物经过减量化和资源化处理后，剩余下来的、无再利用价值的残渣往往富集了大量不同种类的污染物质，对生态环境和人体健康具有即时和长期的影响，必须妥善加以处置。安全、可靠地处置这些固体废物残渣，是固体废物全过程管理中最重要的环节。

1.固体废物处置原则

虽然与废水和废气相比，固体废物中的污染物质具有一定的惰性，但在长期的陆地处置过程中，由于本身固有的特性和外界条件的变化，必然会因在固体废物中发生的一系列相互关联的物理、化学和生物反应，导致对环境的污染。固体废物的最终安全处置原则大体上可归纳为：

（1）区别对待、分类处置、严格管制有害废物。固体物质种类繁多，其危害环境的方式、处置要求及所要求的安全处置年限均各有不同。因此，应根据不同废物的危害程度与特性，区别对待、分类管理，对具有特别严重危害的有害废物采取更为严格的特殊控制。这样，既能有效地控制主要污染危害，又能降低处置费用。

（2）最大限度地将有害废物与生物圈相隔离。固体废物，特别是有害废物和放射性废物最终处置的基本原则是合理地、最大限度地使其与自然和人类环境隔离，减少有毒有害物质进入环境的速率和总量，将其在长期处置过程中对环境的影响减至最低程度。

（3）集中处置。对有害废物实行集中处置，不仅可以节约人力、物力、财力，利于监督管理，也是有效控制乃至消除有害废物污染危害的重要形式和主要的技术手段。

2.固体废物处置的基本方法

固体废物海洋处置现已被国际公约禁止，陆地处置至今是世界各国常用的一种废物处置方法，其中应用最多的是土地填埋处置技术。土地填埋处置是从传统的堆放和填地处置发展起来的一项最终处置技术，不是单纯的堆、填、埋，而是一种按照工程理论和工程标准，对固体废物进行有控管理的一种综合性科学工程方法。在填埋操作处置方式上，它已从堆、填、覆盖朝包容、屏蔽隔离的工程储存方向上发展。土地填埋处置，首先需要进行科学的选址，在设计规划的基础上对场地进行防护（如防渗）处理，然后按严格的操作程序进行填埋操作和封场，要制定全面的管理制度，定期对场地进行维护和监测。土地填埋处置具有工艺简单、成本较低、适于处置多种类型固体废物的优点。目前，土地填埋处置已成为固体废物最终处置的一种主要方法。土地填埋处置的主要问题是渗滤液的收集控制问题。

（1）土地填埋处置的分类。土地填埋处置的种类很多，按填埋场地形特征可分为山间填埋、峡谷填埋、平地填埋、废矿坑填埋；按填埋场地水文气象条件可分为干式填埋、湿式填埋和干、湿式混合填埋；按填埋场的状态可分为厌氧性填埋、好氧性填埋、准好氧性填埋和保管型填埋；按固体废物污染防治法规，可分为一般固体废物填埋、生活垃圾填埋和有害废物填埋。

（2）填埋场的基本构造。填埋场构造与地形地貌、水文地质条件、填埋废物类别有关。按填埋废物类别和填埋场污染防治设计原理，填埋场构造有衰减型填埋场和封闭型填埋场之分。通常，用于处置城市垃圾的卫生填埋场属于衰减型填埋场或半封闭型填埋场，而处置有害废物的安全填埋场属于全封闭型填埋场。

①自然衰减型填埋场。自然衰减型土地填埋场的基本设计思路，是允许部分渗滤液由填埋场基部渗透，利用下部包气带土层和含水层的自净功能来降低渗滤液中污染物的含量，使其达到能接受的水平。黏土层之下是含砂潜水层，而在含砂水层下为基岩。包气带土层和潜水层应较厚。

②全封闭型填埋场。全封闭型填埋场的设计是将废物和渗滤液与环境隔绝开，将废物安全保存相当一段时间（数十年甚至上百年）。这类填埋场通常利用地层结构的低渗透性或工程密封系统来减少渗滤液产生量和通过底部的渗透泄漏渗入蓄水层的渗滤液量，将对地下水的污染减少到最低限度，并对所收集的渗滤液进行妥善处理处置，认真执行封场及善后管理，从而达到使处置的废物与环境隔绝的目的。

③半封闭型填埋场。这种类型的填埋场实际上介于自然衰减型填埋场和全封闭型填埋场之间。半封闭型填埋场的顶部密封系统一般要求不高，而底部一般设置单密封系统，并在密封衬层上设置渗滤液收集系统。大气降水仍会部分进入填埋场，而渗滤液也可能会部分泄漏进入下包气带和地下含水层，特别是只采用黏土衬层时更是如此。但是，由于大部分渗滤液可被收集排出，通过填埋场底部渗入下包气带和地下含水层的渗滤液量显著减少。

填埋场封闭后的管理工作十分必要，主要包括以下几项：维护最终覆盖层的完整性和有效性，进行必要的维修，以消除沉降和凹陷以及其他因素的影响；维护和监测检漏系统；继续运行渗滤液收集和去除系统，直到未检出渗滤液为止；维护和检测地下水监测系统；维护所有的测量基准。

第八章　大气污染物控制技术

第一节　废气的吸收净化

一、吸收净化概述

吸收法净化气态污染物的方法是利用液态吸收剂处理混合气体，混合气体中的一种或几种气体组分溶解于液体中，或与吸收液中的组分发生选择性化学反应，除去其中一种或几种气体的过程，从而达到控制大气污染的一种方法，参与吸收过程的吸收液多为液相。若吸收过程不发生明显的化学反应，单纯被吸收液溶解的过程，称为物理吸收，如用水吸收CO_2；若被吸收的气体组分与吸收液发生化学反应的吸收过程，称为化学吸收，如用碱液吸收酸性气体SO_2、CO_2等。在大气污染治理过程中，需要净化的废气，往往具有气量大、含气态污染物浓度低等特点，单纯采用物理吸收方法净化有害气体，难以达到排放标准。因此，在实际应用过程中，大多采用化学吸收法治理废气。

吸收法不仅能消除气态污染物对大气的污染，而且还能减轻粉尘对大气环境的污染，同时还具有捕集效率高、设备简单、一次性投资低等优点，因此广泛用于气态污染物的治理。

（一）吸收剂的选择

1.吸收剂选择的原则

选择吸收剂的原则是：吸收剂对混合气体中被吸收组分具有良好的选择性和较强的吸收能力，同时要求吸收剂的蒸汽压较低，不易起泡，热化学稳定性好，黏度低，腐蚀性小，且价廉易得。由于任何一种吸收剂很难同时满足以上所有要求，这就需要根据处理对象及处理目的，权衡各方面因素而定。

2.常用吸收剂

（1）水。水是常用的吸收剂，如用水可除去煤气中的CO_2、废气中的SO_2，以及废气中的NH_3等。用水作吸收剂除去这一类气态污染物，主要依据它们在水中的溶解度较大的特性。这些气态污染物在水中的溶解度是随气体分压的增大而增大，随吸收液温度降低而增大的。因此，此类气态污染物去除的理想操作条件是在加压和低温下进行吸收，在升温时进行解吸，用水做吸收剂的主要缺点是吸收设备庞大，净化效率较低，动力消耗大；优点是价廉易得，流程、设备和操作简单。

（2）碱金属或碱土金属溶液。碱金属钠、钾或碱土金属钙、镁等的溶液也是常用的吸收液，主要用于吸收净化酸性气态污染物如SO、NO、HF、HCl等。由于吸收液能够与酸性气态污染物之间发生化学反应，使吸收能力大大增加，因此在吸收过程中净化效率高，液气比小，吸收塔的生产能力大，在实际工程中应用较广泛。但化学吸收的流程长，设备较多，操作也较复杂，有的吸收剂不易得到或价格较贵，同时吸收能力较强的吸收剂不易再生或再生需要消耗较大的能量。

（二）富液的处理

吸收操作不仅要达到净化废气的目的，而且应合理处理吸收废液。若将吸收废液直接排放，不仅浪费资源，而且更重要的是其中的污染物转入水体易造成二次污染，达不到保护环境的目的。在吸收法净化气态污染物的流程中，需要同时考虑气态污染物的吸收及富液的处理问题。如用碳酸钠溶液吸收废气中的SO_2，就需要考虑用加热或减压再生的方法脱除吸收后的SO_2，使吸收剂恢复吸收能力，可循环使用，同时收集排出的SO_2，既能够消除SO_2污染，同时又可以达到废物资源化（SO_2可用于制备硫酸等的目的。

（三）结垢和堵塞

结垢和堵塞现象已成为一些吸收设备能否正常地长期运行的一个关键问题。防止结垢的方法和措施常用的有：工艺操作上，控制溶液或料浆中水分的蒸发量；控制溶液的pH值；控制溶液中易结晶的物质不要过于饱和；严格除尘；控制进入吸收系统的尘量。设备结构上设计或选择不易结垢和堵塞的吸收器，如选择表面光滑，不易腐蚀的材质作吸收器，由于固定填充床洗涤器易阻塞和结垢，因此尽量选择流动床型洗涤器等。

（四）烟气的预冷却和气体的再加热

1.烟气的预冷却

由于生产过程排出的废气温度较高，而吸收操作要求在较低温度下进行。这就需要在吸收之前将烟气冷却降温。目前广泛采用的方法是用预洗塔除尘降温。若将烟气冷却到水的温度（293～298K），虽然可以改善洗涤塔的效果，但费用较大。一般认为将高温烟气冷却到333K左右较为适宜。

2.气体的再加热

在处理高温烟气的湿式净化中，烟气在洗涤塔中被冷却增湿，就此排入大气后，在一定气象条件下，会发生"白烟"现象。由于烟气温度低，使热力抬升作用减小，扩散能力降低，特别是在处理大量烟气和某些不利的气象条件下，白烟在没有充分稀释之前就落到地面，容易出现较高浓度的污染。

一般防止白烟发生的措施有：①使吸收净化后的烟气与一部分未净化的高温烟气混合以降低混合气的湿度和升高其温度；②在净化器尾部加设一个燃烧炉，产生高温燃烧气体，再与净化后的气体混合。

二、吸收净化的基本理论

（一）吸收平衡

1.气体在液体中的溶解度

气体的溶解度是指在100kg水中溶解气体的质量（kg）。气体在液体中的溶解度与气体和溶剂的性质有关，并且受温度和压力的影响。根据亨利定律，对于稀溶液，在一定的温度和总压变化不大的情况下，组分在液体中的溶解度与该组分在气相中的分压成正比，因此气体在液体中的溶解度亦可用组分在气相中的分压表示。在一定的温度和压力下，使一定量吸收液与混合气体充分接触后，气液两相最终可达到平衡状态，此时吸收速率和解吸速率相等。

2.亨利定律

物理吸收时，常用亨利定律来描述气液相间的相平衡关系。在常压或低压下，温度一定时，稀溶液上方气体溶质的平衡分压与气体溶质在溶液中的摩尔分数成正比。

亨利定律只适用于常压或低压下的稀溶液，且溶质在气相和液相中的分子状态相同，如果被溶解的气体在溶液中发生某种变化（如化学反应、离解、聚合等），此定律只适用于溶液中未发生化学反应的那部分溶质的分子。同时，亨利定律只适用于难溶或较难溶的气体，对于易溶和较易溶的气体，只能用于液相浓度较低的情况。

（二）双膜理论

吸收是气相组分向液相转移的过程，由于涉及气液两相间的传质，这种转移过程十分复杂，近十年来虽然已提出了许多理论，包括溶质渗透理论和表面更新理论，但应用最广泛且较成熟的是所谓的"双膜理论"，该理论亦称为滞流膜理论。它不仅用于物理吸收，也适用于气液相反应。其基本假定如下：

（1）气液两相接触时存在一个相界面，在相界面两侧各存在着一层稳定的层流薄膜，分别称为气膜和液膜，即使气液两相的主体呈湍流时，这两层膜内仍是层流。

（2）被吸收组分从气相转入液相的过程依次分为5步：①靠湍流扩散从气相主体到气膜表面；②靠分子扩散通过气膜到达两相界面；③在界面上被吸收组分从气相溶入液相；④靠分子扩散从两相界面通过液膜；⑤靠湍流扩散从液膜表面到液相主体。

（3）在气液两相主体中，由于液体的充分湍流而不存在浓度梯度，即被吸收组分在两相主体中的扩散阻力可忽略不计。

（4）无论组分在气液两相主体中的浓度是否达到平衡，在相界面处，被吸收组分在两相间已达到平衡，即认为相界面处没有任何传质阻力。

（5）一般来说，两层膜的厚度均极薄，在膜中并没有吸收组分的积累，所以吸收过程可看作通过气液膜的稳定扩散。

通过以上的假定，整个吸收过程的传质阻力就简化为仅由两层薄膜组成的扩散阻力。因此，气液两相的传质速率取决于通过气膜和液膜的分子扩散速率。

三、吸收设备

要想提高吸收速率，必须从改善传质系数、接触表面积、传质推动力等方面着手。加上制作和维护原因，在实际应用中，一个好的吸收设备必须满足：

（1）气液间接触面积大，并有一定接触时间。

（2）气液间扰动大，阻力、效率高。

（3）操作稳定。

（4）结构简单，维修方便。

（5）具有防堵、防腐能力。

吸收设备多为气液相接触吸收器——表面吸收器、鼓泡吸收器、喷洒吸收器、塔板式吸收器等。

第二节　废气的吸附净化

一、吸附净化概述

用多孔性固体材料处理混合气体，使其中所含的一种或几种组分浓集在固体表面，而与其他组分分开的过程称为吸附。具有吸附作用的固体称为吸附剂，被吸附到固体表面的物质称为吸附质。

吸附净化的优点是效率高，能回收有用的组分，设备简单，操作方便，易实现自动控制。但吸附容量有限（40%左右），有待于在技术上进一步提高。吸附净化既能使气体达标排放，保持大气环境的清洁，又能回收气态污染物，实现废物的资源化。

（一）吸附过程

根据吸附剂和吸附质之间发生吸附作用的性质不同，可将吸附分为物理吸附和化学吸附。

1.物理吸附

物理吸附又称为范德华吸附，是由于吸附剂与吸附质之间的静电力或范德华力产生的吸附。物理吸附是一种放热过程，其放热量相当于被吸附气体的升华热，一般为20kJ/mol左右。物理吸附过程是可逆的，当系统的温度升高或被吸附气体压力降低时，被吸附的气体将从吸附剂表面逸出。在低压下，物理吸附一般为单分子层吸附，当吸附质的气压增大时，也会变成多分子层吸附。

2.化学吸附

化学吸附又称为活性吸附，是由于吸附表面与吸附质分子间的化学反应导致的吸附。由于化学吸附涉及分子中化学键的破坏和重新组合，因此化学吸附过程的吸附热较物理吸附过程大。其热量相当于化学反应热，一般为84～417kJ/mol。化学吸附的速率随温度升高而显著增加，宜在较高温度下进行。化学吸附有很强的选择性，仅能吸附参与化学反应的某些气体，吸附过程是不可逆的，从吸附层厚度来看，化学吸附总是单分子层或单原子层吸附。

一般来说，物理吸附与化学吸附之间无严格的界限，同一物质在较低温度下主要发生物理吸附，而在较高温度下往往发生化学吸附。

（二）吸附剂

1.吸附剂应具备的条件

虽然所有的固体表面对于流体或多或少地具有物理吸附作用，但符合工业需要的吸附剂，必须具备以下几个条件：

（1）吸附剂要有较好的化学稳定性、机械强度及热稳定性。

（2）吸附剂的吸附容量要大。吸附容量是在一定温度和一定吸附质浓度下，单位重量或单位体积的吸附剂所能吸附的最大量。吸附剂的吸附容量受吸附剂的比表面积、孔穴的大小、分子的极性大小及官能团的性质等因素的影响。随着吸附剂吸附容量的增大，吸附剂用量越少，使得吸附装置越小，进而使投资也相应降低。

（3）吸附剂应有良好的吸附动力学性质。吸附达到平衡越快，吸附区域越窄，所设计的吸附柱就越小，同时可以允许的空塔速度越大，相应的气体流量也可以越大。

（4）吸附剂要具有良好的选择性使吸附效果较为明显，同时得到的产品纯度也就越高。

（5）需要有很大的表面积。工业常用的吸附剂有活性炭、分子筛、硅胶等，它们都是具有许多细孔和巨大内表面积的固体，比表面积600～700m²/g。

（6）吸附剂要具有良好的再生性能。在工业上，吸附剂能否再生很大程度决定了用吸附法分离和净化气体的经济性和技术可行性。可再生的吸附剂不仅可以重复使用，而且还减少了对废吸附剂的处理问题。

（7）吸附剂应具有较低的水蒸气吸附容量。这个特性特别是在蒸汽脱附时是人们所期望的，因为脱附蒸汽必须采用干燥再生方法，这是在有机废气处理与回收中不希望出现的。

（8）较小的压力损失。这与吸附剂的物理性质和装填方式有关。

（9）受高沸点物质影响小。高沸点物质在吸附以后，很难被去除，它们会在吸附剂中积聚，从而影响吸附剂对其他组分的吸附容量。

（10）吸附剂应与气相中组分不发生化学反应，以保证吸附剂吸附能力，再生程度不会因此而降低。

2.常用吸附剂

工业上广泛使用的吸附剂有4种，即活性炭、活性氧化铝、硅胶和沸石分子筛。

（1）活性炭：主要成分是炭，由各种含碳物质在低温下（723K）炭化，然后再在高温下用蒸汽活化而得到。常用来吸附净化尾气中的有机蒸汽、恶臭物质和其他有害气体。

（2）活性氧化铝：将含水氧化铝在严格控制的加热速率下，将其中的水分除去，形成多孔结构得到活性氧化铝，它具有良好的机械强度，可用于气体的干燥、石油气的脱硫以及含氟废气的净化等。

（3）硅胶：将水玻璃（硅酸钠）溶液用酸处理得到硅酸凝胶，再经水洗后于398～403K下干燥脱水而成，其分子式为$mSiO_2 \cdot nH_2O$。硅胶主要用于气体的干燥和烃类气体的回收。

（4）沸石分子筛：分子筛具有许多直径均匀的微孔和排列整齐的孔穴。根据有效孔径，可用来筛分大小不同的流体分子。这些孔穴提供了巨大的内表面积，增大了分子筛的吸附容量。应用最广的沸石分子筛是具有多孔骨架结构的硅铝酸盐结晶体，与其他吸附剂相比，沸石分子筛有如下特征：①由于有极大的内表面积的孔穴，可吸附和储存大量的分子，故吸附容量大；②沸石分子筛孔径大小整齐均一，它又是一种离子型的吸附剂，可根据分子的大小和极性的不同进行选择性吸附；③沸石分子筛还能使一些极性分子在较高的温度和低分压下保持很强的吸附能力。

（三）影响气体吸附的因素

影响吸附过程的因素很多，主要有操作条件、吸附剂和吸附质的性质以及吸附器设计等。

1.操作条件的影响

对于物理吸附而言，总是希望在低温下运行，但对于化学吸附过程，提高温度有利于化学反应进行。

增大气相主体的压力，从而增大了吸附质的分压，对吸附有利；但压力太高，既会增加能耗，又会给操作带来特别的要求。

气体流速增大，不仅增加了压力损失，而且流速过大，使气体分子与吸附剂接触时间过短，不利于气体的吸附；流速过小，又会使设备增大，因此吸附器内的气体流速要控制在一定范围之内。

2.吸附剂性质的影响

被吸附气体的总量，随吸附剂表面积的增加而增加。吸附剂的孔隙率、孔径、颗粒度等都影响比表面积的大小。

吸附剂吸附能力的大小常用有效表面积表示，即吸附质分子能进入的表面积，吸附剂的有效表面积只存在于吸附质分子能够进入的微孔中。在选择吸附剂时，应使其孔径分布与吸附质分子的大小相适应。

3.吸附质性质和浓度的影响

吸附质性质和浓度也影响吸附过程和吸附量。吸附质分子直径、吸附质的相对分子质量、沸点和饱和性也都影响吸附量。当用同一种活性物质作吸附剂时，对于结构类似的有机物，其相对分子质量越大，沸点越高，则被吸附得越多。对结构和相对分子质量都相近的有机物，不饱和性越大，则越易被吸附。

吸附质在气相中的浓度越大，吸附量越大。但浓度增加必然使同样的吸附剂较早达到饱和，需要较多的吸附剂，并使再生频繁，操作较麻烦。吸附法不宜净化吸附质浓度较高的气体，而较适宜处理污染物浓度低、排放标准要求很严的废气。

4.吸附器设计的影响

吸附器的设计直接影响气体吸附过程。为了进行有效吸附，对吸附器设计的基本要求是：

（1）具有足够的过气断面和时间。

（2）产生良好的气流分布，以便使所有的过气断面都能得到充分的利用。

（3）预先除去入口气体中能污染吸附剂的杂质。

（4）采用其他较为经济有效的工艺，预先除去人体气体中的部分组分，以减轻吸附系统的负荷。

（5）能够有效地控制和调节吸附操作温度。

（6）易于更换吸附剂。

二、吸附理论

（一）吸附平衡

无论吸附力的性质如何，在一定温度下，气、固两相经过充分接触终将达到吸附平衡。这时，被吸附组分在固相中的浓度和与固相接触的气相中的浓度之间具有一定的函数关系。

（二）吸附速率

1.吸附速率的控制步骤

吸附平衡仅表明吸附过程的限度，未涉及吸附时间。吸附过程需要较长时间才能达到平衡，在实际生产过程中，接触时间是有限的，因此吸附量仅取决于吸附速率，而吸附速率与吸附过程有关。一般情况下吸附过程可分为三步：

（1）外扩散，吸附质从气流主体穿过颗粒周围气膜扩散至外表面；

（2）内扩散，吸附质由外表面经微孔扩散至吸附剂微孔表面；

（3）吸附，到达吸附剂微孔表面的吸附质被吸附。脱附的吸附质再经内外扩散至气相主体。对于化学吸附第三步之后还有化学反应过程发生。以上三个步骤都不同程度地影响着总吸附速率。总吸附速率是三个步骤综合的结果，其中阻力最大的一步（速率最小的一步）限制了总速率的大小，称为控制步骤。对于一般的物理吸附而言，吸附剂表面上进行的吸附与脱附，其速率很快，而内外扩散过程则慢得多。因此，物理吸附的速率主要由内外扩散控制。

2.吸附速率公式

（1）外扩散为吸附速率的控制步骤。在此种情况下，总吸附速率取决于吸附质A从气流主体向颗粒外表的扩散速率，即

$$\frac{dM_A}{dt} = k_y a_p (y_A - y_{Ai}) \tag{8-1}$$

式中：dM_A——dt时间内吸附质A从气流主体扩散至固体表面的质量，kg/m^2；

k_y——外扩散吸附分系数，$kg/(m^2 \cdot s)$；

a_p——单位体积吸附剂的吸附表面积，m^2/m^3；

y_A、y_{Ai}——吸附质A在气相中及在吸附剂外表面的质量分数。

（2）内扩散为吸附速率控制步骤。在这种情况下，总吸附速率取决于吸附质A从颗粒内表面向微孔内扩散的速率，即

$$\frac{dM_A}{dt} = k_x a_p (x_{Ai} - x_A)$$

（8-2）

式中：k_x——内扩散吸附分系数，kg/（m²·s）；

x_A、x_{Ai}——吸附质A在固相外表面及内表面的质量分数。

3.总吸附速率方程

由于吸附质表面浓度不易测得，吸附速率常用扩散系数来表示：

$$\frac{dM_A}{dt} = k_y a_p (y_A - y_A^*) = k_x a_p (x_A^* - x_A)$$

（8-3）

式中：k_x、k_y——气相及吸附相吸附总系数，kg/（m²·s）；

y_A^*、x_A^*——吸附平衡时气相及吸附相中吸附质A的质量分数。

（三）吸附剂的解吸

工业装置中的吸附剂一般都需要循环使用，因此饱和后随即需要进行解吸操作，使已被吸附的组分从吸附剂上解吸出来。由前述可知，影响吸附过程的因素主要为温度、压力、吸附质及吸附剂的性能等。同样的因素也影响解吸过程，不同的是其作用恰好相反，即提高吸附剂的温度和降低吸附剂表面上的压力，或在吸附剂表面吹空气或蒸汽将被吸附的物质带走，都能促进解吸作用。工业上常用的解吸方法有。

1.升温解吸

在物理吸附中，利用吸附容量随温度升高而降低的特点，用加热同时使空气或蒸汽吹过吸附床的方法解吸。

2.变压解吸

利用吸附容量随压力降低而减小的特点，对在较高压力下进行的吸附过程采用降压解吸，对在常压下进行的吸附过程采用抽真空解吸。

3.置换解吸

利用吸附剂对不同物质吸附能力不同的特点，向吸附床通入另一种可被吸附的流体（称为脱附剂），置换出原来被吸附的吸附质，达到再生的目的。气体净化中常采用水蒸气作脱附剂，水蒸气的压力一般为0.5～1个工程大气压，流经解吸床的方向一般与吸附时相反。

4.吹扫解吸

此方法即通入不含原吸附质的气体吹扫，并将吸附质带走，其原理是降低了吸附质的分压。

上述各种解吸方法各具特点，应视具体情况选用既经济又有效的方法。在工业生产过程中，常常是几种方法结合使用。

三、吸附操作与过程

（一）吸附操作工艺流程分类

（1）按吸附剂在吸附器中的工作状态分为固定床、移动床（超吸附）、沸腾流化床。其中，穿床速度即气体通过床层的速度是划分反映床类型的主要依据。如果穿床速度低于吸附剂的悬浮速度，颗粒处于静止状态，属于固定床范围；如果穿床速度大致等于吸附剂的悬浮速度，吸附剂颗粒处于激烈的上下翻腾状态，并在一定时间内运动，属于流化床范围；如果穿床速度远远超过吸附剂的悬浮速度，固体颗粒浮起后不再返回原来的位置而被输送走，属于输送床范围。

（2）按操作过程的连续与否分为间歇式、连续式。

（3）按吸附床再生的方法分升温解吸循环再生（变温吸附）、减压循环再生（变压吸附）、溶剂置换再生等。

（二）吸附过程模拟

1.传热模型及其应用

物质吸附是放热过程，解吸是吸热过程，随着两个过程的进行床层温度也会随之波动，吸附床层温度的波动必然会导致吸附性能的变化。吸附性能随温度波动幅度越大变化越明显。在这种条件下，变压吸附过程性能必须考虑到温度的影响。如果热量及时散出，吸附过程可以近似等效于等温吸附，如果放出的热量较多，温度波动幅度较大，吸附过程就是绝热或非等温吸附。其热量一般以对流和热传导的方式传递，一般忽略辐射传热。大部分传热模型都是根据能量平衡来建立的。

（1）含内热源的传热模型。此模型认为是内热源产生了传热，模型模拟吸附/脱附过程中的放热/吸热，而且把传热系数考虑为一个包含热传导、对流传热、热辐射在内的综合传热系数，此认定方式简化了热传递的表达式。内热源项是与吸附热有关的，吸附热又与吸附量有关，故内热源表达式由吸附热和吸附速率组成。

对综合传热系数进行恰当取值，吸附过程中表现出的传热特性就能很好地被模拟。但是影响综合传热系数的因素很多，使此系数很难被确定，如孔隙率、吸附剂的种类、颗粒的形状大小以及吸附质的气流温度、浓度、速度等都会对其造成影响。综合传热系数的难以确定造成多孔吸附剂的微传热过程难以模拟的结果。通常情况下，在吸附剂孔径分布均匀，孔结构简单的条件下进行均匀传热过程的模拟时才会采用此模型。

陈焕新等用此模型模拟了吸附床的动态温度场，很好地说明了吸附床中的吸附传热特性。对于均匀的多孔介质的传热过程，含内热源的传热模型模拟结果还比较接近实际情况，但对于复杂的多孔介质，那只能用非等温模型了。

（2）热传递非等温模型。本模型考虑到吸附/脱附过程的放热/吸热，造成吸附柱内温度出现波动，从而以整个吸附柱为控制对象，其控制对象由吸附质（气相和已吸附相）、吸附剂、吸附柱壁三部分构成。一般来说，吸附柱是由导热性良好的材料做成的，从而假设吸附柱的内外壁没有温差；采用轴向扩散流动模型对气相流动进行描述；考虑到吸附作用引起的气体量变化而引起气体速度变化，因此，速度也是一个影响因素；在变压吸附过程中，假设相互接触的气固相瞬时达到热平衡。

（3）热传递绝热模型。同样考虑吸附热的作用、相互接触的气固相瞬时达到热平衡、轴向热扩散等因素，忽略径向热传递；还考虑吸附引起的气相速度和压力变化；假若变压吸附过程中放出的时间短，热量大，该热量难以及时与外界交换，从而假设吸附柱与外界无热量传递，即个绝热的变压吸附过程。

对比热传递非等温模型，该模型简化为与外界无热量交换，没有考虑吸附柱壁和环境温度的影响。而非等温模型把吸附剂、吸附质、吸附柱壁和环境都考虑进去了，因而非等温模型比绝热模型更贴近变压吸附的真实传热过程，应用也比绝热模型广泛。但是，工业中装置的产气量大、循环周期短、床层直径大等特点使变压吸附分离的操作过程要接近于绝热条件。这些特性使床层温度波动幅度加大。总体说来，对工业化、大规模变压吸附过程的传热过程的模拟可采用此模型。

在实际测试一些工业变压吸附装置内的温度变化时，发现床层的温度波动很大，有的超过100K，有的甚至更大，运用绝热模型对温度变化波动大时的传热特性进行了描述。Rege和Yang等学者利用绝热模型模拟了变压吸附净化含多组分杂质的空气各阶段的温度波动情况，并分析了温度波动对变压吸附过程的影响。

2.传质模型

物质在吸附过程中一般是以对流和扩散的形式传递的，扩散则主要是以分子扩散、努森扩散和表面扩散为主。目前，常采用平衡和非平衡两大气固传质模型对吸附过程进行研究。非平衡模型主要包含线性推动力模型和孔扩散模型。

（1）平衡模型。Knaebel和Hill提出了BLI模型。该模型是适用于单床、双床和多床变压吸附系统的线性双组分模型。平衡模型是在此基础上扩展得来的，该模型认为吸附平衡在气固接触瞬间实现，速度很快。平衡模型忽略了传质阻力而认为传质速率无限大，并且平衡模型忽略了径向质传递过程，只考虑轴向传质。把吸附柱当成控制对象，即传质过程为气相吸附质与固相吸附剂之间的质传递过程。

该模型是理想化的基础理论模型，忽略传质阻力，因为没有扩散传质阻力，使方程计算简化，且能求得两元的线性等温线的解析解。缺点是该模型只对平衡条件下的变压吸附有效，对于非动态平衡吸附与吸附的实际情况有些偏差，该模型的应用就较少。

平衡模型仅能在接近理想条件下的平衡变压吸附过程中得到应用。此外，该模型也适合于痕量组分的提纯计算，因为它是基于可以得到某些工艺参数（如净化气的浓度和吸附净化效率等）的理论上限。Serbezov在任意组分的本体分离过程中应用瞬时平衡模型时得到了一个通用的半经验解，但动力学控制的活性炭吸附净化有机气体体系无法应用此模型，主要是因为平衡模型只能用于基于平衡控制的体系。

（2）线性推动力模型。平衡理论是不适合对动力学控制的变压吸附过程进行模拟的。Glueckauf和Coates认为吸附质分子在假设的均相吸附床上是以恒定的扩散系数在床内扩散的，该模型的控制对象与平衡模型一致，不同点在于考虑了传质阻力的存在，在忽略径向质传递的前提下将模型简化为一维的质传递过程，并将轴向扩散的存在考虑在内。

第三节 废气的催化净化

一、催化净化法概述

催化净化法是使气态污染物通过催化剂床层，在催化剂的作用下，经历催化反应，转化为无害物质或易于处理和回收利用的物质的净化方法。催化净化法有催化氧化法和催化还原法两种。催化氧化法，是使废气中的污染物在催化剂的作用下被氧化。如废气中的SO_2在催化剂（V_2O_5）作用下可氧化为SO_3，用水吸收变成硫酸而回收，再如各种含烃类、恶臭物的有机化合物的废气均可通过催化燃烧的氧化过程分解为H_2O与CO_2向外排放。催化还原法，是使废气中的污染物在催化剂的作用下，与还原性气体发生反应的净化过程。如废气中的NO_x在催化剂（铜铬）作用下与NH_3反应生成无害气体N_2。催化净化特点是避免了其他方法可能产生的二次污染，又使操作过程得到简化，对于不同浓度的污染物都具有很高的转化率。其主要应用在于将碳氢化合物转化为二氧化碳和水，氮氧化物转化成氮，二氧化硫转化成三氧化硫而加以回收利用，有机废气和臭气的催化燃烧，以及汽车尾气的催化净化等。其缺点是催化剂价格较高，废气预热要消耗一定的能量。

废气中污染物含量通常较低，用催化净化法处理时，往往有下述特点：

（1）由于废气污染物含量低，过程热效应小，反应器结构简单，多采用固定床催化反应器。

（2）要处理的废气量往往很大，要求催化剂能承受流体冲刷和压力降的影响。

（3）由于净化要求高，而废气的成分复杂，有的反应条件变化大，故要求催化剂有高的选择性和热稳定性。

二、催化作用和催化剂

（一）催化作用

能加速化学反应趋向平衡而在反应前后其化学组成和数量不发生变化的物质叫催化剂（或称触媒），催化剂使反应加速的作用称为催化作用。由于催化剂参加了反应，改变了反应的历程，降低了反应总的活化能，使反应速度加大，但催化剂的数量和结构在反应前后并没有发生变化。

催化作用具有两个基本特性：

（1）对任意可逆反应，催化作用既能加快正反应速度，也能加快逆反应速度，而不改变该反应的化学平衡。

（2）特定的催化剂只能催化特定的反应，即催化剂的催化性能具有选择性。

（二）催化剂

1.催化剂的组成

催化剂被用于净化汽车、发电厂以及燃烧过程中产生的废气，在这一应用领域有两种催化剂。一种催化剂是无选择性的，它能最大限度地吸收汽车或者燃烧装置中所产生废气的各种有害物质。另一种催化剂是有选择性的，它能吸收一种或少数几种有害物质。在有选择性的废气净化方式中，催化剂可以是蜂窝状、球状或饼状的，它由同质的金属氧化物如TiO_2、Al_2O_3、Fe_2O_3、SiO_2组成，也掺杂有活性催化物如V_2O_5、WO_3或其他金属添加物如Mo、Cr、Cu、Co、Mn。此外，当使用贵重金属如铂、铑、钯做活性物质时，还可以用异质的催化剂来净化废气。这些贵重金属将涂抹在由铁片、陶器或金属氧化物制成的惰性介质之上。

除了少数贵金属催化剂，一般工业常用的催化剂都为多组元催化剂，通常由活性组分、助催化剂和载体三部分组成。活性组分是催化剂的主体，是起催化作用的最主要组分，要求活性高且化学惰性大，如铂（Pt）、钯（Pd）、钒（V）、铬（Cr）、锰（Mn）、铁（Fe）、钴（Co）、镍（Ni）、铜（Cu）、锌（Zn）等以及它们的氧化物等。助催化剂虽然本身无催化作用，但它与活性组分共存时却可以提高活性组分的活性、选择性、稳定性和寿命。载体是活性组分的惰性支撑物。它具有较大的比表面积，有利于活性组分的催化反应，增强催化剂的机械强度和热稳定性等。常用的载体有氧化铝、硅藻土、铁矾土、氧化硅、分子筛、活性炭和金属丝等，其形状有粒状、片状、柱状、蜂窝状等。微孔结构的蜂窝状载体比表面积大、活性高、流动阻力小。通常活性物质被喷涂或浸于载体表面。

2.催化剂的催化性能

衡量催化剂催化性能的指标主要有活性和选择性。

（1）催化剂的活性和失活。在工业上，催化剂的活性常用单位体积（或质量）催化剂在一定条件（温度、压力、空速和反应物浓度）下，单位时间内所得的产品量来表示。催化剂使用一段时间后，由于各种物质及热的作用，催化剂的组成及结构渐起变化，导致活性下降及催化性能劣化，这种现象称为催化剂的失活。发生失活的原因主要有沾污、熔结、热失活与中毒。

（2）催化剂的选择性。催化剂的选择性是指当化学反应在热力学上有几个反应方向时，一种催化剂在一定条件下只对其中的一个反应起加速作用的特性，它用B表示。

活性与选择性是催化剂本身最基本的性能指标，是选择和控制反应参数的基本依据，二者均可度量催化剂加速化学反应速度的效果，但反映问题的角度不同。活性指催化剂对提高产品产量的作用，而选择性则表示催化剂对提高原料利用率的作用。

三、气固催化反应过程

气固催化反应一般包括如下步骤：

（1）反应物从气相主体扩散到催化剂颗粒外表面（外扩散过程）；

（2）反应物从催化剂颗粒外表面向微孔内扩散（内扩散过程）；

（3）在催化剂内表面上被吸附，反应生成产物，产物脱附离开催化剂内表面（化学动力学控制过程）；

（4）产物从微孔向外表面扩散（内扩散）；

（5）产物从外表面进入气相主体（外扩散）。

反应组分的浓度差是使得这些步骤得以进行的主要推动力。反应组分在不同过程的浓度分布是不同的，上述五个步骤中，速度最慢（阻力最大）者，决定着整个过程的总反应速度，被称为控制步骤。

四、气固催化反应装置类型与选择

（一）气固催化反应装置类型

1.固定床催化反应器优点

工业应用的气固催化反应器按颗粒床层的特性可分为固定床催化反应器和流化床催化反应器两大类，其中环境工程领域采用最多的是固定床催化反应器，它具有以下优点：

（1）床层内流体的轴向流动一般呈理想置换流动，反应速度较快，催化剂用量少，反应器体积小；

（2）流体停留时间可以严格控制，温度分布可以适当调节，因而有利于提高化学反应的转化率和选择性；

（3）催化剂不易磨损，可长期使用，但床层轴向温度分布不均匀。

2.固定床催化反应器分类

固定床催化反应器按温度条件和传热方式可分为绝热式与连续换热式；按反应器内气体流动方向又可分为轴向式和径向式。常见的绝热式固定床反应器有单段式绝热反应器、多段式绝热反应器、列管式反应器、径向反应器等。

（1）单段式绝热反应器，它为一圆筒体，内设栅板，其上均匀堆置催化剂。其结构简单、造价低，适合反应热效应小、对温度变化不敏感的反应。

（2）多段式绝热反应器，它是将多个单段式反应器串联起来，段间设有换热构件，以调节反应温度，并有利于气体的再分布。适于中等热效的反应。

（3）列管式反应器，其管内装催化剂，管间通热载体（水或其他介质），适于床温分布要求严格，反应热特别大的情况。

（4）径向反应器，这是近年来发展的一种固定床反应器。由于反应气流是径向穿过催化剂，它与轴向反应器相比，气流流程短，阻力降小，降低了动力消耗，因而可采用较细粒的催化剂，提高催化剂有效系数。径向反应器可认为是单层绝热反应的一种特殊形式。

（二）气固反应装置的选择

在工程实践上，必须结合实际情况，如工艺要求、物质条件等来设计反应装置或选择合适类型的反应装置，不必局限于结构形式。固定床反应装置的设计和选型应遵循的一般规则为：

（1）根据催化反应热的大小及催化剂的活性温度范围，选择合适的结构类型，保证床层温度控制在许可的范围内；

（2）床层阻力应尽可能小，这对其他气态污染物的净化尤为重要；

（3）在满足温度条件的前提下，应尽量使催化剂装填系数大，以提高设备利用率；

（4）反应装置应结构简单、便于操作，且造价低廉、安全可靠。

由于催化净化气体污染物所处理的废气风量大，污染物含量低，反应热效小，要想使污染物达到排放标准，应有较高的催化转化率，因此选用单段绝热反应器（含径向反应器）对实现污染物催化转化具有绝对优势。目前在NO_x催化转化、有机废气催化燃烧及汽车尾气净化中，大多采用了单段绝热式反应装置。

五、催化净化法的一般工艺

催化法治理废气的一般工艺过程包括：废气预处理去除催化剂毒物及固体颗粒物；废气预热到要求的反应温度；催化反应；废热和副产品的回收利用等。

（一）废气预处理

废气中含有的固体颗粒或液滴会覆盖在催化剂活性中心上而降低其活性，废气中的微量致毒物会使催化剂中毒，必须除去。如烟气中NO_x的非选择性还原法治理流程，常需在反应器前设置除尘器、水洗塔、碱洗塔等，以除去其中的粉尘及SO_2等。

（二）废气预热

废气预热是为了使废气温度在催化剂活性温度范围以内，使催化反应有一定的速度，否则废气温度低反应速度缓慢，达不到预期的去除效果。对于有机废气的催化燃烧，若废气中有机物浓度较高，反应热效应大，则只需较低的预热温度就行了，过高的预热温度会产生大量的中间产物，给后面的催化燃烧带来困难。废气预热可利用净化后气体的热熔，但在污染物浓度较低、反应热效应不足以将废气预热到反应温度时，需利用辅助燃料产生高温燃气与废气混合用来升温。

（三）催化反应

用来调节催化反应的各项工艺参数中，温度是一项很重要的参数，它对脱除污染物的效果有很大影响。

控制一个最佳的温度，可在最少的催化剂用量下达到满意脱除效果，这是催化法的关键。首先，某一催化反应有一对应的温度范围，否则会导致很多副反应。其次，从动力学与平衡关系两个方面来看，由于绝大多数化学反应的速度常数都随温度升高而增大，故对不可逆反应来说，提高反应温度可加快反应速度，提高污染物的转化率，从而有利于污染物脱除。但温度过高会造成催化剂失活，增加副反应，故应将温度控制在催化活性温度范围以内。对于可逆吸热反应而言，提高反应温度既有利于平衡向生成物方向移动，又利于提高反应速度，因而与不可逆反应一样，应在尽可能的情况下提高反应温度。但过高的温度会消耗大量能源，故合适的温度应从排放标准和经济效益两个方面来考虑。

（四）废热和副产品的回收利用

废热与副产品的回收利用关系到治理方法的经济效益。对于副产品的回收利用还关系到治理方法的二次污染，进而关系到治理方法有无生命力，因此必须予以重视。废热常用于废气的预热。

第四节　废气的生物净化

生物法废气净化技术是多学科交叉的环保高新技术。具体说来是一项低浓度工业废气净化前沿热点技术，它建立在已成熟的采用微生物处理废水的方法上。国内外已有的研究表明，低浓度工业废气已无法通过常规技术进行经济、有效的净化处理，但使用生物法废气净化技术处理低浓度工业废气却行之有效的，具有明显的技术和经济优势。

目前这种技术在欧洲、日本、荷兰和北美等国家和地区进行了大量的研究和实际应用，除含氯较多的难生物降解有机污染物质外，一般的气态污染物都可得到不同程度的降解。尤其是生物过滤技术，在国外处理低浓度、高流量的有机废气和恶臭已经取得了广泛的应用，在操作条件较好的情况下，污染物能被较为完整地降解为CO_2和H_2O，同时生成新的微生物，维持生物膜的新陈代谢。在处理H_2S还原态的硫化物或卤代烃时，还分别生成无害的硫酸盐或氯化物。在中国，清华大学、同济大学、湖南大学、西安建筑科技大学、昆明理工大学等单位的研究人员对此技术也进行了探索和尝试。

一、净化原理和特点

生物净化技术是近年来发展起来的一种高新废气净化技术。生物净化法是利用驯化后的微生物的新陈代谢过程对多种有机物和某些无机物进行生物降解，将其分解成H_2O和CO_2，从而有效地去除工业废气中的污染物质。生物法处理气态污染物的基本原理是将过滤器中的多孔填料表面覆盖生物膜，废气流经填料床时，通过扩散过程，将污染成分传递到生物膜，并与膜内的微生物相接触而发生生物化学反应，使废气中的污染物得到降解。其过程一般可分为：污染物由气相到液相的传质过程；通过扩散和对流，污染物从液膜表面扩散到生物膜中；微生物将污染物转化为生物量、新陈代谢副产物或者二氧化碳和水。

对气态污染物进行降解的微生物分为自养型和异养型两类。自养型可在无有机碳和氮的条件下靠硫化氢、硫和铁离子及氨的氧化物获得能量，其生存所必需的碳由二氧化碳通过卡尔文循环提供。自养菌适于进行无机物转化，由于新陈代谢活动缓慢，其生物负荷不可能太大，应用上有一定困难，但在浓度不太高的脱臭场合仍有一定的利用价值。异养菌是通过有机物的氧化来获得营养物和能量，适于进行有机物的转化，在适当温度、酸碱度和有氧条件下，此类微生物能较快地完成污染物降解。

生物法特别适合于处理气量大于17000m³/h、浓度小于0.1%的气体。其特点是操作条件易于满足，常温、常压，操作简单，低投资，高效率，有较强的抗冲击能力。控制适当的负荷和气液接触条件就可使净化率一般达到90%以上，尤其在处理低浓度（几千mg/m³以下）、生物降解性好的气态污染物时更显其经济性，不产生二次污染，可氧化分解含硫、氮的恶臭物和苯酚、氰等有害物。但生物法仍存在某些缺点：氧化分解速度较低，生物过滤占用的空间大，难控制过滤的pH值，对难氧化的恶臭气体净化效果不明显。

二、处理工艺与设备

常见的生物处理工艺包括生物过滤法、生物滴滤法、生物洗涤法、生物膜反应器和转盘生物过滤反应器。目前，生物膜反应器和转盘生物过滤反应器还只限于实验室研究阶段，生物过滤工艺在工业应用中最为广泛，已有的研究成果表明生物过滤法对于各种VOCs和恶臭气体具有良好的处理效果，并为工艺的应用和优化提供了较好的理论指导。生物法处理气态污染物是一项新技术，生物法净化废气主要有三种方式，即生物过滤、生物滴滤、生物洗涤，不同组成及浓度的废气有各自合适的生物净化方式。第一种是固体过滤方式，后两种是液体过滤方式。固体过滤方式只能用来去除废气中少量具有强刺激性气味的化合物，而液体净化方式则可以用来去除废气中浓度更高但可被生物分解的物质。此时，如果有害物质能够被迅速分解，便使用生物滴滤池；如果有害物质的分解需要较长时间，则使用传统的净化装置并外加一个以生物方式工作的可再生水槽（生物洗涤塔）。

生物法废气治理过程中，微生物存在的形式主要有两种：悬浮生长系统和附着生长系统。悬浮生长系统即微生物和营养物配料存在于液体中，气体污染物通过与悬浮液接触后转移到液体中被微生物所降解，典型形式有喷淋塔、鼓泡塔及穿孔板塔等生物洗涤器；附着生长系统中的微生物附着生长在固体介质上，废气通过由介质构成的固定床时被吸附、吸收，最终被微生物所降解，典型的形式有土壤、堆肥等材料构成的生物滤床。生物滴滤同时具有悬浮生长系统和附着生长系统的特性。

（一）生物洗涤塔

生物洗涤塔是典型的悬浮生长系统，采用悬浮生长系统工艺的生物化学反应过程一般为慢反应化学吸收过程，即气相的传质速率大于生化反应速率，并采用液相停留时间较长的反应器如鼓泡型反应器，也可采用喷淋筛板塔加上生化反应器的组合方式。一般流程为废气从吸收塔底部通入，与水逆流接触，污染物被水吸收后由吸收塔顶部排出。吸收污染物的水从底部流出，进入生物反应塔经微生物反应再生后循环使用。生物洗涤塔系统净化含有有机污染物废气的效率与污泥的MILSS浓度、pH值、溶解氧等有关。所用污泥经驯化的比未经驯化的要好。营养盐的投入量、投放时间、投放方法也是重要的控制因素。

（二）生物滤池

含污染物的气体增湿后进入生物滤池，在通过滤层时污染物从气相转移到生物层并被氧化分解。在目前的生物净化有机废气领域，该法应用最多。在国外已经商品化，其净化效率一般在95%以上。最初的生物滤床采用的过滤介质为土壤，后又采用含微生物量较高的堆肥等过滤介质，近年来开始用工程材料如活性炭作为滤料。其中，滤料不同，脱除效果和适宜的工艺参数也不同。

（三）生物滴滤池

由生物滴滤池和贮水槽构成，生物滴滤池内充以粗碎石、塑料、陶瓷等一类不具吸附性的填料，填料表面是微生物体系形成的几毫米厚的生物膜。生物滴滤池比较适合对pH影响较敏感的生物反应，因为生物滴滤池中循环液体pH值易于监控，它主要用于含易降解的卤化物废气的生物处理。

第九章　废气监测技术

第一节　废气监测概述

空气污染源是指排放大气污染物的设施或建筑构造（如车间等），包括固定污染源和流动污染源。固定污染源是指燃煤、燃油、燃气的锅炉和工业炉窑以及石油化工、冶金、建材等生产过程中产生的废气通过排气筒向空气中排放的污染源。它们排放的废气中，既包括含有固态的烟尘和粉尘，也含有气态和气溶胶态的多种有害物质。流动污染源指汽车、火车、飞机、轮船等交通运输工具排放的废气，含有CO、NO_x、碳氢化合物、烟尘等。本书仅讨论固定污染源即废气的监测。

在进行废气监测前，首先要制订监测方案。收集相关的技术资料，了解产生废气的生产工艺过程及生产设施的性能、排放的主要污染物种类及排放浓度大致范围，以确定监测项目和监测方法；调查污染源的污染治理设施的净化原理、工艺过程、主要技术指标等，以确定监测内容；同时还要调查生产设施的运行工况，污染物排放方式和排放规律，以确定采样频次及采样时间；现场勘查污染源所处位置和数目，废气输送管道的布置及断面的形状、尺寸，废气输送管道周围的环境状况，废气的去向及排气筒高度等，以确定采样位置及采样点数量；收集与污染源有关的其他技术资料。根据监测目的、现场勘查和调查资料，编制切实可行的监测方案。监测方案的内容应包括污染源概况、监测目的、评价标准、监测内容、监测项目、采样位置、采样频次及采样时间、采样方法和分析测定技术、监测报告要求、质量保证措施等。对于工艺过程较为简单、监测内容较为单一、经常性重复的监测任务，监测方案可适当简化。根据监测方案确定的监测内容，准备现场监测和实验室分析所需仪器设备。属于国家强制检定目录内的工作计量器具，必须按期送计量部门检定，检定合格，取得检定证书后方可用于监测工作。测试前还应进行校准和气密性检验，使其处于良好的工作状态。

除相关标准另有规定，对污染源的日常监督性监测，采样期间的工况应与平时的正常运行工况相同。建设项目竣工环境保护验收监测应在工况稳定、生产负荷达到设计生产能力的75%以上（含75%）情况下进行。对于无法调整工况达到设计生产能力的75%以上负荷的建设项目，可以调整工况达到设计生产能力75%以上的部分，验收监测应在满足75%以上负荷或国家及地方标准中所要求的生产负荷的条件下进行；无法调整工况达到设计生产能力75%以上的部分，验收监测应在主体工程稳定、环保设施运行正常，并征得环保主管部门同意的情况下进行，同时注明实际监测时的工况。国家、地方相关标准对生产负荷另有规定的按规定执行。

第二节　废气样品的采集

一、采样位置

有组织排放污染源即废气中有害物质的测定，通常是用采样管从烟道中抽取一定体积的烟气，通过捕集装置将有害物质捕集下来，然后根据捕集的有害物量和抽取的烟气量，得到烟气中有害物质的浓度。根据有害物质的浓度和烟气的流量计算其排放量。这种测试方法的准确性很大程度取决于抽取烟气样品的代表性，这就要求选择正确的采样位置和采样点。

无组织排放源有害物质的测定，通常是采集大气中的污染物，在监控点捕捉污染物的最高浓度。监控点的设置，要考虑排放源和建筑物的位置、单位围墙的高度和性质，以及单位区域内的主要地形的变化和气象条件，才能选择具有代表性的采样点。

本节主要介绍有组织排放源采样位置、采样点的设置及采样方法，简要地描述无组织排放源的采样原则和恶臭污染物的采样原则。

（1）采样位置应避开对测试人员操作有危险的场所，必要时应设置采样平台，采样平台应有足够的工作面积使工作人员安全、方便地操作。平台面积应不小于1.5m²，并设有1.1m高的护栏和不低于10cm的脚部挡板，采样平台的承重应不小于200kg/m²，采样孔距平台面为1.2~1.3m。

（2）采样要优先选择在垂直管段，应避开烟道弯头和断面急剧变化的部位。采样位置应设置在距弯头、阀门、变径管下游方向不小于6倍直径，距上述部件上游方向不小于3倍直径处。对矩形烟道，其当量直径$D=2AB/(A+B)$，式中A、B为边长。采样断面的气流速度最好在5m/s以上。

（3）当测试现场空间位置有限，很难满足上述要求时，可选择比较适宜的管段采样，但采样断面与弯头等的距离至少是烟道直径的1.5倍，并应适当增加测点的数量和采样频次。

（4）对于气态污染物，由于混合比较均匀，其采样位置可不受上述规定限制，但应避开涡流区。

二、采样孔和采样点

烟道内同一断面各点的气流速度和烟尘浓度分布通常是不均匀的。因此，必须按照一定原则在同一断面内进行多点测量，才能取得较为准确的数据。断面内测点的位置和数目主要根据烟道断面的形状、尺寸大小和流速分布均匀情况而定，不同形状的烟道，其采样孔和采样点设置不同。

（一）采样孔

在选定的测定位置上开设采样孔，采样孔的内径应不小于80mm，采样孔管长应不大于50mm。不使用时应用盖板、管堵或管帽封闭。当采样孔仅用于采集气态污染物时，其内径应不小于40mm。

对正压下输送高温或有毒气体的烟道，应采用带有闸板阀的密封采样孔。

对圆形烟道，采样孔应设在包括各测点在内的互相垂直的直径线上。

对矩形或方形烟道，采样孔应设在包括各测点在内的延长线上。

（二）采样点

1.圆形烟道

（1）将烟道分成适当数量的等面积同心环，各测点选在各环等面积中心线与呈垂直相交的两条直径线的交点上，其中一条直径线应在预期浓度变化最大的平面内，如当测点在弯头后，该直径线应位于弯头所在的平面内。

（2）对符合采样位置要求的烟道，可只选预期浓度变化最大的一条直径线上的测点。

（3）对直径小于0.3m、流速分布比较均匀、对称并符合要求的小烟道，可取烟道中心作为测点。

（4）不同直径的圆形烟道的等面积环数、测量直径数及测点数原则上测点不超过20个。

2.矩形或方形烟道

（1）将烟道断面分成适当数量的等面积小块，各块中心即为测点。原则上测点不超过20个。

（2）烟道断面面积小于0.1m²，流速分布比较均匀、对称并符合采样位置要求的，可取断面中心作为测点。

三、无组织排放源的采样原则

水泥厂粉尘的无组织排放指水泥厂厂区内物料堆扬尘、物料输送和球磨机等设备的粉尘泄漏等。工业炉窑无组织排放指烟尘、生产性粉尘和有害污染物不通过烟囱或排气系统的泄漏等。

对无组织排放源进行采样时，首先要依照法定手续确定边界，若无法定手续则按目前的实际边界确定。采样时要在排放源上、下风向分别设置参照点和监控点。二氧化硫、氮氧化物、颗粒物和氟化物的监控点设在无组织排放源下风向2～50m的浓度最高点，相对应的参照点设在排放源上风向2～50m；其余物质的监控点设在单位周界10m范围内的浓度最高点。监控点最多可设4个，参照点只设1个。进行无组织排放监测时，实行连续1h的采样，或者实行在1h内以等时间间隔采集4个样品计平均值，为捕捉到监控点最高浓度的时段，采样时间可超过1h。在无组织排放监测中所得的监控点的浓度值不扣除低矮排气筒所做的贡献值。

水泥厂粉尘的无组织排放监测要在距厂界20m处（无明显厂界，以车间外或堆场外20m处）上风向与下风向同时布设参考点和监控点。每个监控点连续采样时间为1～4h/次，总采样时间为4h。参考点和监控点同步采样，选取监控点1h均值的最高浓度值（扣除上风向的监测值）。

工业炉窑无组织排放烟尘及生产性粉尘监测点设置在厂房门窗排放口处；若工业炉窑露天设置（或有顶无围墙），监测点应选在距烟（粉）尘排放源5m，最低高度1.5m处任意点。每个监控点连续采集时间为1～4h/次，总采样时间为4h。选取监控点1h均值的最大浓度值。

对于机械化炼焦炉，无组织排放的采样点位于焦炉炉顶煤塔侧第1至4孔炭化室上升管旁。在炉顶的连续采样时间为4h/次，取1h均值。

大气污染物无组织排放监测点的设置，除大气污染物排放标准中仍有规定，其余有关问题按上述原则执行。无组织排放烟（粉）尘采用中流量采样器（无罩、无分级采样头）采样。

四、恶臭污染物的采样原则

排气筒内恶臭污染物的采样位置和采样点见本章所述采样原则，采样时应根据排气状况的调查结果确定采样的时机和采样时的充气速度。

环境恶臭污染物采样位置和采样点的布设要具有较好的代表性，保证采集到的样品能客观地反映监测对象的真实性。要确定恶臭污染物对厂界周围的影响时，见本章无组织排放源的采样原则，监控点设在单位周界10m范围内的最高浓度点，以捕捉瞬时最大浓度，而不是小时平均浓度值。在实际操作中应根据源的排放特性，即连续排放还是间歇排放制定采样时段，并在该时段内取得最大浓度的代表样品，用此样品的测定数值作为评价是否达标的依据。一般来说，根据《恶臭污染物排放标准》（GB 14554—1993）的规定，对连续排放源每两小时采一次样品，共采集4次，取其最大测定值，对间歇排放源选择气味最大时间采样，其数量不少于3个。

恶臭采样因恶臭污染物质、浓度不同，从而准备采用的测定方法有所不同。如硫化氢、甲硫醇、甲基硫、二甲二硫可使用聚四氟乙烯薄膜袋进行采样；苯乙烯采用玻璃真空瓶采样；氨和三甲胺可用酸性滤纸法进行采样；乙醛、三甲胺和氨也可用溶液吸收法进行采样。上述采样都是基于样品专用仪器进行测定的采样方法。对官能团测定法可用10L聚酯薄膜或聚四氟乙烯薄膜嗅味袋采样，也可用真空瓶采样，用嗅味袋进行采样一般需要30s，而用真空瓶采样一般5s左右即可。

第三节　烟气参数的测定

一、排气温度、含湿量与压力

（一）排气温度的测定

测量位置和测点一般情况下可在靠近烟道中心的一点测定。对于直径小、温度不高的烟道，可以使用长杆水银玻璃温度计，精确度应不低于2.5%，最小分度值应不大于2℃。测量时应将温度计球部放在靠近烟道中心位置，注意不可将温度计抽出烟道外读数。

对于直径大、温度高的烟道，要使用热电偶测温毫伏计来测量。其原理是将两根不同的金属导线连成一闭路，当两接点处于不同温度环境时，便产生热电势，两接点的温差越大，热电势越大。如果热电偶一个接点的温度保持恒定（称自由端），则热电偶产生的热电势大小完全取决于另外一个接点的温度（称为工作端），使用测温毫伏计或数字式温度计测出热电偶的热电势就可以得到工作端的烟气温度。如果使用热电偶或电阻温度计，其示值误差应不大于±3℃。根据测温高低，选择不同材料的热电偶。使用镍铬-康铜热电偶，可测定800℃以下的烟气温度；使用镍铬-镍铝热电偶，可测定1300℃以下的烟气温度；使用铂-铂铑热电偶，可测定1600℃以下的烟气温度。

当热电偶插入烟道后，须使热电偶工作端位于烟道中心位置，待读数不变时读数。

（二）含湿量的测定

与空气相比，烟气中的水蒸气含量较高，变化范围较大，为便于比较，检测方法规定以除去水蒸气后标准状态下的干烟气为基准表示烟气中的有害物质的测定结果。含湿量的测定方法有重量法、冷凝法、干湿球法等方法。测定烟气含湿量时，一般情况下可在靠近烟道中心的一点进行测定。

重量法测定原理是从烟道采样点抽取一定体积的烟气，使之通过装有吸收剂的吸收管，则烟气中的水蒸气被吸收剂吸收，吸收管的增重即为所采烟气中的水蒸气重量。

冷凝法测定原理是抽取一定体积的烟气，使其通过冷凝器，根据获得冷凝水量和从冷凝器排出烟气中的饱和水蒸气量计算烟气含湿量。

干湿球法原理是使气体在一定的速度下流经干、湿球温度计，根据干、湿球温度计的读数和测点处排气的压力，计算出排气的水分含量。

利用干湿球法测定装置测定时先检查湿球温度计的湿球表面纱布是否包好，然后将水注入盛水容器中。打开采样孔，清除孔中的积灰。将采样管插入烟道中心位置，封闭采样孔。当排气温度较低或水分含量较高时，采样管应保温或加热数分钟后，再开动抽气泵，以15L/min的流量抽气。当干、湿球温度计读数稳定后，记录干球和湿球的温度，记录真空压力表的压力。

排气中水分含量按下式计算：

$$X_{av} = \frac{P_{bv} - 0.00067(t_c - t_b)(p_a + p_b)}{p_a + p_b} \times 100\% \qquad （9-1）$$

式中：X_{av}——排气中水分体积分数，%；

P_{bv}——温度为t时饱和水蒸气压力（根据t_b值，由空气饱和时水蒸气压力表中查得），Pa；

t_b——湿球温度，℃；

t_c——干球温度，℃；

p_b——通过湿球温度计表面的气体压力，Pa；

p_a——大气压力，Pa。

在实际应用中，基于干湿球法原理的含湿量自动测量装置，其微处理器控制传感器测量、采集湿球、干球表面温度以及通过湿球表面的压力及排气静压等参数，同时由湿球表面温度导出该温度下的饱和水蒸气压力，结合输入的大气压，根据公式自动计算出烟气含湿量。

（三）压力的测定

在管道中流动的气体同时受到两种压力的作用，即静压和动压。

静压是单位体积气体所具有的势能，它表现为气体在各个方向上作用于管壁的压力。管道内气体的压力比大气压力大时，静压为正；反之，静压为负。

动压是单位体积气体所具有的动能，是使气体流动的压力，由于动压仅作用于气体流动的方向，动压恒为正值。

静压和动压的代数和称为全压，是气体在管道中流动时具有的总能量，全压和静压一样为相对压力，有正负之分。

通常在风机前吸入式管道中，静压为负，动压为正，全压可能为负，也可能为正。在风机后的压入式管道中，静压和动压都为正，全压也为正。在烟道系统中，风机后大多串联烟气温度较高的烟囱，在热压作用下烟气也产生较大的能量。在这种情况下，风机后至烟囱某一断面之间的烟道静压也多为负值，全压可能为负，也可能为正。

气体的压力（静压、动压和全压）通常用测压管连接到压力计测定，采用的仪器有皮托管和压力计。

1.仪器种类

（1）标准型皮托管。标准型皮托管它是一个弯成90°的双层同心圆管，前端呈半圆形，正前方有一开孔，与内管相通，用来测定全压。在距前端6倍直径处外管壁上开有一圈孔径为1mm的小孔，通至后端的侧出口，用来测定排气静压。按照上述尺寸制作的皮托管其修正系数K_p为0.99 ± 0.01。标准型皮托管的测孔很小，当烟道内颗粒物浓度大时，易被堵塞。它适用于测量较清洁的排气。

（2）S型皮托管。S型皮托管由两根相同的金属管并联组成。测量端有方向相反的两个开口，测定时，面向气流的开口测得的压力为全压，背向气流的开口测得的压力小于静压。S型皮托管其修正系数K_p为0.84 ± 0.01。制作尺寸与上述要求有差别的S型皮托管的修正系数需进行校正，其正、反方向的修正系数相差应不大于0.01。S型皮托管的测压孔开口较大，不易被颗粒物堵塞，且便于在厚壁烟道中使用。

（3）U型压力计。U型压力计用于测定排气的全压和静压，其最小分度值应不大于10Pa。

（4）斜管微压计。斜管微压计用于测定排气的动压，其精确度应不低于2%，其最小分度值应不大于2Pa。

（5）大气压力计。大气压力计最小分度值应不大于0.1kPa。

（6）流速测定仪。流速测定仪由皮托管、温度传感器、压力传感器、控制电路及显示屏组成。

2.测定方法

用皮托管、斜管微压计和U型压力计测量组成动压及静压的测定装置对压力进行测定。

（1）准备工作。测定前将装置连接好，将微压计调整至水平位置，检查微压计液柱中有无气泡，先对微压计进行试漏检查，即向微压计的正压端（或负压端）入口吹气（或吸气），迅速封闭该入口，如微压计的液柱面位置不变，则表明该通路不漏气。然后检查皮托管是否漏气。用橡皮管将全压管的出口与微压计的正压端连接，静压管的出口与微压计的负压端连接。由全压管测孔吹气后，迅速堵严该测孔，如微压计的液柱面位置不变，则表明全压管不漏气。此时再将静压测孔用橡皮管或胶布密封，然后打开全压测孔，此时微压计液柱将跌落至某一位置，如果液面不继续跌落，则表明静压管不漏气。

（2）测量气流的动压。先将微压计的液面调整到零点，在皮托管上标出各测点应插入采样孔的位置后，将皮托管插入采样孔。使用S型皮托管时，应使开孔平面垂直于测量断面插入。如断面上无涡流，微压计读数应在零点左右。使用标准皮托管时，在插入烟道前，切断皮托管和微压计的通路，以避免微压计中的酒精被吸入连接管中，使压力测量产生错误。在各测点上，使皮托管的全压测孔正对着气流方向，其偏差不得超过10°，测出各点的动压，分别记录在表中。重复测定一次，取平均值。在测定完毕后，要检查微压计的液面是否回到原点。

（3）测量排气的静压。先将皮托管插入烟道近中心处的一个测点。使用S型皮托管测量时只用其一路测压管。其出口端用胶管与U型压力计一端相连，将S型皮托管插入烟道近中心处，使其测量端开口平面平行于气流方向，所测得的压力即为静压。

（4）测量大气压力。可以使用大气压力计直接测出，也可以根据当地气象台给出的数值加或者减因测点与气象台标高不同所需的修正值，即标高每增加10m，大气压力约减少110Pa。

二、烟气成分

烟气成分分析主要是测定烟气中的O_2、CO、CO_2。目前，烟气含氧量分析有电化学法，如定电位电解法、物理分析法、如磁性测氧法；一氧化碳分析有非分散红外吸收法、定电位电解法等；二氧化碳分析有非分散红外吸收法。奥氏气体分析器能同时测定二氧化碳、氧含量和一氧化碳。

（一）奥氏气体分析器测定二氧化碳、氧含量和一氧化碳

奥氏气体分析器测定二氧化碳、氧含量和一氧化碳的原理是利用吸收液吸收烟气中的某一成分，根据吸收前后烟气体积的变化，计算该成分在烟气中的体积分数。

在测定时，使用氢氧化钾溶液吸收二氧化碳，使用焦性没食子酸与氢氧化钾混合液吸收氧，使用氯化铵–氯化亚铜–氨水混合液吸收一氧化碳。

采样时，将采样管插入烟道靠近中心位置，用双联球或电磁泵将烟气抽入铝箔袋或球胆中，用烟气反复洗涤三次，最后，采集500～700mL的烟气。

取样时将三通旋塞连通大气，升高水准瓶，使量气管液面至100mL标线处。然后将采集气样的贮气袋接到进气管上，打开三通旋塞，使气样进入取样系统，降低水准瓶，使量气管液面降至零标线处。然后，抬高水准瓶通过三通旋塞排入大气，反复操作2～3次，冲洗整个系统。再将气样通过三通旋塞进入量气管，取烟气样品100mL，使量气管液面和水准瓶液面对准量气管零刻度标线处，以保持量气管内外的压力平衡，迅速关闭三通旋塞。如果气样温度高，要冷却2～3min，再对准零刻度标线，然后再关闭三通旋塞。

测定时要稍升高水准瓶，再打开二氧化碳吸收瓶旋塞，使气样全部进入吸收瓶吸收。再降低水准瓶，气体又回到量气管。如此反复4～5次，待吸收完全后，降低水准瓶使吸收瓶液面重新回到旋塞下标线处，关闭旋塞，对准量气管与水准液面，读数。再打开旋塞，使量气管中气样再通过二氧化碳吸收液吸收2～3次，关闭旋塞，读数，如果两次读数相等，即表示吸收完全，记下量气管体积。用吸收瓶分别吸收气体中的氧、一氧化碳和吸收过程中放出的氨气。操作方法同二氧化碳测定。

分析完毕，将水准瓶抬高，打开旋塞排出仪器中的气体，关闭旋塞后再降低水准瓶，以免吸入空气。

由于氧的吸收液既能吸收氧也能吸收二氧化碳，因此必须按二氧化碳、氧、一氧化碳吸收顺序操作。

在吸收过程中，要特别注意勿使吸收液和封闭液窜入梳形管中。各旋塞和三通旋塞用时要涂少量凡士林，以保持润滑和严密。二氧化碳、氧气等吸收液为强碱性溶液，不使用时，旋塞和管口要用纸条隔开。当烟气中一氧化碳含量低于0.5%时，不宜用此法。

烟气中二氧化碳、氧、一氧化碳和氮气的体积分数分别按下列公式计算：

$$二氧化碳（CO_2, \%）=（V_0-V_1）\%$$

$$氧（O_2, \%）=（V_1-V_2）\%$$

$$一氧化碳（CO, \%）=（V_2-V_3）\%$$

$$氮（N_2, \%）=V_3\% \qquad (9-2)$$

式中：V_0——量气管取所测烟气体积，V_0=100mL；

V_1、V_2、V_3——经CO_2、O_2、CO吸收液吸收后烟气体积剩余量，mL。

一氧化碳质量浓度按下式计算：

$$一氧化碳（CO，mg/m^3）=（V_2-V_3）\times 1.25\times 10000 \qquad\qquad (9-3)$$

式中：（V_2-V_3）——一氧化碳体积分数，%；

1.25——一氧化碳的换算系数，即28.01/22.4。

二氧化碳、氧和氮的计算同上，其换算系数分别为1.96、1.43和1.25。

（二）烟气中一氧化碳的测定

1.非分散红外吸收法

一氧化碳对以4.5μm为中心波段的红外辐射具有选择性吸收，在一定浓度范围内，其吸收程度与一氧化碳呈线性关系，根据吸收值确定样品中一氧化碳浓度。

水蒸气、悬浮颗粒物干扰一氧化碳测定。测定时，样品需经变色硅胶或无水氯化钙过滤管去除水蒸气，经玻璃纤维滤膜去除颗粒物。

2.定电位电解法

定电位电解传感器主要由电解槽、电解液和电极组成，传感器的3个电极分别称为敏感电极、参比电极和对电极，简称S、R、C。

传感器的工作流程为：被测气体由进气孔通过渗透膜扩散到敏感电极表面，在敏感电极、电解液、对电极之间进行氧化反应，参比电极在传感器中不暴露在被分析气体之中，用来为电解液中的工作电极提供恒定的电化学电位。

（三）烟气中氧气的测定

除了奥氏气体分析器法测定烟气中氧气的方法，烟气中氧气测定的方法还有电化学法、氧化锆氧分析仪法和热磁式氧分析仪法。

电化学法测定O_2原理是：被测气体中的氧气通过传感器半透膜充分扩散进入铅镍合金-空气电池内。经电化学反应产生电能，其电流大小遵循法拉第定律，与参加反应的氧原子摩尔数成正比，放电形成的电流经过负载形成电压，测量负载上的电压大小得到氧含量数值。

氧化锆氧分析仪法测定O_2的原理是：利用氧化锆材料添加一定量的稳定剂以后，通过高温烧成，在一定温度下成为氧离子固体电解质。在该材料两侧焙烧上铂电极，一侧通气样，另一侧通空气，当两侧氧分压不同时，两电极间产生浓差电动势，构成氧浓差电池。由氧浓差电池的温度和参比气体氧分压，便可通过测量仪表测量出电动势，换算出被测气体的氧含量。

热磁式氧分析仪法测定O_2的原理是：氧受磁场吸引的顺磁性比其他气体强许多，当顺磁性气体在不均匀磁场中，且具有温度梯度时，就会形成气体对流，这种现象称为热磁对流，或称为磁风。磁风的强弱取决于混合气体中含氧量多少。通过把混合气体中氧含量的变化转换成热磁对流的变化，再转换成电阻的变化，测量电阻的变化，就可得到氧的体积分数。

第四节　气态污染物的测定

一、无机污染物的测定

（一）二氧化硫的测定

二氧化硫的化学分析方法有碘量法和甲醛缓冲–盐酸恩波副品红分光光度法。前者测定范围宽，设备简单，操作方便，易于掌握，准确度能满足监测要求；后者方法灵敏，适用于低浓度二氧化硫的测定。仪器分析法有定电位电解法、自动滴定碘量法、溶液电导率法、非分散红外吸收法、紫外吸收法，适用于废气中二氧化硫的测定，仪器为便携式，可直接测出浓度，使用方便。

1.化学分析方法

碘量法测定烟气中二氧化硫的原理是：烟气中的二氧化硫被氨基磺酸铵和硫酸铵混合液吸收，用碘标准溶液滴定。按滴定量计算出二氧化硫浓度。反应式如下：

$$SO_2+H_2O \rightarrow H_2SO_3$$

$$H_2SO_3+H_2O+I_2 \rightarrow H_2SO_4+2HI$$

该方法的测定范围是二氧化硫浓度在100～6000mg/m^3。

甲醛缓冲–盐酸恩波副品红分光光度法测定烟气中二氧化硫，是由于二氧化硫被甲醛缓冲溶液吸收后，生成稳定的羟基甲磺酸加成化合物。在样品溶液中加入氢氧化钠使加成物分解，释放出的二氧化硫与盐酸恩波副品红、甲醛作用，生成紫红色化合物，根据颜色深浅，用分光光度计在577nm处进行测定。该方法可测定浓度在2.5～500mg/m^{3}的二氧化硫。

自动滴定碘量法是使烟气通过含有淀粉指示剂碘标准溶液的多孔玻板吸收瓶，烟气中的二氧化硫按以下反应式被碘滴定：

$$I_2+SO_2+2H_2O \rightarrow 2HI+H_2SO_4$$

溶液起初为蓝色，当I_2被耗尽时，溶液变为无色，反应到达终点。用烟气采样器和秒表测量反应到达终点时采集烟气的体积。由于向采样期间生成的亚硫酸根不断地滴定碘，由碘标准溶液的体积、摩尔浓度和到达反应终点的采样体积就可计算出二氧化硫的浓度或由自动判断反应终点的二氧化硫浓度直读仪测定二氧化硫的浓度。该方法测量范围在$100 \sim 6000mg/m^3$。

2.定电位电解法

定电位电解法是一种采用库仑分析原理的监测分析方法，此法所使用的仪器重量轻，便于携带，测定范围宽，测定快速准确，操作方便，适于户外监测分析。

定电位电解传感器原理见本章第三节烟气参数测定中一氧化碳测定部分。

被测气体通过渗透膜进入电解槽，传感器电解液中扩散吸收的二氧化硫发生以下氧化反应：

$$SO_2+2H_2O \rightarrow SO_4^{2-}+4H^++2e^-$$

通过测量库仑电池中极限电流的变化，从而定量求出排气中二氧化硫浓度。

如果被测气体中存在化学活化性强的物质对定电位电解传感器的定量测定有干扰，被测气体中的粉尘和水分容易在渗透膜表面凝结，影响其透气性。在使用本法时应对被测气体中的粉尘和水分进行预处理。

二氧化硫气体分析仪使用前要检查并清洁采样预处理器的烟尘过滤器、气水分离器及输气管路，按使用说明书连接采样预处理器与定电位电解法二氧化硫测试仪的气路和电路，确认无误后，按规定顺序接通电源。

在环境空气中机自检校准零点，当仪器进入测试功能后，将采样探头放进采样孔即可启动仪器抽气泵，抽取烟气进行测定，待仪器读数稳定后即可读数。同一工况下应连续测定3次，取平均值作为测量结果。在测量过程中，要随时监测采气流速是否有变化，及时清洗、更换烟尘过滤装置。

测定结束后，应将采样管置于环境大气中，按仪器说明书，继续抽气吹扫仪器传感器，直至仪器二氧化硫浓度示值符合仪器说明书要求后，自动或手动停机。

电化学传感器灵敏度随时间变化，为保证测试精度，根据仪器使用频率每3个月至半年校准1次。无标定设备的单位，可到国家授权的单位进行标定；具备标定设备的单位，可用二氧化硫配气装置或不同浓度二氧化硫标准气体系列按仪器说明书规定的标定程序标定仪器的满档和零点，再用仪器量程中点值附近浓度的二氧化硫气体复检，若仪器示值偏差不高于±5%，则标定合格。

在标定电化学传感器时，若发现其动态范围变小，测量上限达不到满意值，或在复检仪器量程中点时，示值偏差高于±5%，表明传感器已经失效，应更换电化学传感器。

3.非分散红外吸收法

二氧化硫气体对红外光谱具有选择性的吸收，尤其是在6.85～9μm。采用相应的检测器，检测红外光谱在该波段能量的变化，根据朗伯–比尔定律就可测定样品中二氧化硫气体的浓度。

（1）串联型气动检测器。串联型气动检测器中有2个吸收室，前吸收室光程较短，只能吸收光谱的中心部分；后吸收室采用了光锥结构，使前室没有被吸收的光谱在后室全部被吸收。由于不同气体吸收光谱的重叠产生于吸收谱带的边缘，因而通过选择合适浓度的填充气体，可以使重叠部分的光谱在前室的吸收等于后室的吸收，从而消除其他气体对待测气体的干扰。

另外，部分光红外可以做成多组分气体分析器。同一个检测器可同时检测被测气体和背景气体，然后采用数据处理方式进行自动补偿，消除背景气体对测定的影响。

用多组分部分光红外模块可以在光路中插入一个校准气室。校准气室中可以填充一定浓度的被测气体，产生相当于满量程标准气体的吸收信号。因此，可以不需要标准气体就能实现仪器的定时标定。在校准气室进入光路时，仪器的工作室必须通入高纯氮气。为了验证校准气室是否漏气，每半年或一年仍然要用标准气进行一次对照测试。

（2）窄带干涉滤光片。由步进电机将被测气体吸收波段的两个窄带干涉滤光片置入光路，一个滤光片把SO_2气体吸收波段对应的谱线的能量完全吸收，即不让这部分能量通过，检测器测量的是其他组分对光的吸收。另一个滤光片不吸收SO_2气体吸收波段对应的谱线的能量，检测器测量的是SO_2和其他组分对光的吸收。通过检测能量的差，计算出SO_2气体的浓度。

4.溶液电导率法

溶液在恒定温度时，有与其浓度相应的一定电导率（电阻的倒数）。当这种溶液吸收气体或者与气体发生化学反应时，其电导率即发生变化。溶液电导率测定二氧化硫法就是利用采集烟气中的二氧化硫，被用硫酸酸化的过氧化氢溶液吸收发生化学反应而溶液的电导率发生变化进行测定的。

根据硫酸电导率的增加求SO_2浓度。在一定范围内，溶液电导率变化的大小与二氧化硫浓度成正比。

该方法使用专用溶液电导率法二氧化硫测定仪进行测定。

抽气泵将被测气体经过气水分离器和选择性过滤器之后，被送入反应管，并充满其容积。多余气体由旁气路进入鼓泡池，过滤后排入环境空气；同时，吸收液由供液泵以15±2滴/min的速度在反应管内形成柱塞，对管内气体进行吸收，并且保证每滴吸收液与每一管气体的定比反应（气液流量比为15∶1），通过仪器中的两对铂金导电板测定溶液的电导率，从而定量得到排气中二氧化硫浓度。

（二）氮氧化物的测定

废气中氮氧化物主要是NO_2和NO，二者之和为氮氧化物总量即NO_x。在废气监测工作中，既可以分别测定NO_2和NO，也可以测定其总量NO_x。通常是测定总量，但结果均以NO_x表示。

1.化学法测定氮氧化物

测定氮氧化物的化学方法中，中和滴定法简单易行，测定范围宽，其原理是用过氧化氢溶液氧化吸收后生成硝酸，用氢氧化钠标准溶液滴定，根据滴定量计算氮氧化物浓度。反应式如下：

$$2NO+3H_2O_2 \rightarrow 2HNO_3+2H_2O$$

$$2NO_2+H_2O_2 \rightarrow 2HNO_3$$

$$HNO_3+NaOH \rightarrow NaNO_3+H_2O$$

酸性氧化物及任何酸类物质对氮氧化物的测定产生正干扰，碱性物质则产生负干扰。因此，本方法只适用于硝酸厂工艺废气中氮氧化物和硝酸雾的测定。

快速二磺酸苯酚法测定范围宽，在计算结果时不需要使用NO_2（气）转换为NO_3^-（液）的系数，被日、美等国家定为标准方法。其原理是废气中的氮氧化物可被硫酸、过氧化氢氧化成硝酸根离子，生成的硝酸根离子在无水条件下与二磺酸苯酚偶合，在氢氧化铵存在下显黄色，此黄色对420nm波长有强烈吸收，可进行比色测定。颜色深浅与氮氧化物浓度成正比，测定范围为$20 \sim 2000mg/m^3$。

盐酸萘乙二胺分光光度法是国内外广泛采用的成熟方法。其特点是灵敏度高，且在采样的同时完成显色反应，采样完毕即可比色测定，因此操作简便。缺点是在计算结果时需使用NO_2（气）转换为NO_3^-（液）经验换算系数，影响测定的准确度。其原理是当废气通过冰醋酸、对氨基苯磺酸和盐酸萘乙二胺配制成的吸收液（也是显色剂），废气中的NO_2被吸收并转变为亚硝酸，在冰醋酸存在下，亚硝酸与对氨基苯磺酸发生重氮化反应，盐酸萘乙二胺立即与新生重氮盐反应生成玫瑰红色偶氮染料。根据颜色深浅，用分光光度法测定。

NO不发生上述反应。若测定总氮氧化物时，需将废气先通过铬酸–石英砂氧化管，使NO氧化成NO_2后，再按上述反应进行测定。从通过氧化管测得的氮氧化物总量中减去未通过氧化管测得的NO_2量，二者之差即为NO的量。

2.仪器法测定氮氧化物

常见的仪器法有紫外分光光度法和定电位电解法。

紫外分光光度法测定原理是将气体样品收集于一个装有稀硫酸-过氧化氢吸收液的瓶中，气样中的氮氧化物被氧化并被吸收，生成NO_3^-，于210nm处测定NO_3^-的吸光度。

采样的样品瓶是一个1L或2L的圆底烧瓶，壁厚可承受一个大气压力。采样前采样的样品瓶中加入25.0mL吸收液，将装置连接好，并检查系统密封性和可靠性。若1min内负压下降不超过1.3kPa可进行采样，否则，应检查漏气原因并重新连接。将吸收瓶内的真空度抽至−70～−90kPa，旋转三通阀活塞，使吸收瓶关闭，采样管抽取排气筒内清洗管道约3min后，再旋转三通阀活塞，使采样管内气体迅速进入吸收瓶内，关闭吸收瓶，将吸收瓶三通阀一起从采样装置中拆下，摇动5min后（注意避免阳光直射）带回实验室。

将采样后的吸收瓶带回实验室，放置于阴暗处至少16h后取5.00mL吸收液进行比色测定。

被测气体通过渗透膜进入电解槽，传感器电解液中扩散吸收的一氧化氮发生以下氧化反应：

$$NO+2H_2O \rightarrow HNO_3+3H^++3e^-$$

通过测量库仑电池中极限电流的变化，从而定量求出废气中一氧化氮浓度。

被测气体中的粉尘和水分容易在渗透膜表面凝结，影响透气性。在使用本方法时应对被测气体中的粉尘和水分进行预处理。

二、有机污染物的测定

（一）总烃和非甲烷烃

非甲烷烃（NMHC）通常是指除甲烷以外的所有可挥发的碳氢化合物（其中主要是$C_2 \sim C_8$），又称非甲烷总烃。

用气相色谱仪以火焰离子化检测器分别测定空气中总烃及甲烷烃的含量，两者之差即为非甲烷烃的含量。根据对氧峰干扰的去除方法不同，分为测定方法一及测定方法二。

1.测定方法一

以氮气为载气测定总烃时，总烃的峰中包括氧峰，气样中的氧产生正干扰。在固定色谱条件下，一定量氧的响应值是固定的，因此可以用净化空气求出空白值，从总烃峰中扣除，以消除氧的干扰。方法检出限为0.2ng（以甲烷计，仪器噪声的2倍，进样量1mL）。

测定非甲烷烃含量时使用的气相色谱仪并联两根色谱柱，两根色谱柱的尾端连接一个三通与火焰离子化检测器相连。柱1为长2m、内径4mm不锈钢螺旋空柱，用于测定总烃；

柱2为长2m、内径4mm填充GDX-502担体不锈钢螺旋柱。

实验时，样品经1mL定量管，通过六通阀进入色谱仪空柱，总烃只出一个峰，不能将样品中的各种烷烃、烯烃、芳香烃以及醛、酮等有机物分开；当通过六通阀进入色谱仪GDX-502柱时，空气峰及其他烃类与甲烷均分开。配制已知气样，根据保留时间，可对气样中各种成分进行定性分析。

在定量分析时，将气样、甲烷标准气体及除烃净化空气，依次分别经1mL定量管，通过六通阀进入色谱仪空柱。分别测量总烃峰高（包括氧峰）、甲烷标准气体峰高，以及除烃净化空气峰。将气样及甲烷标准气体经1mL定量管，通过六通阀进入GDX-502柱，测量气样中甲烷的峰高及甲烷标准气体。

2.测定方法二

为克服以氮气为载气测定总烃时气样中氧产生正干扰，也可以使用除烃后的净化空气为载气，在稀释以氮气为底气的甲烷标准气时，加入一定体积的纯氧，使配制的标准系列气体中的氧含量与样品中氧含量相近（与空气中氧含量相近），于是标准气与样品气的峰高包括相同的氧峰，可消除氧峰的干扰。方法检出限为0.2ng（以甲烷计，仪器噪声的2倍，进样量1mL）。

该方法同样使用带火焰离子化检测器的气相色谱仪。气相色谱仪并联二根色谱柱，两根色谱柱尾端连接一个三通与火焰离子化检测器相连。

测定非甲烷烃除上述两种方法，还可以用GDX-102及TDX-01吸附采样管在常温下采集空气样品，非甲烷烃被吸附采样管吸附，空气中的氧不被吸附而除去。采样后，在240℃加热解吸，用氮气将解吸后的非甲烷烃导入气相色谱仪，用火焰离子化检测器测定，最低检出浓度以正戊烷计为0.02mg/m³。

（二）二噁英

二噁英（Dioxin）全称分别是多氯二苯并二噁英（Polychlorinated Dibenzo-p-dioxin，简称PCDDs）和多氯二苯并呋喃（Polychlorinated Dibenzofuran，简称PCDFs）。由2个氧原子联结2个被氯原子取代的苯环为多氯二苯并呋喃（PCDDs）；由1个氧原子联结2个被氯原子取代的苯环为多氯二苯并呋喃（PCDFs）。每个苯环上都可以取代1~4个氯原子，从而形成众多的异构体，其中PCDDs有75种异构体，PCDFs有35种异构体。由烟道、烟囱和排气筒（以下均称为排气筒）排出的燃烧及化学反应产生的废气含4~8个氯原子的多氯二苯并对二噁英和多氯二苯并呋喃，采用毛细管色谱-双聚焦质谱法测定。

捕集到的试样经过萃取、净化后，用毛细管色谱-双聚焦质谱进行定性、定量分析。毛细管色谱-双聚焦质谱装置中的毛细管色谱采用毛细管色谱柱，双聚焦质谱采用分辨率在10000以上的双聚焦质谱仪。在测定二噁英类时，不同仪器设备检测下限不同，但必须达到以下指标：四氯、五氯二噁英类在0.1ng以下，六氯、七氯类在0.2ng以下，八氯二噁英类在0.5ng以下。

采样时，要在含^{13}C或^{37}Cl的二噁英类中选用一种以上的合适物质作为采样和测定时的内标物。采样装置包括采样头、滤膜捕集部分、吸附捕集部分、液体捕集部分、真空泵和气流流量计等。

1.采样装置

在温度120℃以上条件下，已捕集在滤膜上的烟尘和排气接触后二噁英类有可能再生成或分解。为了避免二噁英类的再生成和分解，要注意在采样装置的滤膜捕集部分的温度，当温度过高时，需对采样管进行冷却。此外，采样装置不能受排气筒的污染，在气样采集过程中不能混入现场大气，以免影响测定结果。

采样管部分要采用能适应排气温度的玻璃或透明石英玻璃材质。滤膜捕集部分的温度要保持在120℃以下，否则要用带冷水套的探头。

滤膜捕集部分采用烟尘采样器，并采用硅纤维圆形或圆筒形滤纸、玻璃纤维或硅纤维粉尘滤筒。使用前要进行空白试验，确认无干扰物质。烟尘量少且不影响采样和测定时，可省略滤膜捕集部分。另外，对某些燃烧装置，可用在圆筒滤纸前加入硅纤维的烟尘滤筒。

在液体捕集部分连接直线排列的容积为0.5 ~ 1L的吸收瓶，加入正己烷清洗水或二甘醇。

从滤膜捕集部分到液体捕集部分的连接管线应尽可能短，用玻璃或氟树脂材质。必须严格密封。

采样所使用的真空泵在安装滤膜后应具有10 ~ 40L/min的抽吸能力，具有流量调节功能，可以24h连续使用。指示流量计采用干式或湿式气体流量计。测定范围从10 ~ 40L/min，并对流量计的刻度定期校正。

2.采样

对焚烧处理设施废气排放的测定，由于其规模和排气的处理方式不同，排气的性质也不同，且测定场所具有不同的危险性。因此，预先应调查测定场所排气性质和工作区域安全性。采样位置应在可以采集到具有代表性气体的位置，流速测定点位应设定在与平均流速相近的地方（可以等速抽吸的地方）。应包括测定排气的温度、流速、组成、压力、水分量、测定位置、烟尘等内容。

采集气样前添加内标物质的操作叫采样加标。采样加标即在吸附捕集或液体捕集部分添加内标物质。添加量根据排气浓度及测定条件确定，取毛细管色谱–双聚焦质谱测定的工作曲线范围内的量，一般添加1 ~ 20ng。采样加标中用一种以上合适的内标物质。不同的内标物质在不同质谱仪器条件下会有干扰，因此在使用之前要充分试验和验证。采样加标回收率必须在70%～130%。所采用的采样方法若没有充分试验，但判断满足以上条件时，可不进行采样加标，但必须能提供作出满足以上条件的判断所采用的数据依据。

3.样品预处理

采集的试样添加内标物质（净化加标）后，滤纸、树脂、吸收液等按状态进行萃取，混合每个萃取液后进行必要的分离，进行硫酸处理–硅胶柱层析或多层硅胶柱层析，使二噁英类分开成两份试样，再分别用氧化铝柱净化后用毛细管色谱–双聚焦质谱测定。

4.样品测定

二噁英类的定性和定量测定，使用毛细管色谱和双聚焦质谱，即毛细管色谱–双聚焦质谱测定。要求分辨率在10000以上，对内标物分辨率要求在12000以上。为了分辨出各种异构体，需将校正质量用的内标物质和测定试样同时导入离子源，用锁定质量方式选择离子检测法进行测定，以校正检测选择离子附近质量离子的质量微小变化。用保留时间及离子强度之比定性检定二噁英类后，以色谱峰的面积用内标法定量。

双聚焦质谱的检测下限因仪器设备和测定条件的变化而不同。但应达到四氯化物和五氯化物在0.1pg以下，六氯化物和七氯化物在0.2pg以下，八氯化物在0.5pg以下。

5.结果表示和报告

二噁英类的测定结果要记录2，3，7，8位氯置换的各种异构体浓度（根据需要对1，3，6，8 –TCDD、1，2，7，8–TCDF等异构体的浓度也要定量记录），含4～8个氯原子的二噁英类化合物（TeCDD—OCDD及TeCDF—OCDF）及异构体浓度，并计算其总和。

当各种异构体浓度在气样定量下限以上时，如实记录，而在检出限定量下限以下时，为了表示出与其他值的区别及精度难以保证时，以括号注明。以检测出的各种异构体浓度计算其各自的浓度及总和。

二噁英类的浓度以pg/L表示。毒性当量以测定浓度和毒性等价系数（TEF，TCDD Toxicity Equivalency Factor）相乘，以pg–TEQ/L表示。

按下述方法计算各种异构体的毒性当量和总毒性当量，无论如何必须注明使用的计算方法。

（1）在没有特殊要求的情况下，直接使用大于定量下限的数据，低于定量下限而高于检出限的数据在计算时以0计，用所有数据之和计算出毒性当量。

（2）根据不同要求，还有以下的计算方法：

①在定量下限和检出限之间的数据可直接使用，当在定量下限以下时，按试样的检出限计算各异构体的毒性当量，以所有数据之和算出毒性当量。

②大于和小于定量下限的数据选用检出限以上的数据都直接使用，小于检出限的数据用试样检出限的1/2计算各异构体的毒性当量，相加计算出毒性当量。

（三）恶臭

恶臭是极其特殊的环境污染问题，人类可以直接感知它的危害程度。换句话说，化学物造成的环境污染可通过化学分析方法进行检测，而恶臭可通过人类的嗅觉来判断环境中恶臭的危害程度，而使用仪器分析是很困难的。人类能够感觉恶臭存在，但还未研制出能极为准确识别恶臭强度的仪器设备，所以恶臭分析只能通过人类感官检测，而分析仪器可以测定恶臭物质。

在环境中的臭气成分多为有机化合物，而无机化合物只有氨、硫化氢等。测定有机成分一般采用仪器分析方法。我国《恶臭污染物排放标准》（GB 145513—1993）规定的主要控制的恶臭物质是氨、甲硫醇、硫化氢、甲硫醚、二甲二硫醚和三甲胺。

产生臭味和异味的物质的种类大致相同，主要有醛类、含氮化合物、含硫化合物、低脂肪酸、酚类、环状醇等物质。

产生恶臭的物质不只是气体，也有液体和固体成分，必须根据各物质的性质选择捕集方法，且需注意以下几点：

（1）确认恶臭物质，判断恶臭物质时，尤其是对未知恶臭物质中强度弱的臭气物质定性较难；反之，对有特征的、强度高的臭性较容易。

（2）了解样品本身所具有的特性，是否容易受光和热的影响而变化、是否容易受微生物的影响等，采取适当的样品采集和保存方法。

（3）臭气物质是否稳定，在空气中是否容易被氧化，原臭味易变化时要采取特殊的样品采集与保存方法，并尽快分析。

1.恶臭成分分析试验准备

将臭气气体（对液体、固体为顶空气体）通过反应溶液，掌握臭气性质的变化，通过检测管确定特征物质类别及其浓度。臭气气体通过硫酸等酸性溶液使其性质发生变化时，则可确定含有氨类或部分含氮环状化合物（吡啶和吡嗪等六环化合物）。

臭气通过氢氧化钠等碱性溶液后发生变化时，臭气物质主要为酸性物质。酸性物质可分为羧酸、酚类和硫醇等。磺酸类属不挥发性，不是产生臭气的原因。为区别羧酸和酚类，可把臭气通过碳酸钾水溶液观察臭气物质的变化情况，酚类物质不与碳酸钾水溶液反应，羧酸则发生反应，使臭气强度减弱。硫醇类具有独特的臭气特性，可通过嗅觉辨别。

通过2，13-二硝基苯肼（DNPH）水溶液臭气物质发生变化时，可初步判明羰基化合物（醛类、酮类）产生恶臭的原因，羰基化合物的含量高时，也可看到反应溶液中产生沉淀。

臭气物质通过高锰酸钾水溶液观察其发生的变化时，醇类被氧化生成羰基化合物和羧酸，臭气强度将增强；含硫化合物氧化后变成无臭物质；其他容易发生反应的物质氧化后臭气强度将变弱。

检测管是非常方便的气体检测方法，用各种各样的检测管可以检测相当广泛的恶臭物质。检测管的缺点是灵敏度不高，许多共存物质干扰测定。因此，要具有准备试验的经验和关于有机物的较广泛的知识。

2.恶臭成分的浓缩

定性和定量测定恶臭成分，需要将恶臭成分进行浓缩，因为即便使用先进的分析仪器，其检测限度也远远达不到人类嗅觉的阈值。对气体样品可使用将对象成分吸附在固体表面、低温液化的方法（吸附捕集、固相萃取、低温浓缩、固相微萃取）、用溶剂吸收溶解的方法（溶剂吸收）和反应捕集。反应捕集方法，如氨和三甲基胺与硼酸反应生成盐后进行捕集，低级脂肪酸与氢氧化钾反应的方法、醛类与DNPH反应生成腙的方法被广泛应用。最近引起注意的是固相微萃取技术。在针的表面涂有微细的活性炭和毛细柱用的固定相，如果接触到气体或液体，遵循气–固平衡、液–固平衡，特定恶臭成分被吸附到表面。把针头插入仪器进样口，加热后被吸附的物质气化解吸后进行分析。采用简单操作，而不使用特殊装置分析恶臭的方法也有很多。

按规定使用各种浓缩方法处理样品后，用嗅觉确认萃取液和浓缩液的臭味与样品的臭味相同时，可进行下一步操作。通常测试者的嗅觉就可确认前处理操作是否正确，这在其他项目的环境分析是不可行的。另外，臭气气味因浓度高低会发生微小的变化，因此必须考虑试样的浓缩倍数。

3.恶臭成分的仪器分析

恶臭成分测定方法：恶臭成分的分析一般采用毛细管色谱和毛细管色谱–双聚焦质谱法。对氨可通过分光光度法定量测定。

用分离浓缩法得到的试样是由臭气中许多成分（气体或萃取溶液）组成的，将臭气物质分离是臭气成分检测的必要条件。在毛细管色谱的分离手段中，毛细柱具有高分离度，一般在毛细管色谱分析中，1h可分离100多种成分。有时萃取液中含有几百种成分，采用一根毛细柱难以完全分离，不能使臭气成分完全检测出来。这时可通过不同极性的多种毛细柱来分离，得到较好的分离效果和分析结果。

毛细管色谱–双聚焦质谱定性分析臭气成分是非常重要的，定性一般采用三种方法：第一种是用毛细管色谱选择性检测器，根据测定结果确定各化合物的构成元素；第二种是利用毛细管色谱的保留时间或保留指数的定性方法，这种方法需使用标样或基础数据；第三种是利用质谱图定性的方法，即利用质谱图谱库检索的方法，目前谱库中的谱图已有几十万个，但对未知的谱图还需要有解析的功能。

此外还有特殊的定性方法，即衍生化法。通过分离衍生化合物，确定化合物的类别。例如，醛类利用DNPH衍生化，然后分析衍生化合物，对所有羧基化合物可进行同时分析。但NDPH的衍生物是顺式和反式的混合物，解析比较复杂，不容易测定。另外，用巯乙胺衍生化生成四氢噻唑化合物，为单一化合物，容易进行定量分析。利用四氢噻唑化合物的质谱图还可推测出原来的羰基化合物。

第五节　废气监测的质量控制

一、污染源废气监测工作流程

（一）监测前期准备工作

为了能够有效确保污染源废气监测工作顺利开展，相关工作人员必须做好前期的准备工作。在此过程中，首先是要掌握污染源企业的生产规模和污染物本身特性，监测人员需要结合生产现场实际情况进行勘查，了解实际情况，以此来精准掌握污染源企业生产规模、加工原材料以及其自身特性。其次，监测人员还要了解污染源排放具体位置和相关处理设施，根据实际勘查情况来进行分析，以此来保证污染源废气监测工作能够顺利完成。最后，还要在技术方面做好充足的准备，只有通过完善的监测技术才能够保证最终监测结果的精准性，为后期监测工作奠定良好的基础。

（二）规范废气采样点和样品采集过程

从目前污染源废气监测工作实际操作情况来看，对废气采样点和采集过程进行规范化，能够有效提高废气监测工作质量。其中，废气采样点通常就是指监测工作中用来采集废气排放源头的具体位置，为了保证废气监测工作的整体水平，必须对采样点位置进行严格规范。比如要保证采样点设置在污染源的范围之内，分布均匀、稳定。同时，废气采样点还要严格按照规范要求来进行设置，只有这样才能够满足污染源废气监测工作相关规范和要求，保证数据监测结果的精准性和整体效率。除此之外，在废气采样点所收集到的样品必须符合污染源废气动态变化规律，也就是废气监测工作中的具体要求，要合理调整废气监测现场的样品采集方案，以此来最大限度地将废气监测数据的误差降到最低。

（三）废气监测数据应用和处理

从污染源废气监测工作流程角度来看，废气监测数据应用和处理对于废气监测工作水平优化而言具有十分重要的现实意义。对此，监测人员必须保证采集到的废气满足污染源监测工作的具体要求，同时还要在数据处理和应用方面严格遵循监测工作的相关规定，利用标准的监测技术手段来获取更加精准且科学的监测数据。如在废气颗粒物收集和处理相关标准中，要先明确废气污染源中颗粒物采集和相关标准，并按照行业标准要求中的基准氧含量和实测氧含量进行折算，从而得出颗粒物的排放浓度，以此来降低环境和人为因素等客观因素的影响，有效提高数据监测的稳定性和精准性，让最终的监测数据可以真实且全面地反映出污染源废气排放情况。

二、废气监测的质量控制方法

（一）标准化监测方法的制定

根据监测的目的和需求，明确监测的参数和指标，如空气中的颗粒物浓度、废气中的有害气体浓度等。根据监测目标和方法要求，选择适合的仪器设备，如气体分析仪、颗粒物采样器等。确定采样点位、采样时间和采样频率等，保证采样的代表性和连续性。为了确保样品具有代表性，应在烟囱、管道气道平稳处增设监测点位，垂直管道为最佳选择，和弯头、阀门下游相距距离应超过6倍直径，或者上游位置超过3倍直径，最小也应超过1.5倍直径，断面气流流动速度应超过每秒5米。断面为圆形时应当保证两个采样孔之间保持彼此垂直状态，将断面分为多个面积相同的同心圆环，监测点处于等面积中心线位置，圆环数量根据管道直径调整，如果直径在30cm以内，只在管道中心位置设置监测点。不同点位采样时间应当超过3分钟，在采集后迅速对下一点位进行采样，每次采样数量最少为3个，获取平均烟尘浓度数据。如果对空气质量进行检测应当进行持续1小时的采样，或者在1个小时内应当获取4个样品，取数据平均值。根据检测参数和指标，选择适当的分析方法，如气相色谱法、质谱法等，确保分析结果的准确性和可比性。制订仪器设备的校准和质控方案，定期对仪器进行校准和质控，确保检测结果的准确性和可靠性。将制定好的监测方法整理成监测方法手册，包括方法原理、操作步骤、仪器设备和试剂的使用要求、质量控制措施等内容，定期评估、更新，适应监测需求的变化。

（二）仪器设备的质量控制

制定仪器操作规范，包括正确的样品采集、样品处理和仪器操作步骤。如在仪器使用前通电，将气泵打开，堵住和采样端相接近的胶管，流量计前复压应为6.7Kpa，再次将胶管堵住并关机，如果在60秒内负压值下降幅度在0.15Kpa内，代表系统不存在漏气问题，气密性符合检测设备要求。在采样时需使用滤筒，应将滤筒放置在105℃到110℃间烘干，持续时间1小时，冷却时间为40分钟，如果烟道内烟气温度超过300℃应将其放入温度为

400℃的高温滤内烘1小时，对滤筒失重进行控制，反复上述流程，一直持续到滤筒重量不变，将其放入特制采样箱子。定期对仪器的性能进行验证，包括分辨率、线性范围、检测限、重复性等指标的检验。这可以通过使用标准物质或参考方法进行验证实验来完成。验证的结果应与仪器的规格和规定要求相符。及时维修和保养仪器设备，保证其正常工作和准确性。同时，做好备件管理，确保备件的及时更换和供应，避免因设备故障而影响监测工作的正常进行。建立合理的数据记录和管理系统，确保监测数据的完整性、准确性和可追溯性。记录包括仪器的校准记录、维护记录、质控样品测试结果等，以便追溯和分析数据的质量。参与外部质量评估和比对活动，与其他实验室或机构开展技术交流和比较，以评估仪器的性能和准确性。仪器设备的质量控制是确保空气与废气监测结果可靠和准确的重要环节。只有保证仪器设备的质量，才能获得可信的监测数据，并为环境保护和管理提供科学依据。因此，定期进行仪器设备的校准、维护和质控样品测试，遵循操作规范，建立完善的数据记录和管理系统，参与质量评估和比对活动，都是保证仪器设备质量控制的重要措施。人员培训与质量控制在空气与废气监测中起着至关重要的作用，确保监测工作的准确性、可靠性和一致性。

（三）人员培训与质量控制

监测人员需要接受相关的培训，包括空气与废气监测的基本知识、操作方法、仪器设备的使用和维护等。培训内容可以通过专业机构、培训课程和实际操作等方式进行。同时，监测人员还需获得相关的认证或资质，以证明其具备相应的专业知识和技能。制定监测人员的质量控制措施，包括监测操作的规范和流程、质量控制样品的使用和测试、记录和报告的要求等。监测人员需要严格按照质量控制措施进行操作，确保监测结果的准确性和可比性。定期对监测人员进行评估和审核，包括技术能力的考核、操作规范的遵守情况、质量控制措施的执行情况等。评估可以通过内部审核、外部评估或第三方认证等方式进行。同时，监测人员之间也可以进行经验分享和技术交流，互相学习和提高。建立和实施内部质量管理体系，包括监测人员的培训计划、质量控制措施、数据记录和管理、纠正措施和持续改进等。通过内部质量管理体系的建立，可以确保监测人员的培训和质量控制得到有效管理和监督。参与外部质量比对和认证活动，与其他实验室或机构开展技术交流和比较，以评估监测人员的技术能力和质量水平。外部比对和认证可以提供客观的评价和认可，也可以促进监测人员的技术提升和质量改进。人员培训与质量控制是确保空气与废气监测工作的准确性和可靠性的关键要素。通过监测人员的培训与认证、质量控制措施、定期评估和审核、知识更新与学习交流、内部质量管理体系的建立和外部比对与认证等措施，可以提高监测人员的专业能力和质量水平，保证监测工作的质量和可靠性。

（四）实验室质量控制

定期对实验室仪器进行校准，以确保其准确度和精度。同时，使用质量控制样品（QC样品）进行测试，验证仪器的稳定性和准确性。QC样品是含有已知浓度或特定特性的样品，可用于模拟监测样品的性质。对样品进行质量控制，包括样品采集、保存、处理和分析等环节。确保样品采集过程中的标准化操作，采用适当的参比物质、质量控制样品等进行样品处理和分析。实验室内部环境的控制也是实验室质量控制的重要方面。保持恒定的温度、湿度和气压等环境条件，避免阳光直射和电磁干扰等，以确保实验室仪器的准确性和稳定性。建立完善的数据记录和管理系统，对实验室的质量控制数据进行记录和管理，包括仪器校准记录、质量控制样品测试结果、样品处理和分析记录等。这样可以确保数据的完整性、准确性和可追溯性。实验室可以参与外部质量评估和比对活动，与其他实验室或机构开展技术交流和比较。通过与其他实验室的比对，可以评估实验室的分析能力和质量水平，发现潜在问题并进行改进。建立和实施内部质量控制体系，包括实验室质量控制计划、操作规范、质量控制样品的使用和测试、数据记录和管理、纠正措施和持续改进等。通过内部质量控制体系的建立，可以确保实验室质量控制工作得到有效管理和监督。定期对实验室的质量控制工作进行审核，包括技术能力的考核、操作规范的遵守情况、质量控制措施的执行情况等。通过审核结果，发现问题和改进的机会，并进行持续改进，提高实验室质量控制工作的效果和水平。

第十章　应对气候变化的污染物防控政策和措施

第一节　国内外空气污染防控和应对气候变化措施及效果分析

一、典型发达国家

美、日以及欧盟作为发达国家，其在大气环境管理研究方面远远走在前面。美国作为西方发达国家的代表，其大气环境管理具有典型意义，研究美国的管理现状，对于我国大气环境管理体制的创新具有极大的意义。日本作为亚洲国家，其大气环境管理对于我国而言具有更大的借鉴意义。欧盟作为一个整体，其大气环境保护成效相当显著，其区域合作进行大气环境管理的经验也值得我们学习。

（一）美国空气污染防控措施

美国1969年设立环境质量委员会，直属于总统，1970年12月成立国家环保局（EPA），EPA设立十大区环保分局，各区局长向国家环保局局长负责，协调州与联邦政府的关系。美国环境管理的整体特点是以立法为基础，以行政措施为主，辅之以一定的经济手段，大致包括以下五种形式：

（1）直接的行政管理管制，先确立可能范围内的最低污染标准，再由国家环境保护局执行，辅以经济惩罚强化实施。

（2）自愿管制，政府对公民进行环境教育，提高公民爱护环境的自觉性，靠公民自觉维护环境。

（3）责任赔偿，由污染者对造成的破坏承担责任赔偿。

（4）污染税，政府对向环境中排放污染物质的企业和个人征收大气污染扩散税或其他行政费用。

（5）津贴，由州一级政府对地方政府或企业治理污染的行为提供一定的资助或税收优惠。

（二）日本的空气污染防控措施

日本在1971年以前的环境管理体制是分散的，政出多门，管理混乱。日本成立环境厅，直属首相领导，厅长为内阁大臣，标志着日本的环境管理体制进入相对集中式的阶段，环境厅厅长直接参与内阁决策。地方设有道府县和市町村环境审议会，但与环境厅是相互独立的，无上下级的领导关系，国家在环境法的实施中，主要依靠地方自治团体，但中央政府在财政控制和行政指导与监督方面的权力比较大，对地方团体实施法律有很大的影响力，地方团体在法定范围内接受环境厅的领导与监督。

环境厅和公害对策会议两者的主要职能基本一致，它们的区别在于，环境厅主要负责组织、协调全国环境保护的事务性工作；而公害对策会议主要是就环境保护的方针、政策、计划、立法及重大环境行为向内阁总理大臣提出咨询意见，实际上是内阁总理大臣的环境咨询机构。

日本环境省机构由大臣官房、综合环境政策局、地球环境局、水和大气环境局、自然环境局、地方环境事务所以及环境调查研修所等组成。大臣官房负责省内人事、法令和预算等业务的综合协调，牵头制定各具体方针，此外还进行政策评估、新闻发布、环境信息收集等，致力于使环境省功能最大限度地发挥。综合环境政策局负责计划和制定有关环保的基本政策，并推进该政策的实施，同时就有关环保事务与有关行政部门进行综合协调。地球环境局负责推进实施政府有关防止地球温暖化、臭氧层保护等地球环境保全的政策。此外，还负责与环境省对口的国际机构、外国政府等进行协商和协调，向发展中地区提供环保合作。水和大气环境局通过积极解决由工厂和汽车等所排放出的物质造成的大气污染、噪声、振动和恶臭等问题，致力于保护国民的健康以及保全生活环境。此外，还将努力确保健全的水循环功能，把水质、水量、水生生物及岸边地纳入视野，加上土壤环境及基岩环境，对其进行综合施政。自然环境局对从原生态自然到我们周边自然的各个形态实施自然环境的保全，以推进人类与自然和谐相处，与此同时还负责推进生物多样性的保全、野生生物保护管理以及国际合作交流等施政。地方环境事务所主要监督地方政府执法，促进采取废物循环方式；鼓励地方政府采取应对气候变暖的措施；开展环境教育，提高公众意识等职能。

早在末端治理阶段，随着各项相关法律法规的制定、环境管理行政体制的不断完善，以及在国家鼓励下的企业大规模环保设备投入等，日本在很大程度上控制了公害对社会带来的灾害，在成为世界上对公害限制最严厉的国家之一的同时逐步地改善了本来日趋恶化的自然环境，为日后的环境工作打下了思想和行为上的基础。

二、典型的发展中国家

（一）印度的空气污染防控措施

印度的环境管理主要通过设立全国性的环境保护机构以及地方各邦设立相应的环境管理机关，从而在全国构建起相当完备而健全的环境管理机构。国家层面上，印度设立了"国家环境规划与协调委员会"，隶属于科技部，负责管理环境事务。成立了独立的"环境总局"，专门负责环境问题的管理事宜，是现今印度环境与森林的最高行政管理机构。此外，印度政府还设立了具体的环境领域的管理组织、机构和单位。污染控制领域的管理机构有三个，即中央污染治理委员会、国家河流保护局、国家环境控诉局，其下面还设立了环境影响评估机构局等来具体处理环境控诉事宜。

目前，印度温室气体排放总量位于全球第四位，温室气体减排压力较大。印度政府发布了《气候变化国家行动方案》，向人们展示了其减排的决心和努力。方案推出了减缓和适应气候变化的八大计划，增加可再生能源比重，提高应对气候变化能力，改善生态环境。

第一，提高利用太阳能的比重，扩大核能、风能和生物质能等的规模。通过国际合作，研发成本低的有利条件，推广太阳能发电系统和超长储存、超长使用技术。

第二，设立能效部，推行可交易的节能证书制度，通过技术创新降低产品成本，加快设备升级改造，创新融资机制，加大对需求管理项目的融资，创新财政激励机制，促进能效提高。

第三，实施《节能建筑规范》，优化新建和大型商业建筑能耗；加强资源循环利用和城市废弃物管理；优化城市规划，鼓励乘坐公共交通工具；提高基础设施可靠性、社区灾难管理水平及极端气候事件预警能力，增强气候变化适应能力，实施可持续生存环境计划。

第四，建立统一的国家水资源管理体系，通过合理的水资源管理建立水资源优化利用机制，将水资源利用效率在目前基础上提高20%。

第五，执行绿色印度计划，采取措施遏制林地退化，将森林覆盖率由目前的23%提高到33%。

第六，加强新作物品种，尤其是耐高温作物的优选和研究；调整耕作方式，应对干旱。洪水和各种潮湿天气等极端气候的威胁，走可持续发展的农业道路。

第七，建立科研资源共享平台，加强与全球研究机构的合作，开展高水平气候变化研究；预测气候变化对未来的影响，及早制定应对策略，实现气候变化科技计划。

第八，维护喜马拉雅山脉生态系统，在喜马拉雅山脉建立淡水资源和生态系统监测网络，并与邻国合作扩大网络覆盖范围。

（二）巴西的空气污染防控措施

1973年，巴西政府在内务部设置了环境特别局，这被视为巴西推行环境政策的开端。此后，巴西不断建立了相应的环境管理机构，环境管理体制逐步完善。巴西是联邦共和国，环境行政组织在联邦层面、州层面、市层面都有独立的机构，它们相互合作，发挥相互补充的功能。在联邦层面，巴西设置了制定环境政策的最重要机构——国家环境审议会，具体负责制定环境标准。环境特别局与渔业开发厅等4个部委合并，成立了环境可再生自然资源院，负责政策立案、调整、监督，部长负责召集联邦环境审议会，主持运营国家环境基金。环境部现在由人居环境局、生物多样性与森林局、水资源局、可持续开发政策局、亚马孙调整局构成。在地方层面，州政府有联邦环境当局的分支机构，各支局按联邦政府制定的环境政策指针，实施各州内的环境行政责任与义务，也承担联邦所管辖外的环境项目。在市一级，有市环境审议会、市环境局。市环境审议会负责审议市的保护和改善环境的法令、基准；市环境局负责市的保护和改善环境的政策立案和行政，实行环境污染管理与监督等。

巴西环境部确立了新的战略方针，在计划中确立了7个领域的重点目标。

第一，温室效应气体发生源的排放削减和吸收源的重新配置，提高巴西的贡献度，同时，确立应对气候变化的对策。

第二，巴西全境生态系统中，稳步而持续地降低森林砍伐，控制沙漠化，促进生物多样性的保护。

第三，结束环境许可证制度的整备，制订支援可持续开发的实施计划，使之成为环境管理的有用工具。

第四，扩大在海洋、陆地和国土开发上被保护地区生物多样性的可持续利用。

第五，通过水资源管理，保持水质可被利用，控制污染，促进河川流域的活性化。

第六，通过强化国家环境体制、环境教育、市民参与、社会治理，促进组织间以及与环境市民的合作。

第七，在城市和农村、在普通市民居住地和传统的共同体，促进各自的可持续生产和消费，推行环境管理。

为控制城市交通污染，圣保罗市采取了多项措施，使用清洁燃料是圣保罗市交通污染治理的一个特色。圣保罗乃至整个巴西的机动车燃料主要是汽油、柴油及酒精汽油和乙醇两种相对清洁的替代燃料，圣保罗地区49%的轻型机动车使用乙醇作为燃料，另有部分轻型机动车使用MEG混合燃料（含33%的甲醇、60%的乙醇和7%的汽油）。事实证明，无论哪种替代燃料都可以大大减少污染量排放。同时，巴西的汽油中铅含量逐年降低，现在圣保罗市的汽油生产中已不再使用Pb。

巴西作为发展中大国，近年来温室气体排放量有所增长，而其主要排放集中在农业、土地利用和森林，占排放总量的81%，但能源部门的排放仅占总排放的19%。基于经济社会发展现状以及特殊的温室气体排放结构，巴西政府提出了适合于本国的减缓温室气体排放和应对气候变化的政策措施。

巴西强调通过国际合作行动应对气候挑战，技术合作和技术转让是实现减缓变化目标的支柱，同时也是各国谈判的根本基础，鼓励和推广国际合作项目，特别是加快南南合作，同时要打通新的合作渠道。巴西已在优化能源结构、利用可再生能源以及减少森林砍伐方面取得了积极成果。巴西的代表性政策措施包括大力促进乙醇燃料、生物柴油和甘蔗渣的生产和使用，促进水电以及其他可再生能源的电力开发，节约用电，提高车辆燃油效率，退牧还草，生物固氮，建立作物家畜综合系统，增加生物燃料使用，增加水电站发电量，增加天然气消费比例以及减少亚马孙地区毁林等。

（三）中国的空气污染防控措施

我国环境管理体制是统一管理与分级、分部门管理相结合。环境保护部是国务院环境保护主管部门，对全国环境保护工作实施统一监督管理。省、市、县人民政府设有环境保护主管部门，对本辖区的环境保护工作实施统一监督管理。我国环境管理体系的特点集中表现为"预防为主""谁污染谁治理""强化环境管理"三大政策。

环保规划中强调，坚持预防为主、综合治理，强化从源头防治污染，坚决改变先污染后治理、边治理边污染的状况。以解决影响经济社会发展特别是严重危害人民健康的突出问题为重点，有效控制污染物排放，尽快改善重点流域、重点区域和重点城市的环境质量。在大气方面，加大重点城市大气污染防治力度。加快现有燃煤电厂脱硫设施建设，新建燃煤电厂必须根据排放标准安装脱硫装置，推进钢铁、有色、化工、建材等行业二氧化硫综合治理。在大中城市及其近郊，严格控制新（扩）建除热电联产外的燃煤电厂，禁止新（扩）建钢铁、冶炼等高耗能企业。加大城市烟尘、粉尘、细颗粒物和汽车尾气治理力度。同时，作为约束性指标的总量控制指标中，SO_2排放量必须削减10%。

在应对气候变化方面，我国积极参与各项国际会议的谈判。我国积极履行自己的监督温室气体的承诺，在共同但有区别责任的原则下，开展各项工作，确保温室气体的减排。在丹麦首都哥本哈根举行的气候变化大会上，其争论的焦点在于是否还应当遵循共同但有区别的责任的原则，西方发达国家要求发展中国家，特别是中、印等发展中大国与发达国家执行相同标准，而发展中国家则坚持所谓的"双轨制"（共同但有区别的责任原则）。经过马拉松式的谈判，最终达成了一项不具有法律效力的哥本哈根气候协议，发达国家承诺向发展中国家提供环境保护援助资金，发展中国家则履行自己的减排承诺。

第二节 空气污染与气候变化的相互影响

一、空气污染对气候变化的影响

全球气候变化主要由大气温室气体浓度的日益增加引起，而空气污染主要由悬浮于空气中的大气气溶胶粒子造成，它们都主要由矿物燃料的燃烧排放形成。研究表明，大气气溶胶粒子也具有气候效应：一是通过散射和吸收太阳光，减少到达地面的太阳辐射而具有制冷作用，可抵消一部分由温室气体造成的变暖作用；二是可以作为云中凝结核改变云微物理过程和降水性质，改变大气的水循环。大气气溶胶对于经济社会的许多方面，如农业、水资源、人体健康、城市化等也表现出重要的影响。

空气污染主要由大气气溶胶造成，因此空气污染对温室气体的影响主要体现在大气气溶胶对温室气体的影响。

大气气溶胶可以作为颗粒物（初生源）直接被排放出来，也可以由气态前体物通过化学反应（如光化反应）间接形成于大气中（次生源）。以排放源分类，大气气溶胶大致可分为自然源和人为源两类。细粒子在大气中一般居留几天到几星期，因而它们在被清除前可输送几千千米的距离。结果，全球许多地区经常被大范围包含大量细粒子污染物的气层所覆盖。在适当的气象条件下，受影响区可扩展到排放源周围几百万平方千米。大气气溶胶是造成空气污染的主要原因，尤其是在人类活动排放源很强的工业区，大城市以及频繁生物质燃烧地区及其周边。

全球主要气溶胶包括NO、NO_2、CO、SO_2等，从气溶胶种类而言，部分气溶胶也为温室气体，如个别氮氧化物。因此，空气污染排放量的增加势必会导致温室气体排放量的增加。

大气气溶胶与温室气体影响气候的原理一样，但它与温室气体不同。温室气体影响长波辐射，而气溶胶主要影响太阳短波辐射，并且不同种类的气溶胶粒子，由于它们的物理性质不同，即吸收和散射作用的不同，它们在大气顶层和大气中产生的辐射强度是不同的，因而对于地球气候的影响也不完全相同。大气中硫酸盐气溶胶对于短波基本上是完全散射的。在近红外谱段吸收很小，因而由于它的存在反射了更多的太阳辐射，当太阳光通过大气层时，由于硫酸盐气溶胶吸收很少，到达地面的太阳光与大气顶层接收到的基本相近且其量值与大气顶层的值相近。其结果是在地面和大气中都产生制冷作用。这种作用与温室气体的增暖作用正好相反，它具有抵消温室效应增暖的作用。

二、气候变化对空气污染的影响

温室气体排放的增加是导致气候变化的主要原因，目前气候变化对空气污染也产生一定的影响。气候变化能反作用于大气污染，并且能够放大大气污染特别是空气污染对人类健康、农业生产和生态的影响。首先，目前全球气候变化的特征是平均气温上升，温度变得越来越高，利于光化学污染的形成，很多光化学反应，温度越高的时候反应越快。其次，温度升高，大气环流的格局可能发生变化，会影响污染物的输送传输。最后，气候变化影响降水，部分污染物以降水为渠道，沉降到地表。

（一）气候变化对 O_3 及其前体物的影响

研究表明，O_3 生成与其前体物 NO_x 和 VOCs 呈高度非线性关系，多数城市处于 O_3 生成的 VOCs 控制区或过渡区，而乡村则处于 NO_x 控制区。较早的观测研究就表明，气候变化伴随的气温升高将增加很多区域 VOCs 的生物源排放，而暖湿气候条件下的闪电可以增加 NO_x 的产生率。因此，气候变化可能会通过增加 O_3 的主要前体物 NO_x 和 VOCs 浓度而加速 O_3 的生成，使地面 O_3 增加，进而会对人体健康产生影响。

（二）气候变化对大气颗粒物浓度的影响

与 O_3 相比，气候变化对大气颗粒物的影响更加复杂，不确定性也更大。降水频率和混合层的厚度是对颗粒物浓度最重要的影响因子，也是最不确定性因子。GCM-CTM 模拟研究发现，未来10年间，气候变化引起的颗粒物的环境浓度变化范围是在 $-1.1 \sim -0.9 \, mg/m^3$，气候变暖导致的自然大火可能成为颗粒物污染加剧的元凶。

（三）气候变化对大气污染物传输路径的影响

有研究发现，亚洲地区人为排放气溶胶通过跨太平洋的长距离输送和沉降作用影响到了美国的地面环境空气质量。对比模拟和观测的气溶胶光学厚度结果后发现，除日本以外的东亚地区人为气溶胶（碳和硫酸盐气溶胶）和沙尘气溶胶长距离输送对日本春季的环境空气质量有较大影响。研究指出，尽管亚洲沙尘暴是影响气溶胶浓度最常见的天气现象，但冬春季节通过长距离输送到中国台湾地区所占份额不到15%。冬季风盛行下的东北向冷锋过境是污染物长距离输送的主要过程。气候变化可能导致某些区域风场减弱，天气系统停滞现象出现频率增多，这可能会削弱大气污染物长距离输送造成的污染，使局地污染加剧。

三、应对气候变化与空气污染控制的协同研究

气候变化问题，涉及气候、环境、经济、政治体制、社会和技术领域复杂的相互作用。协同控制的研究是目前气候变化领域的热点问题，许多国家和国际组织都在对其进行系统研究。目前对有关"协同控制"的研究还比较有限，但其为减缓气候变化和实现可持续发展提供了一套综合的方法。

目前，国际上对协同效应的研究主要集中在方法论、模型开发、区域协同效应潜力分析等方面。关于"协同控制"的研究可分为三类：一是关注减缓气候变化政策可能带来的其他领域的协同效益；二是关注其他领域政策措施，如减少空气污染，可能在减缓气候变化方面带来的协同效应；三是关注综合政策，以集成的观点研究其总成本和效益。协同控制取得的效益可以包括：减少空气污染和通过牧场减排CH_4带来的健康效益，对生物多样性、材质和土地利用的影响等。

智利各地进行了CO_2排放控制的效应研究，用一般均衡模型模拟了能源消费与CO_2控制的协同效应关系；全球环境基金会在其支持的气候变化研究项目中，制定了一套规范化的方法估算增量成本；挪威对本国参与的CO_2控制项目所能带来的协同效应进行了深入研究，认为减少温室气体排放对改善当地的大气环境很有意义。

但现有研究所提供的协同效应净效益的评估结果存在较大差异，有些只能抵消减排成本的小部分，而有些协同效益却高于全部减排成本，这是因为所考虑的部分和研究的地理区域具有不同的潜在特征。但是，这种不确定性也反映了关于目前协同效应的评价缺乏一致的定义、范围、尺度以及评估方法。

（一）协同效应评估标准

目前，可供选择的气候变化与大气污染协同效应评估标准包括：减排量，健康影响及货币化的健康效益，控制措施的成本。

1.减排量的大小

为了体现综合效益与协同效益，选择评估减排量的排放物要同时包含局地大气污染物和具有高减排潜力的温室气体。在具体评估协同效益时，应通过对比当地空气质量监测数据和现有的空气质量标准选择目标排放物，同时还应将环境浓度接近或高于国家标准的排放物纳入其中。

2.健康的货币化影响

暴露在常规大气污染物特别是颗粒物下，会导致一系列疾病甚至死亡，其中有些健康影响可以被量化，而有些则不能。例如，目前大多数评估都分析了PM_{10}年均浓度的变化对健康的影响，其他主要的目标污染因子还包括O_3、SO_2、CO、NO、Pb 等；但到目前为止，

还没有将二氧化碳浓度与健康影响联系在一起的研究。由此可见，避免健康影响这一评估标准，只适用于评估温室气体减排措施对局地大气污染物减排的协同效益，反之，则不可行。

国外大多关于协同效益的研究，都采用了这一评估标准。有些研究是通过建立剂量—响应模型，研究根据排放变化和暴露减少分区域进行评估；而也有使用专家判断法，以国家为单位评估每吨排放的损失。

3.控制措施的成本

虽然对于决策者来说，减排量及其避免的健康影响所产生的经济效益固然重要，但他们也关注控制措施的成本。通过分析控制货币化效益与成本之间的关系，就可以评价不同类型控制措施的净效益。因此，要体现控制措施的成本，可以通过以下指标：净社会效益（控制措施收益与成本之差）、费效比（控制措施成本与收益之比）和排放去除效果比（货币化健康效益、控制措施实施成本或者社会净效益比上大气污染物或温室气体减排量）来评估各项措施的协同减排效益。对于不同的政策制定者而言，其重视的判别标准不同，因此可以根据各自选定的标准将综合控制情景方案排序，从而选择最优方案。

（二）协同效应评估模型

人为温室气体的产生主要是来自经济活动中化石燃料的开采、运输和燃烧。针对温室气体减排和对经济影响的建模方法，方法学的不同主要在于这些方法如何表示能源系统和经济之间的相互作用。有两种主要类型的方法：自上而下的方法和自下而上的方法。

自上而下模型以经济学模型为出发点，以能源价格、经济弹性为主要的经济指数，集中地表现它们与能源消费和能源生产之间的关系，主要适用于宏观经济分析和能源政策规划方面的研究。该模型易于进行经济学分析，可以在不同的国家碳排放税收政策情景下进行模拟，因此，其对评价协同效应是十分有效的。

自下而上模型则是以工程技术为出发点，对能源消费和能源生产过程进行详细的描述和模拟，并以能源消费、生产方式为主进行供需预测及环境影响分析。自下而上模型主要用于模拟具体的生产部门，可用于最小成本技术的识别。

两种模型都有其不足之处，自上而下模型不能详细地描述能源技术，往往低估了技术进步的潜力，而且不能很好地控制技术进步对宏观经济的影响。而自下而上模型缺乏对宏观经济的反映。因此，既包括自上而下的宏观经济模型，又包括自下而上的能源供应、需求模型的混合模型应运而生。

最具代表性的混合能源模型是由美国环境规划署、能源部开发的NEMS模型和奥地利国际应用系统分析研究所与世界能源委员会合作开发的动态线性规划的能源—经济—环境模型。这类模型是对整个能源—经济环境系统的模拟和仿真，是一个巨复杂系统，目前我国的应用研究还很少。

（三）协同效应控制措施

协同控制是指为了获得协同效应而采取的相应控制措施。协同控制目标是在考虑温室气体和其他污染物协同效应的基础上，在控制局地大气污染物和温室气体的同时追求经济效益。协同控制的关键是对协同控制措施的选择，要实现温室气体和大气污染物协同控制，应选择常规大气污染物与温室气体协同控制政策及工程措施，确保可以改善区域环境空气质量，同时也可以支持或者至少不会妨碍实现应对气候变化这一目标的实现。

1.大气污染物控制措施

目前，在常规大气污染物的控制中常用的措施包括：第一，污染治理工程。通过各种技术手段减少污染物的排放，这些措施既可能对温室气体有正的协同效应，也可能会有负的协同效应。如火力发电厂采取除尘措施，可以减少黑炭的排放，可以带来正的气候效应，而火力发电厂的脱硫工程将消耗较多的能源，而且会额外产生二氧化碳排放，这种情况下就会有负的协同效应。第二，产业结构调整。通过淘汰落后产能，完善落后产能退出机制。合理控制固定资产投资增速和火电、钢铁、水泥等重点行业的发展规模，提高环保准入门槛，加快淘汰落后生产工艺装备和落后产品。第三，机动车控制。对机动车大气污染问题突出的重点城市加强机动车需求管理，探索城市调控机动车保有量总量。制定更高的机动车排放标准；全面实行环保标志管理，淘汰破旧车辆；全面提高燃油品质，推进车、油同步升级。

2.温室气体减排措施

能源活动则是CO_2的主要来源，通过化石燃料的燃烧排放CO_2。控制CO_2排放的措施有：第一，调整能源结构，减少煤炭以及石油等化石燃料在能源结构中的比重，加大清洁能源的开发和应用；第二，提高能源效率，通过提高能源生产、转化、分配和使用过程中的效率，可以大大减少资源的浪费以及降低温室气体的排放量；第三，加大可再生能源的利用，合理利用水能、风能及太阳能等可再生能源。

3.温室气体与大气污染物协同控制措施

协同控制的关键是对协同控制措施的选择，要实现温室气体和大气污染物协同控制，应选择常规大气污染物与温室气体协同控制政策及工程措施，确保可以改善区域环境空气质量，同时也可以支持或者至少不会妨碍应对气候变化这一目标的实现。

能源特别是化石能源的使用，是温室气体和大气污染物排放的共同来源，也是最主要的来源。通过减少能源消耗，提高能源使用效率，减少化石能源使用来提高可持续发展能力的政策和措施，将会在降低温室气体排放的同时减少空气污染。

温室气体与大气污染物协同控制措施主要有：提高能源利用效率，使用清洁能源，使用低碳排放汽车，碳捕获及封存技术的研究等。

第三节　应对气候变化措施对空气污染控制的影响

一、国外基于应对气候变化的空气污染控制实践

（一）欧盟

欧盟为了推进气候与能源政策一体化进程、应对气候变化、增加能源供应安全性并向高能源效率、低碳经济转变，提出了1个20%的目标，即到2020年温室气体比1990年减少20%、可再生能源比例达到20%、一次能源使用量减少20%。为实现上述三大目标，欧盟出台了一系列应对气候变化和低碳发展的政策措施。在政策制定过程中，欧盟对各类政策进行了系统评估、比较筛选，其中重要的原则之一就是，气候能源一体化政策对常规大气污染物的协同减排效益、对欧盟第六次环境行动目标实现的贡献。温室气体减排的协同效益还包括由于减少了高污染燃料的使用而带来的工业污染物排放控制的成本降低。

此外，欧盟还推出了CAFE计划，CAFE计划认为，大气污染与气候变化之间会产生突出的协同效应。基于上述原因，CAFE计划尤为注重保持污染控制政策与气候政策的一致性，目的是获得额外的效益，尤其是能以最为经济有效的方式实现温室气体与大气污染物的协同减排。CAFE计划的上述认识是建立在气候变化与大气污染相互关系深入分析的基础上。首先，对流层臭氧是一种区域性大气污染物，同时也是一种温室气体，目前已经成为第三大辐射强迫物质；其次，控制甲烷与氮氧化物排放将有利于减少臭氧的形成；最后，黑炭等一次颗粒物对人体健康以及大气变暖有很大的影响。

CAFE计划同时指出，大气污染控制政策与气候变化政策既有一致的情况，也有相冲突的情况。比如，降低臭氧浓度以及减少道路机动车颗粒物的排放对控制大气污染和减缓气候变暖都有利，而由二氧化硫和氮氧化物形成的二次气溶胶对人体有害，但却对大气有显著的降温作用。

（二）英国

英国政府出台的《英国气候变化法案》是世界上首个应对气候变化的约束性框架，它提出到2050年英国温室气体排放降低80%的目标，这一过程将通过一系列五年碳减排计划实现。在最初的行动方案制订过程中，未考虑温室气体减排措施对大气环境质量的影响，

该方案在削减温室气体排放的同时导致了大气环境质量改善步伐放缓。主要表现在两个方面：第一，实施气候变化法案计划的氮氧化物排放量相比不实施的情况有所上升；第二，生物质燃烧比燃料煤和燃料油燃烧排放的颗粒物都要少，但与低排放天然气锅炉相比，却是其颗粒物排放的10～100倍。在新修订的行动方案中，应对气候变化法案采用了整体政策，综合考虑了气候变化应对和大气污染防治。行动计划优化了交通、电力、居民生活、道路交通和工业5个部门的减排措施，形成减排成本最低的措施组合。研究结果表明，初始行动方案到2050年的减排效益约为15亿英镑，而采取整体政策的修订方案的减排效益达到40亿英镑。

（三）美国

综合环境战略项目是美国国家战略的一部分，主要目的是帮助发展中国家识别、分析和实施一系列技术政策措施来提高大气环境质量、同时减少温室气体排放，增强经济发展的可持续能力。纳入该计划的发展中国家以及新兴经济体国家包括阿根廷、巴西、智利、中国、印度、墨西哥、菲律宾和韩国。

韩国运用综合环境战略与协同控制的思想对首尔空气质量管理规划中的污染控制措施进行了优化。在对首尔常规大气污染物控制措施与温室气体控制措施评估过程中发现，规划中的部分控制措施对常规大气污染物与温室气体的减排效果差异显著。

二、气候变化应对措施对空气污染控制的影响

气候变化的应对措施根本目标是温室气体减排，本质是减缓气候变化趋势的政策，而温室气体和空气污染物往往是同根同源的，因此针对温室气体的控制政策也会在一定程度上达到治理和减少空气污染物的作用。面对日益严峻的空气污染和气候变化问题，加之受当前国际局势和地区能源禀赋的影响，空气污染和气候变化的协同控制思路逐渐被各国接受和认可。空气污染和温室气体排放主要都是来源于矿物燃料燃烧，因而应对气候变化政策措施在某一方面也可以达到对空气污染的治理效果。从政策强制性角度考虑，气候变化应对措施分为强制减排措施、资金技术保障措施、市场机制措施，其中制定温室气体减排目标、法律法规、税收政策，属于强制减排措施，低碳技术的研发、可再生能源政策、资金支持政策，属于资金技术保障措施，建立应对气候变化的碳交易市场体系和开展试点区域属于市场机制措施。这些政策措施在治理空气污染方面发挥着不同的效应，各国各地区在完成强制减排计划的同时，也减少了矿石燃料的燃烧，同时空气污染物也在某种程度上得到了治理。反之，减排目标的实现有助于缓解全球气候变暖趋势，优化空气质量；资金技术保障措施主要用于支持低碳技术和可再生能源的开发和推广以及提高能源使用效率。先进的清洁能源技术和减少碳排放的技术本质上改变了能源消费结构，降低会产生空气污

染的矿石燃料在能源系统的使用比重。科学技术投入对能源利用效率的影响也越发深入，一方面高效的能源开采和能源转换技术的应用，减少了能源浪费，另一方面节能降耗技术，直接降低了单位产品能耗，提高了能源利用率。

市场机制措施是从建立完善碳交易体系的角度，鼓励减少碳排放，最终达到调整产业和能源分配结构、改变空气污染地区分布的目的。一些发展中国家产业结构中依然存在产业层次低、工业结构重型化等结构障碍，高耗能产业所占比重依旧可观，而随着碳交易市场的建立和完善，对产业结构调整的影响也逐步深入，碳交易市场机制提高了能耗较高产品的生产成本，导致这些产业市场竞争力减弱。在提倡低碳经济的国际背景下，产业结构升级调整是必然选择，一些耗能低、效率高的新兴产业逐步发展起来，新兴产业能源利用水平相对较高，单位耗能较小，有利于减少空气污染物的产生。碳交易是使用市场机制来解决耗能排碳的问题，虽然本质上是一种金融活动，但它更紧密地连接了金融资本与基于绿色技术的实体经济，导致碳的排放权和减排量额度成为一种有价产品，在一定程度上减少发达国家CO_2排放，并给予相对落后国家一些资助，因此各国各地区的能源分配结构调整，最终改变空气污染物的地区分布。

基于应对气候变化的空气污染防治措施主要集中于结构调整、技术进步和强制性政策三个方面，而基于这三方面从微观角度提出具有可操作性的措施建议，才能真正发挥减缓温室气体排放的空气污染控制作用。首先，包括产业结构和能源结构的结构形成是生产方式和消费模式综合作用的结果，只有改变生产方式和消费模式才能达到结构调整，进而实现既定目的。其次，技术进步体现在生产过程和资源产品的开采利用中，通过市场竞争机制加以实施。最后，强制性政策是在措施可行性的基础上上升为国家意志，才能得以体现。

三、基于应对气候变化的空气污染措施

空气污染和气候变化的协同控制逐渐被各国接受和认可，二者均需从单一治理模式转向复合治理，必须考虑多种污染的协同控制，确保可以改善区域环境空气质量，同时也可以支持或者至少不会妨碍实现应对气候变化这一目标。因此，采取"源头削减—过程控制—末端治理"的一体化综合整治，但以源头削减为优选措施，审慎选取末端治理措施。

（一）体现一体化综合整治思想

欧美发达国家与部分新兴经济体国家为了获取协同效益，在制定城市/区域空气质量管理规划或温室气体减排计划时，往往设计了综合、一体化措施，并且进行多种规划方案比选。为了便于规划制定者进行决策选择，不同国家设立了不同判别标准：费用—效益标准（以最小成本获取最大协同效益）、常规大气污染物与温室气体协同减排量，空气质量

提高健康效益、常规污染因子的辐射驱动效应等。如韩国首尔空气质量管理计划，采用费用—效益判别标准；欧盟气候与能源一体化政策，采用健康效益作为判别标准；而英国低碳转变计划，则采用协同减排量作为其判别标准。

（二）把应对气候变化作为防控空气污染的前端举措

前端控制措施包括源头控制与过程控制两部分内容。所谓源头控制，是指通过调整产业结构、淘汰落后产能、优化能源结构、实施绿色消费等应对气候变化措施，以此来降低社会和经济各领域对资源、化石能源的需求，从而实现常规大气污染物与温室气体的协同减排，而过程控制是指对各类行业实施全过程技术管理，通过技术进步和清洁生产，提高能效，降低资源、化石能源消耗量与污染物产生量，这是社会经济运行过程环节的工作。国外实践表明，源头控制与过程控制是实现常规大气污染物与温室气体协同减排最常用也是最有效的手段。

（三）审慎选择并合理组合末端治理措施

所谓末端治理措施，是指加大污染源治理力度，实施工程减排，这是在污染产生后实施的，是费效比最大的减排途径，而且往往对温室气体的协同控制没有贡献甚至由于增加了能耗而产生负面的影响，但有些末端治理措施，例如，欧盟的法律规定要在重型与轻型机动车上安装过滤装置，能够降低黑炭排放，又能产生部分气候变化效益。因此，要科学理解不同末端治理技术的原理与特征，以便于审慎选择，从而协调提高空气质量与应对气候变化目标间的关系。

综合比较空气污染的控制和温室气体的减排，二者综合整治模式有着一致的共同点：通过结构调整（产业结构、能源结构）、技术进步（脱硫、脱硝、脱碳）和强制政策（绝对或相对的限制目标）实现既定目标。因此，应对气候变化的空气污染控制措施兼顾了二者的共同点，能够有效应对气候变化和减少空气污染物的排放，达到空气污染防控的效果。

第四节　应对气候变化措施必须考虑其对空气质量的影响

一、不考虑大气污染物的气候政策存在的问题

应对气候变化措施的根本目标是温室气体减排，依靠手段是减缓气候变化趋势的政策，关于气候变化与空气质量协同的研究均得出这样的结论：温室气体和大气污染物的排放强度具有较为一致的相似性，协同效益非常可观。在温室气体减排的同时，大气污染物如何减少、减少的危害程度多大直接决定着人体健康。

应对气候变化必须考虑空气质量的影响，原因有三点：一是温室气体减排带来的大气污染物的减少进一步表明应对气候变化政策的有效性；二是不同温室气体排放源的大气污染物影响强度（单位碳排放的大气污染物危害）差异明显，协同效益较高的行业应对气候变化的政策能够实现更好的减排效果；三是温室气体效应的全球性与大气污染物效应的局地性之间存在矛盾，对于靠近温室气体排放源的区域而言，大气污染物具有明确的环境与健康效应。

应对气候变化的政策中考虑大气污染物的危害程度及其不均衡性分布更能体现减排的效率和公平。一项气候政策如忽略大气污染物的协同效益，在效率方面，将不能形成整体最佳的减排目标；在公平方面，假如最终的温室气体减排力度在污染严重的地区较小，那么将会放大大气污染物的危害。

对于没有考虑大气污染物的气候变化政策，可能导致一些地方大气污染物影响程度的绝对和相对的增长现象。例如，在燃烧天然气的发电机组上提高燃烧温度能够减少CO_2排放，但会增加NO_x的排放；如果碳捕捉和封存的技术可行，由于额外的能源需求，即使在减少CO_2排放的同时，污染物的排放也会增加；从煤到天然气发电的转移涉及发电厂地理位置的转移，其结果便是天然气发电厂所在的特定地点的污染物排放增加；燃油费的增加可能导致柴油机车辆使用的大幅增加，原因在于柴油机每公里排放的CO_2较少（约为汽油机的70%），但排放的颗粒物质更多。

二、不同污染源CO_2减排的协同效益差异明显

对于不同的温室气体排放源而言，温室气体与大气污染物的协同效益可能极为不同。由于CO_2是一个全球性的"公敌"，其边际减排效益是相同的，但对于不同的大气污

染源而言，其边际减排成本并不相同。如果大气污染物的影响强度对于所有的污染源而言都是统一的，则减排的总边际效益也会一致，效率最高的做法是对所有的污染者实施同样的政策。但事实上，大气污染物的影响强度会随着污染源而变化，减排的效益也会相应地变化。因此，CO_2减排的协同效益对不同的污染源各不相同。

工业污染源是温室气体排放和大气污染物排放的关键源。绝大部分的大气污染物和温室气体排放来自电力、热力的生产和供应业、非金属矿物制品业和黑色金属冶炼及压延加工业三大行业。

三、大气污染物影响强度的行业变化与空间差异

不同行业部门大气污染物影响强度，影响强度指单位温室气体排放的伴生大气污染物的危害（量）不同，在空间分布上呈现明显地域差异。对我国的整体分析可以观察到如下变化。

首先，行业部门内部污染物的碳排放影响强度差别较大。

其次，行业部门间的大气污染物的碳排放影响强度差别较大。行业部门间的大气污染物的碳排放影响强度差别较大表明CO_2减排的协同效益也有相应的变化，所有其他条件相同的情况下，大气污染物的碳排放影响强度越高的行业可以实现更高的CO_2减排。电力、热力的生产和供应业CO_2的碳排放影响强度是石油加工、炼焦及核燃料加工业的8.66倍，但仅为有色金属采选业的40%。

最后，大气污染物碳排放影响强度空间差异显著。从空间分布来看，不同类型大气污染物碳排放的影响强度空间差异显著。广西、重庆、贵州、陕西的CO_2的碳排放影响强度较大，而山西、内蒙古、陕西、新疆的NO_x的碳排放影响较大。在同一区域内，不同类型大气污染物碳排放的影响强度同样存在显著差异。

四、协同效益融入气候政策设计的建议

出于效率和公平的考虑，在气候变化政策设计中融入大气污染物的因素，是非常合理的做法。从效率的角度来看，如不能考虑不同碳排放源之间在空气质量协同效益方面的差别，则等同于牺牲人体健康。从公平的角度来看，大气污染物排放是气候政策和环境正义之间的一道关卡。

（一）强化碳减排目标

大量的证据已表明大气污染物对于公众健康具有非常大的影响。因此，在设定碳减排目标时，应包含空气质量协同效益的内容。将这一信息融入气候政策的设计中将会更加促进碳减排目标。

（二）确立大气污染物监测的机制

气候政策设计应同时规定对于大气污染物排放的影响监测政策，特别是对于高排放的设施和地点。每年应对监测结果加以评审，如发现气候政策的实施导致大气污染物排放出现绝对增长，则应立即采取政策措施，确保减少大气污染物的数量。

（三）指定高优先级别区域

气候政策的设计应包括识别高优先级别的区域。在这些区域中减少碳排放的协同效益可能会特别大。在这些区域中，气候政策应确保减排等于或超出政策规定的平均减排水平。在气候政策依赖于基于价格工具的情况下，为这些区域规定特别的限额，限制拍卖或分配给这些区域中设施的许可证数量，并阻止从其他地方购买冲销或许可证额度。

（四）指定高优先等级的行业部门和设施

指定高优先级别的行业部门，通过常规的管理工具或通过行业部门特定的排放限额，限制分配给这些行业部门和设施的许可证数量，并禁止从其他行业部门和设施处购买许可证，进而加快大气污染物的减排。

第十一章 环境应急管理发展

第一节 环境管理的内容与制度

一、环境管理的内容和特点

（一）环境管理的主体

环境管理的主体是指"谁来管理"和"管理谁"的问题。其广义的理解，是指环境管理活动中的参与者或相关方，而不一定是狭义的所谓的"管理者"。在现实生活中，人类社会的行为主体可以分为政府、企业和公众三大类。在环境管理中，政府、企业和公众都是环境管理的主体。

1.政府

政府作为社会公共事务的管理主体，包括中央和地方各级行政机关。政府依法对整个社会进行公共管理，而环境管理则是政府公共管理中的一个分支。在三大行为主体中，政府是整个社会行为的领导者和组织者，同时它还是各地政府间冲突、矛盾的处理者和发言人。政府能否妥善处理政府、企业和公众之间的利益关系，促进保护环境的行动，对环境管理起着决定性的作用。所以，政府是环境管理中的主导性力量。

政府作为环境管理主体的具体工作包括：制定适当的环境发展战略，设置必要的专门环境保护机构，制定环境管理的法律法规和标准，制定具体的环境目标、环境规划、环境政策制度，提供公共环境信息和服务，开展环境教育等。在全球性环境问题管理方面，政府作为环境管理主体的管理内容是对以国家为基本单位的国际社会作用于地球环境的行为进行管理，如国际合作、全球环境条约协议的签署和执行等。

2.企业

企业在社会经济活动中是以追求利润为中心的独立的经济单位。企业是各种产品的主要生产者和供应者，是各种自然资源的主要消耗者，同时也是社会物质财富积累的主要贡献者。因此，企业作为环境管理的主体，其行为对一个区域、一个国家乃至全人类的环境保护和管理有着重大的影响。

企业对自身环境管理的内容包括：企业制定自身的环境目标、规划，开展清洁生产和循环经济，实行绿色营销、发展企业绿色安全和健康文化等。另外，企业作为人类社会产业活动的主体，其环境管理行为对政府和公众的环境保护行为有很大影响。只有企业设计和生产出绿色产品，公众才能使用；只有大量的企业不断开发绿色环保的先进技术和经营方式，才能推动政府在完善环保法律、严格环保标准等方面加强环境管理，从而推动整个社会的进步。从这个意义上讲，企业环境管理既与政府、公众的环境管理行为互动，又发挥着重要和实质性的推动作用。

3.公众和非政府组织

公众包括个人与各种社会群体。他们是环境管理的最终推动者和直接受益者。公众在人类社会生活的各个领域和方面发挥着最终的决定作用。公众能否有效地约束自己的行为，推动和监督政府和企业的行为，是公众主体作用体现与否的关键。

公众环境管理是公众参与的环境管理，实际上，公众作为环境管理的主体作用并不是以一个整体的形式出现在环境事务中，而主要是以散布在社会各行各业、各种岗位上的公众个体以及以某个具体目标组织起来的社会群体的行为来体现的。多数情况下，公众通过自愿组建各种社会团体和非政府组织来参与环境管理工作。参与，是公众作为环境管理主体的主要"管理"形式。公众环境管理的机构可以是非政府组织（如各种民间环保组织）、非营利性机构（如环境教育、科研部门），其具体内容很多，主要根据这些组织和机构的目的而定。

（二）环境管理的对象

环境管理的对象是指"管理什么"的问题。环境管理是人类社会管理人类作用于环境的行为，环境管理本身也是一种人类的社会行为。因此，环境管理对象具体可分为政府行为、企业行为和公众行为。

1.政府行为

政府行为是人类社会最重要的行为之一，根据其性质，可以分三大类：一是各级政府之间以及政府与其职能部门之间的"内部"行为，主要是政府内部权力职能分工协作的问题；二是相对于其他行为主体（如企业、公众、社会团体等）的国内行为，政府整体作为一个主体的行为，包括各项法律法规和政策的制定、发布、实施和监督以及社会活动的组织和管理；三是政府作为国家和社会意志的代表，与其他政府之间的行为，诸如国际政治、经济、军事和科技文化交流等各方面的行为。

政府行为的主要内容有：作为投资者为社会提供公共消费品和服务，如政府控制军队、警察等国家机器，提供供水、供电、铁路、邮政、教育、文化等公共事业服务；作为投资者为社会提供一般的商品和服务，以国有企业的形式控制国家经济命脉；掌握国有资产和自然资源的所有权及相应的经营和管理权；政府对国民经济实行宏观调控和对市场进行政策干预。

因此，要防止和减轻政府行为造成和引发环境问题，应以科学观为指导，主要应考虑以下几个方面：

（1）政府决策的科学化。要建立科学的决策方法和决策程序，我国提出的科学发展观是一个很好的开端。

（2）政府决策的民主化。公众（包括各种非政府组织或社会团体）能否通过各种途径对政府的决策和操作进行有效监督，是最根本和最具有决定性意义的方法。

（3）政府施政的法治化。特别是要遵守有关环境保护法规的要求，如按照《中华人民共和国环境影响评价法》的要求，有关政府部门在编制工业、农业、畜牧业、林业等相关专项规划时，应当进行环境影响评价。

2.企业行为

企业是人类社会经济活动的主体，是创造物质财富的基本单位，因此企业行为是环境管理重点关注的对象。总体而言，企业行为可概括为：从事生产、交换、分配、投资，包括再生产和扩大再生产的生产经营等活动；通过向社会提供物质性产品或服务获得利润的活动；以追求利润为中心，对外部变化作出自主反应的活动。

企业行为对资源环境问题有非常重要的影响，主要表现在：企业是资源、能源的主要消耗者；企业特别是工业企业是污染物的主要产生者、排放者，也是主要的治理者；企业是经济活动的主体，因此也是保护环境工作的具体承担者，绝大多数的环境保护行动都需要企业的参与才能落实。因此，要防止企业行为造成和引发环境问题，主要应考虑以下几个方面：

（1）从企业调控自身行为的角度出发，应当通过各种途径加强环境保护工作，推行清洁生产，使用清洁的原材料和能源，尽可能使用由废弃物转化出的资源，提供绿色产品和服务等。

（2）从政府对企业行为调控的角度出发，第一，形成有利于企业加强环境保护的市场竞争环境，在宏观上加强对企业环境保护工作的引导和监督；第二，严格执行环境法律法规，制定恰当的环境标准，实行各种有利于提高企业环境保护积极性的政策，创造有利于企业环境保护的法治环境；第三，加强对有优异环境表现的企业的嘉奖，与企业携手共创环境友好型社会。

（3）从公众对企业行为调控的角度出发，第一，站在消费者的角度积极购买和消费绿色产品和服务；第二，公众作为个体或通过社会团体对企业破坏环境的行为进行监督；第三，公众个体作为政府的公务员或企业的员工，通过自身的工作促进企业环境保护。

3.公众行为

通常理解，公众是大量离散的个人，而公众行为则是与政府行为、企业行为相并列的重要行为。首先，公众和公众行为是社会的基石，是政府行为和企业行为的对象。公众是政府的服务对象，政府希望能得到公众的拥护和支持，希望公众能够在政府法律、政策的框架下选择和安排自己的行为；公众是企业的服务和产品的消费者，企业希望自己的产品和服务能被公众所接受和喜爱，从而获得利润，还希望公众能成为为企业工作的劳动者（发明人、设计人、生产加工者和销售者等）。其次，公众和公众行为涵盖和渗透了社会生活的各个方面，远远不能被政府行为和企业行为所替代或包含，比如公众的社会心理活动，公众的个人兴趣追求、感情抒发及公众风俗习惯等，这些公众行为所反映的是社会文化。在很大程度上，这种文化对社会发展具有更深层次的影响。

公众行为对资源环境问题有非常重要的影响，主要表现在：公众中的每个个体为了满足自身生存发展，需要消费物品和服务，这是造成资源消耗和废弃物产生的根源；公众的生活方式对环境问题的影响重大。

要解决公众行为可能造成和引发的环境问题，主要应考虑以下几个方面：

（1）从公众调控自身行为的角度，公众应增强环境意识，购买和消费绿色环境产品和服务，养成保护环境的习惯，如垃圾分类、废物利用等，积极参与有利于环境保护的活动，如成为环保志愿者、参加环保社团等。

（2）从政府对公众行为调控的角度，应当加强对公众环境意识的教育和培养；通过制定法律法规规范公众的生活和消费行为，以利于环境保护；规范和引导非政府公众组织的环境保护工作。

（3）从企业对公众行为调控的角度，应当提供绿色的时尚环保产品引导公众的消费潮流，尽可能满足公众对绿色消费的需求；对企业员工不利于环境的行为进行约束和控制；通过支持公众环保组织影响和引导公众行为。

（三）环境管理的内容

1.按环境管理的范围划分

（1）流域环境管理。流域环境管理是以特定流域为管理对象，以解决流域环境问题为内容的一种环境管理。根据流域的大小不同，流域环境管理可分为跨省域、跨市域、跨县域、跨乡域的流域环境管理。

（2）区域环境管理。区域环境管理是以行政区划为归属边界，以特定区域为管理对象，以解决该区域内环境问题为内容的一种环境管理。根据行政区划的范围大小，可分为省域环境管理、市域环境管理、县域环境管理等。同时，还可分为城市环境管理、农村环境管理、乡镇环境管理、经济开发区环境管理、自然保护区环境管理等。

（3）行业环境管理。行业环境管理是一种以特定行业为管理对象，以解决该行业内环境问题为内容的环境管理。由于行业不同，行业环境管理可分为几十种类型，如钢铁行业环境管理、电力行业环境管理、冶金行业环境管理、化工行业环境管理、建材行业环境管理等。

（4）部门环境管理。部门环境管理是以具体的单位和部门为管理对象，以解决该单位或部门内的环境问题为内容的一种环境管理。

2.按环境管理的属性划分

（1）资源环境管理。资源环境管理是指依据国家资源政策，以资源的合理开发和持续利用为目的，以实现可再生资源的恢复与扩大再生产、不可再生资源的节约使用和替代资源的开发为内容的环境管理。

（2）质量环境管理。质量环境管理是一种以环境质量标准为依据、以提高环境质量为目标、以环境质量评价和环境监测为内容的环境管理。

（3）技术环境管理。技术环境管理是一种通过制定环境技术政策、技术标准和技术规程，以调整产业结构、规范企业的生产行为、促进企业的技术改革与创新为内容，以协调技术经济发展与环境保护关系为目的的环境管理。从广义上讲，环境保护技术可分为环境工程技术（具体包括污染治理技术、生态保护技术）、清洁生产技术、环境预测与评价技术、环境决策技术、环境监测技术等方面。技术环境管理要求有比较强的程序性、规范性、严谨性和可操作性。

3.按环保部门的工作领域划分

（1）规划环境管理。规划环境管理是依据规划或计划而开展的环境管理。这是一种超前的主动管理，也称为环境规划管理。其主要内容包括：制订环境规划；将环境规划分解为环境保护年度计划；对环境规划的实施情况进行检查和监督；根据实际情况修正和调整环境保护年度计划方案；改进环境管理对策和措施。

（2）建设项目环境管理。建设项目环境管理是一种依据国家的环保产业政策、行业政策、技术政策、规划布局和清洁生产工艺要求，以管理制度为实施载体，以建设项目为管理内容的一类环境管理；建设项目包括新建、扩建、改建和技术改造项目四类。

（3）环境监督管理。环境监督管理是从环境管理的基本职能出发，依据国家和地方政府的环境政策、法律法规、标准及有关规定对一切生态破坏和环境污染行为以及对依法负有环境保护责任和义务的其他行业和领域的行政主管部门的环境保护行为依法实施的监督管理。

（四）环境管理的特点

环境管理主要有以下六个方面的特点。

1.权威性

环境管理的权威性表现为环境保护行政主管部门代表国家和政府开展环境管理工作，行使环境保护的权力，政府其他部门要在环保部门的统一监督管理之下履行国家法律所赋予的环境保护责任和义务。

2.强制性

环境管理的强制性表现为在国家法律和政策允许的范围内为实现环境保护目标所采取的强制性对策和措施。

3.区域性

作为一个工作领域，环境管理存在很强的区域性特点。这个特点是由环境问题的区域性、经济发展的区域性、资源配置的区域性、科技发展的区域性和产业结构的区域性等特点所决定的。环境管理的区域性特点要求开展环境管理要从国情、省情、地情出发，既要强调全国的统一化管理，又要考虑区域发展的不平衡性，防止简单化，不搞"一刀切"。

4.综合性

环境管理的综合性是区别于一般行政管理的主要特点之一。环境管理的综合性是由环境问题的综合性、管理手段的综合性、管理领域的综合性和应用知识的综合性等特点所决定的。因此，开展环境管理必须从环境与发展综合决策入手，建立地方政府负总责、环保部门统一监督管理、各部门分工负责的管理体制，走区域环境综合治理的道路。

5.社会性

开展环境管理除了专业力量和专门机构，还需要社会公众的广泛参与。这意味着一方面要加强环境保护的宣传教育，提高公众的环境意识和参与能力，另一方面要建立健全环境保护的社会公众参与和监督机制，这是优化环境管理的两个重要条件。

6.环境决策的非程序化特点

非程序化决策是指那种从未出现过的，或者其确切的性质和结构还不很清楚或者相当复杂的决策，如新产品的研究和开发、企业的多样化经营、新工厂的扩建、环境执法监督等一类非例行状态的决策。这类决策不可以程序化地呈现出重复和例行状态，不可以程序化地制定出一套处理这些决策的固定程序。因此，环境决策具有明显的非程序化特点，这是环境管理与一般行政管理的一个重要区别。

二、环境管理制度

（一）环境管理制度存在的基本条件

作为一项管理制度，不论是经济管理制度、社会管理制度、技术管理制度，还是环境管理制度，都需要具备一定的条件——制度存在的基本要件，也叫作基本特征。制度存在的基本条件包括强制性、规范性和可操作性。

1.强制性

作为一项管理制度，首先要具有强制性特征。所谓强制性，是指制度本身对行为主体、客体双方所具有的强制约束力，要求人们必须按照制度规定的内容和范围来履行自己的职责。由于管理制度的类型不同，制度的强制性也有区别。

具有国家法律法规地位的管理制度，其强制性与国家法律法规的强制性相同，如我国的环境影响评价和"三同时"制度就是具有国家法律法规地位的管理制度。具有地方行政法规地位的管理制度，其强制性与地方行政法规的强制性一样。具有行业法规地位的管理制度，其强制性与行业法规的强制性一样。但在一般情况下，制度不等同于法律法规。因此，一般性的管理制度其强制性小于法律法规的强制性。

2.规范性

作为一项管理制度，除具有强制性以外，必然存在着相应的管理程序和管理办法。因此，具有规范性特征，也叫作程序性特征，这是一切管理制度所具有的基本特征之一。

规范性是确保管理制度得以有效实施的基本条件，没有规范性，制度就无法操作和落实，人们就会在实践中无所遵循。例如，财务管理制度、人事管理制度、企业仓储管理制度和环境影响评价制度等都规定了严格的执行程序、原则、管理办法。

3.可操作性

作为一项管理制度，既规定了其实施的管理程序和管理办法，又同时规定了其具体的内容、要求和实施步骤，使制度便于实施和运作，这就是制度的可操作性，也叫作实践性。制度的可操作性是将管理的目标、任务、要求和效果结合成为一个有机整体的程序化方法设计，也是管理理论与管理实践相统一的桥梁。

强制性、规范性和可操作性是任何一项管理制度所必须具备的基本要件，是判别管理措施成为管理制度的标准。可以说，制度首先是一种措施，只有同时具备上述三个基本要件的措施才能成为制度。同样，作为环境管理措施而言，也只有同时具备了上述三个基本要件或特征才能成为环境管理制度。

在这里不难发现，我们熟知的所谓"八项环境管理制度"与上述意义的管理制度是有区别的。很显然，人们通常提到的污染集中控制制度实质上是一种可供选择的管理措施，其原因是污染集中控制不具有强制性、规范性和可操作性三个特征。在污染防治方面，国家没有明确规定在什么时候、什么条件下采用污染集中控制方案，国家也没有明确规定实施污染集中控制要遵循哪些程序和步骤，更没有明确规定不实施污染集中控制应当承担什么样的责任和应当受到什么样的经济、行政乃至法律的处罚。正因为缺少管理制度所具有的强制性、规范性和可操作性特征，污染集中控制在环境管理实践中发挥的作用是非常有限的，也早已失去了作为管理制度所具有的意义。

所以，重新认识以往在环境保护实践中出现的各种管理制度，准确了解管理制度和措施之间的区别对今后的环境管理实践是大有好处的。

（二）环境管理制度类型

环境管理制度有很多种类型，以中外环境管理制度为例，可以按照三种方法对其进行分类。

1.按照制度的性质划分

按照制度的性质划分，环境管理制度可以分为4种类型。

（1）政策法规型。这是一类以国家有关政策、法规为基本依据和主要内容开展环境管理的制度。如我国地方性的建设项目环境预审和正在建立中的污染强制淘汰就是以国家环境保护产业政策、行业政策和技术政策为基本依据和内容的管理制度；"三同时"制度也是以国家环境法律、法规为基本依据的管理制度。

（2）技术法规型。这是一类以国家有关技术法规为基本依据和主要内容开展环境管理的制度。如建设项目环境影响评价制度就是以国家有关环境法律法规为依据，以环境预测技术、决策技术为基本内容的一类管理制度。

（3）经济法规型。这是一类以国家有关经济法规为基本依据和主要内容开展环境管理的制度。如排污收费制度就是以国家环境经济法律法规为依据，以征收排污费为基本内容的管理制度。

（4）行政法规型。这是一类以国家有关行政法规和管理办法为依据，以行政管理为主要内容开展环境管理的制度。如地方政府环境保护目标责任制、城市环境综合整治定量考核和污染限期治理等环境管理制度就是以行政法规为依据，以行政命令和行政手段为主要内容的管理制度。

2.按照制度的功能划分

按照制度的功能划分，环境管理制度可以分为3种类型。

（1）建设项目管理制度。这是一类以建设项目管理为主要内容开展环境保护的微观管理制度。如环境预审、环境影响评价、"三同时"制度等。这类制度是贯彻"预防为主"环境政策的环境管理制度。

（2）污染控制管理制度。这是一类以污染治理为主要内容开展环境保护的微观管理制度。如我国的排污收费、污染限期治理、污染强制淘汰和美国的排污交易制度等。这类制度是贯彻"谁污染、谁治理"环境政策的环境管理制度。

（3）区域行政管理制度。这是一类以区域行政管理为基本手段、以地方政府为执行主体于展环境保护的管理制度。如环境保护目标责任制、城市环境综合整治定量考核制度等。这类制度是体现地方政府对本辖区环境质量负责、贯彻强化管理这一环境政策、实现宏观管理与微观管理有机结合的管理制度，也可以认为是微观层次上的宏观管理制度。

3.按照制度的层次划分

按照制度的层次划分，环境管理制度可分为两个类型。

（1）宏观管理制度。这是一类以强化宏观环境决策，促进经济增长方式转变为主要内容的管理制度。如环境保护目标责任制就属于此类制度。这类制度从国家角度规定了强化宏观调控、加强环境与发展综合决策、促进经济增长方式转变、增加环境保护投入等方面的对策、措施和要求。国家和各级地方政府是宏观管理制度的执行主体。宏观管理制度正处于产生和发展之中，是环境管理制度研究的重点任务和内容。

（2）微观管理制度。这是一类用以指导环境管理实践，环境管理部门可以运作和实施的具有程序化、规范化特点的环境保护具体规定。如上所述的环境影响评价、"三同时"、排污收费、污染限期治理等都是微观管理制度，环境保护部门是这类制度的执行主体。到目前为止，微观管理制度基本趋于成熟，具有明显的强制性、规范性和可操作性特征，是我国环境管理制度的主体。

第二节　我国环境应急管理发展

一、环境应急管理工作现状

目前，我国处于工业化、城镇化发展的关键时期，环境风险问题越来越多，造成环境突发事件的因素具有多样性、复杂性特点。现阶段，我国环境恶化问题未得到根本遏制，仍存在很多环境违法问题，环境风险隐患突出，如跨界污染、有毒有害物质污染等，对社会的危害和影响很大，国家相关部门已加大了环境应急事件处理力度，环境应急问题在不断好转。从我国环境应急管理体系的角度进行分析，出现了以下问题：环境应急管理的法规标准体系不完善；环境应急管理队伍建设严重滞后，应对突发环境事件能力薄弱；环境应急管理机制有待完善；尚未建立部门内部及部门之间协调联动的工作格局；环境应急管理的科技、监测、信息、宣教等能力支撑不足。

二、新时期环境应急管理工作对策

（一）提高环境监察地位并加深对其重要性的认识

想要大力开展环境监察工作、对环保技术进行深层次的研究，就要提高环境监察的地位，并且加强对环境监察工作重要性的认识，只有政府加强了对监察工作的重视才能为这项工作顺利实施提供更高的保障。在当下经济发展的前提下，环境污染越来越严重，人民大众对环保问题也越来越关注，由不同行业产生的各类化学物质所造成的环境污染也得到了高度的重视。除此之外，人们还意识到辐射也能给人类带来危害，严重影响了人们的身心健康。这些环境污染不但对生态系统造成了严重的影响，也给人民的日常生活和健康带来了极大的危害，人类对这些危害的深刻认识不仅有利于减少环境污染，还有利于环境监察工作在环境保护中的开展实施。

（二）完善环境监察的法律法规

目前，我国对于环境监察相关的法律法规仍然不完善，如果想要保证环境监察工作的顺利进行，必须对环境监察相关部门进行严格规范。明确各部门在环境监察工作进行过程中的职能，要求部门之间的相互监督协作，对环境监察政策的完善会对环境监察工作起到促进作用，保证环境监察工作的过程公开，让相关部门的工作更加透明化，相关工作人员能够规范自身行为，减少工作过程中权钱交易的行为，有效推动环境的建设。

（三）发挥远程环境监测的整体优势

随着我国网络化的发展，在环境监测的过程当中，可以通过公共网络实现远程的控制与操作，这样能够降低投资成本，监测体系具有可靠性，可以采用嵌入式系统实现对环境监测系统进行很好的管理，该系统的使用不再具有局限性，它主要是将温度以及湿度等为基础的数字传感器，能够实现分布较分散、远距离污染物的控制，进而对污染物的研究提供准确的数据。

（四）制定环境应急管理联动机制

在社会经济的发展中，各个级别的环境保护部门各项工作都是息息相关的。环保部门需要设立应急管理制度，根据当地的实际情况、环境应急管理现状，制定相应的措施，及时应对各类环境污染事件，还需要对其进行深入分析，减少环境应急事故的发生。另外，在完善环境污染应急措施的过程中，环保部门需要充分融合当地人力、资金、物力的优势，根据当地的实际发展情况，及时地补充应急物资，确保应急工作的有序进行。

三、我国环境应急管理已取得的发展

随着最新修订的《国家突发环境事件应急预案》（以下简称《预案》）印发，我国环境应急管理已取得新的成就。

（一）应急组织体系更加完善

《预案》强调"坚持统一领导、分级负责，属地为主、协调联动，快速反应、科学处置，资源共享、保障有力的原则"。明确突发环境事件应对工作的责任主体是县级以上地方人民政府。"突发环境事件发生后，地方人民政府和有关部门立即自动按照职责分工和相关预案开展应急处置工作。"

国家层面主要是负责应对重特大突发环境事件，跨省级行政区域突发环境事件和省级人民政府提出请求的突发环境事件。国家层面应对工作分为环境保护部、国务院工作组和国家环境应急指挥部3个层次，这样规定是近10年来重特大突发环境事件应对实践的总结和固化。

《预案》还强调，应急指挥部的成立由负责处置的主体来决定，即"负责突发环境事件应急处置的人民政府根据需要成立现场指挥部，负责现场组织指挥工作。参与现场处置的有关单位和人员要服从现场指挥部的统一指挥"。这就使国家和地方的事权更加清晰，便于有效开展应对工作。

（二）事件分级标准更加完善

《预案》从人员伤亡、经济损失、生态环境破坏、辐射污染和社会影响等方面对事件分级标准进行了比较系统的完善，修订内容如下：一是在较大级别中增加了"因环境污染造成乡镇集中式饮用水水源地取水中断"的规定；比照伤亡人数、疏散人数、经济损失、跨界影响等因素，增加了一般事件分级具体指标。二是强调了环境污染与后果之间的关系。强调了"因环境污染"直接导致的人员伤亡、疏散和转移，从而与因生产安全事故和交通事故等致人伤亡的情形区别开来。三是提高了经济损失标准。将特别重大级别中由于环境污染造成直接经济损失的额度由原来的1000万元调整至1亿元，其他级别中因环境污染造成直接经济损失的额度也做了相应调整。四是辐射方面的分级标准进一步调整和规范。五是在特别重大级别中增加了"造成重大跨国境影响的境内突发环境事件"。

（三）预警行动和应急响应更加具体

《预案》对"预警行动"进行了细化，将其划分为分析研判、防范处置、应急准备和舆论引导等。同时，明确"预警级别的具体划分标准，由环境保护部制定"。"响应措施"分别为现场污染处置、转移安置人员、医学救援、应急监测、市场监管和调控、信息发布和舆论引导、维护社会稳定、国际通报和援助等，具有较强的指导性。

《预案》规定，"突发环境事件发生在易造成重大影响的地区或重要时段时，可适当提高响应级别。应急响应启动后，可视事件损失情况及其发展趋势调整响应级别，避免响应不足或响应过度"。这个应急响应级别灵活调整和响应适度的原则完全符合《突发事件应对法》的规定，即"有关人民政府及其部门采取的应对突发事件的措施，应当与突发事件可能造成的社会危害的性质、程度和范围相适应；有多种措施可供选择的，应当选择有利于最大限度地保护公民、法人和其他组织权益的措施"。

（四）信息报告和通报进一步强化

《预案》强调，"突发环境事件发生后，涉事企业事业单位或其他生产经营者必须采取应对措施，并立即向当地环境保护主管部门和相关部门报告，同时通报可能受到污染危害的单位和居民。因生产安全事故导致突发环境事件的，安全监管等有关部门应当及时通报同级环境保护主管部门。环境保护主管部门通过互联网信息监测、环境污染举报热线等多种渠道，加强对突发环境事件的信息收集，及时掌握突发环境事件发生情况"。明确了信息报告与通报的实施主体、职责分工和程序，强调了跨省级行政区域和向国务院报告的突发环境事件信息处理原则和主要情形。《预案》还规定，"地方各级人民政府及其环境保护主管部门应当按照有关规定逐级上报，必要时可越级上报"。

（五）后期工作明确具体

《预案》将后期处置工作分为损害评估、事件调查、善后处置3部分内容，规定"突发环境事件应急响应终止后，要及时组织开展污染损害评估，并将评估结果向社会公布。评估结论作为事件调查处理、损害赔偿、环境修复和生态恢复重建的重要依据。突发环境事件损害评估办法由生态保护部制定"。"突发环境事件发生后，根据有关规定，由环境保护主管部门牵头，可会同监察机关及相关部门，组织开展事件调查，查明事件原因和性质，提出防范整改措施和处理建议。"近年来，生态保护部制修订了《突发环境事件应急处置阶段污染损害评估工作程序规定》《环境损害评估推荐方法（第二版）》《突发环境事件应急处置阶段污染损害评估推荐方法》《突发环境事件调查处理办法》《关于环境污染责任保险工作的指导意见》等，可结合《预案》一并贯彻。

实践证明，损害评估是对人民群众负责的具体体现，事件调查是提高应急管理水平和能力的重要举措。把应对突发事件实践中的经验教训总结、凝练，通过制度和预案进一步确定下来，以应对那些不确定的突发事件，这是应急管理工作中非常重要的方法和宝贵经验。

第三节　我国环境应急管理体系发展

一、环境应急管理体系的含义

（一）环境应急管理体系概述

尽管我们对于环境应急管理体系建设的步伐一直没有停止，但事实上，至今为止，环境应急管理体系的定义并没有真正统一。什么是环境应急管理体系，对于不同角度、不同情景而言，其内涵都是不尽相同的。

我们说，体系是指若干有关事物或某些意识相互联系而构成的一个整体。管理体系则是为了实现某个管理目标而采取的一系列管理手段、管理制度，并建立起执行这些手段和制度的组织构架形式。因此，从这个角度来理解的话，环境应急管理体系应包括环境应急管理工作目标、环境应急管理工作制度和环境应急管理组织体系三大要素。

（二）环境应急管理目标

基于环境应急管理工作目标决定了环境应急管理工作体系的发展方向。基于环境应急管理对象的发展过程，我们对于环境应急管理目标的阐述也是分阶段的。

1.事前目标

以环境风险管理为依托，采用各种手段实现风险排查、风险消除、风险监控的目的；以突发环境事件的减量化为重点目标，构建全方位的突发环境事件预防与预警体系及环境保护敏感目标自身保护体系。

2.事中目标

以突发环境事件社会影响和环境影响的最小化为主要目标，在突发环境事件的应对过程中，做到第一时间报告并研判信息、第一时间赶赴现场、第一时间开展监测、第一时间应急处置，努力使事件对环境造成的生态影响最小化、对人民群众生命财产安全的损害最小化、带来的社会影响最小化。

3.事后目标

及时解决突发环境事件处置过程中的经济损失评估、经济赔偿纠纷；及时解决突发环境事件中的责任认定，并配合司法部门实施相关人员的环境污染责任罪责追究；及时解决环境污染修复等相关问题。

（三）环境应急管理体系的类别

我们认为，与危机管理的组织体系类似，常见的环境应急管理体系的形成模式也可以用直线型、职能型和直线职能型三者来概括。

1.直线型

直线型组织结构是最简单和最基础的组织形式。在直线型组织机构中，下属部门只接受一个上级的指令，各级主管负责人对所属单位的一切问题负责。这类组织形成模式常用于小型风险主体。企业环境应急机构基本上可以直接完成突发环境事件的应对，这是企业管理要转化为社会主体的应对。

2.职能型

职能型组织机构又称U型组织、多线性组织结构。它是按照职能来组织部门分工，由专门的管理部门并配备专职管理人员的管理模式。其特点是没有一个强有力的权力中心，综合协调较为困难。从环保体系内部来看，目前应急中心与其他职能部门的组织构建是属于职能型的，一旦出了事，综合协调力度不大，各自为政的现象普遍。

3.直线职能型

直线职能型综合了直线型和职能型的优点。在这种组织构建中，应急管理部门是政府部门的一个职能管理部门，其对下有业务指导作用，对平行机构与部门有组织协调作用，对政府主体则同时具备了参谋和咨询作用。

二、我国环境应急管理体系

（一）纵向体系构成

1.国家层面

在国务院事故调查组的统一领导下，生态环境部环境应急与事故调查中心为突发环境事件调查处置的牵头单位，负责重特大突发环境事件的应急、信息通报及应急预警等工作。

2.省级层面

以省级环境应急中心或省环境监察局为主要力量，参与各类突发环境事件的调查与处置。部分地区将对环境污染纠纷事件的查处也列入省环境应急中心的主要职能。省级环境应急的基本作用在于现场参与较大及以上级别突发环境事件的处置，同时结合各省实际情况，探索适合省情的环境应急全过程管理模式，建立健全关于预防、预警等方面的规章制度。

3.地市级层面

由于专职环境应急管理机构不健全，地市级层面上绝大部分仍然以兼职人员为主，由环境监测、监察队伍在承担自身职能的同时，参与突发环境事件的调查处置。

（二）横向体系构成

当今社会突发环境事件的综合性和跨地域性日趋明显，环境应急管理涉及交通、公安、消防、安全、通信等部门，几乎包括了所有的政府部门。为应对不断变化的突发事件，各国普遍的做法是不断整合完善应急管理机制，发挥更大的综合协调作用。目前，我国的主要做法是基于职能划分按照部门为单位进行考核，实行激励，因此在突发事件的处理上也是分类别、分部门应对的模式。当前在环保部门环境应急管理中与政府横向相关部门间沟通协调不够，经常是单打独斗地应对，在突发环境事件处理过程中，有很多时候必须依靠其他部门的配合。有些部门出于自身利益的考虑，往往不能及时提供相关信息，错失了最佳处置时间，造成事件处置的决策延误，给环境应急工作造成压力。

1.环保部门内部

（1）常态情况下。受传统"被动应急模式"的影响，事前防范的各种措施普遍分散于环保工作的各个环节，缺乏一定的系统性和完整性。尤其是应急中心与相关处室（局）缺乏突发环境事件事前的预防、事后的评估与恢复相关工作的协作与配合，各职能处室分别履行各自职能，并未形成完整的、延续性的应急管理工作过程。

（2）非常态状况下。在突发事件应对中，环保部门内部的协作也没有理顺职责，形成共同的工作程序与规范，而更多的是依靠领导的批示来实现执行力。大多数地方将环境应急管理职责设在环境监察部门、环境监测部门或污染控制部门，在应对突发环境事件时还不能完全做到信息顺畅、调度快速，给环境应急管理效能带来了一定影响。

2.环保与其他职能部门之间

环境应急管理是以部门为主的单项处置方式，环保部门与政府相关部门如公安、安监、交通、消防等的沟通联系也仅发生在突发事件之后，缺乏在突发环境事件中事前的预防、事后的评估与恢复的横向贯通。

3.政府部门与社会公众之间

随着社会联系的紧密性越来越强，突发环境事件的影响范围也随之渗入社会的各个层面和角落。一直以来，突发环境事件的处置基本上以政府为主，能最大限度地整合社会有限资源，集中力量解决突发环境事件中突出的问题。但这种以政府为主的环境应急处置体制，已经不能适应我国社会多元化的发展。社会力量参与突发事件处置的作用逐渐显现。

三、我国环境应急管理体系存在的问题

（一）被动反应模式带来的问题

环境应急管理工作是综合、系统的管理工作，环境应急管理的职能定位不能仅限于在突发环境事件的应急响应阶段，即传统的"被动反应"模式，还必须包括突发环境事件发生前的预防、预警以及事件发生后的调查评估、善后恢复阶段，实现一个全过程、"主动保障"的应急管理模式，把各种风险因素消灭在萌芽状态。由于环境应急管理工作刚刚起步，环境应急管理体制建设滞后于实际工作需要，在一定程度上影响了环境应急处置工作效率。

（二）公众参与不足带来的问题

我国应急管理最显著的一个特征是：政府占主导地位，公民、企事业单位，社会中介组织和新闻媒体配合力度明显不够，公众自救与互救能力不强。政府作为应急管理的主体地位突出，作用明显，但突发事件并不是政府就可以单独应对的，需要政府的不同部门、社会各方面力量的配合。我国的社会力量要导入应急管理还存在着一定的难度，一是由于我国历史发展形成了根深蒂固的臣民社会，在人们的思想中，政府就是作为管理社会的唯一主体，个人也普遍产生依赖政府包揽一切的心理，个人参与社会管理的热情不高。要改变这种依赖心理需要一段时间。再加上我们国家群众自身在应急管理中的社会自我动员能力十分薄弱，参与应急管理的效能也不能很好地发挥。二是政府与社会之间缺乏根本的沟通，两者之间沟通的渠道也不完善，当发生突发事件时，政府官员的决策思维也仅限于发挥政府相关部门的作用，很少主动引导发挥社会（如个人、专家、社会团体）的作用，即使有意要发挥社会力量作用，也因缺少相关的规定和沟通渠道，往往作用和效率都不明显。

四、环境应急管理制度体系发展建议

（一）完善事前防范和管理标准体系

第一，完善环境风险评估方法体系，提高环境风险评估规范化水平。加强危险化学品运输、石油天然气开采和管道输送等环境风险评估方法研究，开展有毒有害化学物质环境和健康风险评估方法研究，推动出台化工园区突发环境事件风险评估方法。研究制定突发环境事件情景构建技术指南，明确突发环境事件情景的筛选、开发、应用等内容，促进风险评估规范化。

第二，制定环境风险防控措施标准规范，加强防控措施规范化建设。制定企业事业单

位环境风险防控措施规范，提出企业事业单位水环境风险防控措施、大气环境风险防控措施标准，加强风险防控措施规范化建设。

第三，完善环境风险监控预警体系标准，加强预警工作规范化。出台重点行业企业及工业园区环境风险预警体系管理办法和配套标准。进一步加强饮用水水源地、重点流域、有毒有害气体等重点领域突发环境事件预警标准体系研究。

第四，落实环境应急预案规范化编制与管理，提高预案针对性与可操作性。制定危险化学品运输突发环境事件应急预案编制指南，完善重点领域、重点行业应急预案规范化管理，推进重点区域流域应急预案编制和管理。制定突发环境事件应急演练指导性文件，将环境应急演练重在"演"向重在"练"逐步转移。通过加强环境应急预案培训、演练评估与指导性文件编写、预案演练基地建设等以练促改，提升应急预案的可操作性和基层环境应急能力。

（二）提高事中处置规范化水平

第一，制定突发环境事件应急处置规范化操作程序，规范应急处理处置过程。结合国内外突发环境事件应急处置经验教训，研究环境应急处置技术筛选方法，建立突发环境事件应急处置技术案例库。制定典型重金属、有机污染物、无机污染物突发环境事件应急处置操作手册，明确应急处置的基本流程、职责分工以及不同情景下物理化学和工程措施实施的条件和具体方法。

第二，制定应急救援队伍培训技术规范，提高应急处置规范化水平。制定突发环境事件应急救援队伍训练指南，明确规定应急队伍应掌握的基本知识和技能，加强对应急救援指挥官和救援队伍的培训，规范和指导突发环境事件应急救援。同时，环保部门与应急管理部门建立联合培训机制，向危险化学品应急救援队伍传授环境保护要求和知识技能，提高环境应急处置规范化水平。

第三，加强企业环境应急物资规范化配备，提升应急能力规范化建设水平。以石油化工、有色金属采选和冶炼等行业为重点，研究制定企业应急物资装备储备标准和规范，明确企业作业场所应急物资、个人防护装备、应急处置、应急监测设备设施等环境应急物资配备标准；研究制定环境应急物资储备评估方法，定期开展合理性评估；制定环境应急物资储备库建设、运维管理指南；制定企业事业单位应急能力建设标准，对企业环境应急机构、人员、队伍等进行规定，提高企业应急能力规范化建设。

（三）提升事后赔偿和修复规范化水平

第一，完善损害赔偿体系建设。制定突发环境事件中长期污染损害评估赔偿规范，对突发环境事件造成的中长期污染损害进行规范化评估，完善环境损害鉴定评估与赔偿技术规范体系。

　　第二，完善污染治理与修复制度体系。从严落实污染修复和治理过程监管、提高效果评估要求、构建治理修复成效评估机制，促进污染治理与修复规范化。

第四节　典型案例介绍

一、铝灰厂溃坝引发跨界环境污染事件

　　位于某省两市交界处的一个铝灰厂发生溃坝，大量的含渣废水冲出，损毁下游农田，造成跨界污染，威胁饮用水源。经过两地政府及环保等部门几天的努力，环境影响才得以消除。事件处置过程中暴露出不少问题，总结处置经验教训对其他事件的处置有借鉴意义。

（一）基本情况

　　肇事铝灰厂所处位置为"插花地"，地处A市某县城，但土地为B市一县城村民所有。该厂无证无照，使用淘汰落后工艺，外购废渣，提炼铝锭。利用山坳修筑堤坝作为废水池，堤坝外为农田和旱地。当年3月21日，该厂在进行堤坝加固作业时，因施工不慎，堤坝坍塌，约4500m³含渣废水短时间内全部外泄，损毁农田3.5亩，废水顺着小溪流约10km后进入柄水河，再经过约27km后汇入滨江河。此外，在柄水河定线平电站上游位置有一条6km长引水渠，从柄水河引水到石马河，石马河经11km后也汇入滨江河，该汇入点下游约17km处为Q县水厂取水口。柄水河及石马河上建有多个梯级电站。

（二）应急处置

1.领导重视，指导处置

　　某省政府对事件处置高度重视，接报后，分管安监和环保的两位省领导做出重要批示，指导处置工作。G县、Q县两县领导亲临现场，检查指导。Q县县政府成立了由副县长任指挥长的现场处置指挥部。省环保厅领导也做出批示，要求加强监测，采取措施，防止污水进入饮用水源地，防止再度溃坝。同时，派出环境监察和监测人员，协调、指导地方政府处置应对，组织应急监测，安排专人通宵值班，做好信息报送工作。

2.切断源头，消除隐患

3月21日，该县政府连夜组织调来钩机作业，封堵溃坝口，切断污染源。22日，对事故现场残留的污染物进行围堵，挖掘排洪渠，防止因溪流影响再度溃坝。23日，该县组织工商、安监部门将铝灰厂拆除，推平厂房。27日，完成对铝灰渣池和受损农田的加土覆盖。

3.应急监测，监控水质

3月21日下午接报后，省、市、县三级环保部门均到达现场。省环境监测中心组织应急监测工作，并出动了水质监测车实时监测。根据水质变化，先后编制了4个应急监测方案。

21日水质监测表明，废水池污染源废水远超出某省地方标准水污染物排放限值，主要污染物为pH和氨氮，pH为10.0左右，氨氮质量浓度为460mg/L左右，超标46倍；而铜、铅、锌、镍、镉、锰、铬、六价铬等重金属浓度很低甚至未检出。

22日，污染带进入了柄水河，柄水河pH接近10，氨氮质量浓度最高达102mg/L，远超地表水Ⅲ类标准（标准限值为pH9，氨氮1.0mg/L）。23日，污染物进入滨江河。受上游来水稀释，柄水河污染物浓度逐渐下降，pH已达标。24日，受污染水体主要截留在柄水河叠坑电站上，氨氮质量浓度在5mg/L左右。滨江河上游氨氮接近标准值。28日起，柄水河、滨江河全线水质达到地表水类标准。

4.水利调度，控制水量

3月21日溃坝后，因当时污染物成分不明，可能含有高浓度重金属，为防止下游饮用水源污染，Q县第一时间放掉柄水河上3个梯级电站储水，腾出库容，拦截受污染水体，并在随后几天中，控制梯级电站出水，保障下游饮用水源水质安全。

（三）经验启示

1.提高环境应急处置能力

在本次事件应急处置初期，环境监测人员未掌握下游河流走向、水质情况，没有在各河流布设监测点位，未能全面监控水质变化；未根据河流水文数据，对污染趋势作出正确判断。地方监测站在21日16时许到达现场采样，重金属分析结果直到第二天才得以报出。地方监测部门对水质评价把握不准，对废水池铝灰废水、没有划分水质功能的小溪流以及柄水河全部按地表水Ⅲ类评价。铝灰废水应按废水排放标准评价，对于只有灌溉功能的小溪流则按地表水V类标准评价更合适，柄水河虽然也没有划分水质功能，但因为是饮用水源地滨江河上游的支流，按地表水Ⅲ类评价还是可以的。此外，派往现场人员没有配置手提电脑、上网卡等通信工具，现场情况不能及时反馈。

妥善应对突发环境事件已成为环保部门最重要的职责之一，环境应急准备工作必须常备不懈。污染事故的发生具有不确定性，环保部门要按照应急预案的要求，随时做好应急监测人员、车辆、仪器设备的准备。日常工作安排时必须考虑到应急需要，不能抱有不会出事的侥幸心理，不能将所有车辆、应急骨干全部安排出差，确保能第一时间到达现场。

环境应急监测技术水平和装备水平都有待提高，特别是基层环保部门。各级环境监测部门要把提高应急监测水平作为首要工作，要通过引进高学历的专业技术人才，加强应急监测培训和应急实践锻炼，做到熟悉应急监测预案、应急监测特点和流程、应急监测布点原则和分析方法，掌握监测数据分析和污染趋势判断方法，不断提高应急监测技术水平，培养一支高素质能打胜仗的应急监测队伍。

提高环境应急人员装备水平。目前，该省环境监管力量与经济发展水平不相适应，基层环保部门缺乏必要的环境监测监控和应急设备。各级政府必须加大投入，加强环境监管和应急能力建设，为环境监测站添置必要的应急监测设备、防护设备和通信设备，提高环境污染事故预警和应急处理能力。手提电脑、无线上网卡、GPS定位仪、照相机等都是必要的通信设备。

2.进一步规范信息报送工作

本次事件的应对信息报告存在3个问题。一是报告不及时。3月21日12：30溃坝后，铝灰厂向当地镇政府报告，镇政府派人赶赴现场处理，但至16时才向当地环保部门报告。地方环保部门接报后第一时间向省环保部门电话或手机短信报告，但迟迟未能提交书面报告，甚至到第二天才做了书面报告。二是信息内容不一致。比如关于铝灰厂废水池的大小以及泄漏废水量，两地环保部门报送信息相差很大。一方报告废水池长宽深分别为$50m \times 30m \times 3m$，泄漏水量为几百m^3，另一方报告废水池尺寸分别为$70m \times 50m \times 10m$，泄漏水量为3 500$m^3$，第二天又调整为20 000$m^3$。最后核实的数量是4 500$m^3$。三是报告遗漏重要信息。21日21时，石马河上一个日供水400多吨的村级小水厂停水，24日恢复供水。地方环保部门信息报告没有提及该水厂的情况。保护饮用水源是应急处置最重要的目标，也是信息报告不能遗漏的重要内容。

"第一时间报告"是环保部门参与突发环境事件处置的第一要务，然而现实中，许多地方环保部门未能做到第一时间报告，报送工作也很不规范。

环保部门接到突发环境事件信息后，应当立即进行核实，并对事件性质和类别做初步认定。对初报认定为一般或较大的环境事件，市、区级环保部门应在4小时内向上级环保部门报告，对初报认定为重大或特大的，市、区级环保部门应在2小时内向省级环保部门和生态环境部报告。许多突发环境事件一时无法判断级别，对可能涉及饮用水源保护区、敏感区域和敏感人群、重金属污染、跨省污染、可能引发群体事件或社会影响较大的事件，要按照重大或特大的要求报送。

信息报送最困难、最紧张的是初报，因为报送要求时限短，而赶赴现场核实时间长，有时甚至到达现场都不止4个小时，初报迟报却最容易被问责。情况紧急时，可以先电话报告，但应当及时补充书面报告。为保证时效性，建议做到两点：一是在派人赶赴现场的同时，安排专人负责信息报送工作，编写信息和赶赴现场同步进行，不能等到达到现场才开始编写；二是规定信息报告格式，缩短审批时间。许多地方环保部门突发事件信息报告还是习惯于走日常文件的审批程序，逐级审核、签发，最后由单位盖章确认。这种审批流程耗时太长，无法满足快速报送需要。要规范信息报送的格式和流程，特事特办，信息写好后，经熟悉情况的领导把关，领导不在单位时甚至可以用发手机短信或打电话的方式请领导审核，审核后注明联系人和方式，就可以上报，不一定非得要单位的红头文件和盖章，通常以传真报送即可。值得注意的是，信息初报为满足报送时限要求，内容可能不全，遗漏了重要信息，甚至有错误，出现这种情况时，要随后续报，予以补充或更正。

3.及时发布信息，正确引导舆论

24日，某日报以"溃坝！非法铝灰厂污水玷污千亩农田"的醒目大标题以及"这个污染厂到底谁管辖？"的小标题，对事件做了整版报道，文章指出："据估计重金属将污染近千亩农田。"在网站以"铝灰厂溃坝"搜索竟获得超过17万条信息。实际污染农田仅3.5亩，也没有重金属污染。当地政府未及时对外发布信息，未做好媒体应对工作，导致出现不实报道，带来不利舆论影响。

现代社会信息发达，网络传播速度极快，"好事不出门，坏事传万里"，并且公众对环境污染的关注度非常高，环境事件已成为媒体争相报道的重点。一起很小的环境污染事件，经媒体迅速传播，也会引起社会的广泛关注。因此，环境污染事件发生后，"捂盖子"已经是不可能的，不及时发布信息，可能造成群众恐慌，甚至引发抢水、抢盐、逃亡等群体事件。当地政府唯有主动积极面对媒体，尽快对外发布信息，以新闻通稿、网络、电视、广播等方式发布污染事件处置进展以及环境影响情况。密切关注国内外媒体、网络和社会对事件的反应，及时作出回应，及时封堵和删除网上各类传言和不实信息，避免媒体集中炒作和不切实际报道误导公众，为事件处置创造有利的舆论和社会环境，维护社会稳定。

4.建立区域联动机制，协同应对突发事件

溃坝发生后，上游环保部门接报后，派人赶赴现场，但未第一时间通报下游环保部门。直到下游村民发现溪流水质异常并报告后，下游环保部门才获悉情况，并向上游环保部门反馈。在应急处置过程中，上下游政府和有关部门未做好信息互通，没有及时通报处置进展和水质监测数据，互相不清楚情况，影响了事件的协同处置。

不少环境违法行为都发生在跨界地区，因为交界地区监管薄弱，甚至"两不管"，很容易发生污染纠纷，双方相互推诿。

跨省界污染事件的处置应对暴露出的一个突出问题：跨界地区之间信息通报不够及

时、渠道不够畅通、内容不够完整，往往需要上级部门反复协调才能做到信息互通。这也说明，跨界地区之间很有必要在平时建立好协调联动机制，特别是上下游河流地区之间，做到联动执法、联合监测、信息互通，共同查处、打击跨界地区环境违法行为。有了机制的保障，发生环境污染事件后，才能迅速沟通、信息互通、协同应对。

5.完善部门联动机制，共同处置突发事件

本次事件处置的一个突出问题是：由于现场指挥协调工作不到位，部门之间缺乏有效的协作，造成处置工作一波三折，饮用水源水质两度告急。3月22日，大家都盯住柄水河最下游叠坑电站监测数据，氨氮质量浓度很低（不超过0.2mg/L），以为不会影响滨江河水质，谁知由于柄水河旁路引水渠闸门的原因，大量受污染的水体从引水渠经过石马河进入滨江河，造成23日滨江河上游氨氮超标（但下游饮用水源区未超标）。切断引水渠后，滨江河浓度降低并达标。24日，由于电站未能按环保部门要求控制好下泄流量，大量受污染水体又进入滨江河，再次造成滨江河上游超标。

多数环境污染事件是由安全生产事故、交通运输事故、自然灾害引发的，其预防、预警和处置需要不同部门的共同努力。环保、安监、公安、水利、建设、卫生、海洋等部门之间要建立完善应急联动机制，做到及时通报、信息互通、资源共享、分工明确，才能有效预防、及时发现和高效处置突发环境事件。

许多水污染事件不是由环保部门首先发现的，联动机制可以保障第一时间通报环保部门，做到早发现、早报告、早处理，为处置工作赢得了时间。事件发生后，各部门必须分工协作，环保部门查找污染源、监测河流水质、预测变化态势；建设部门监测水厂进出厂水水质，指导水厂工艺改造；水利部门实施水质水量联合调度；卫生部门组织饮用水卫生监测和评估。各部门齐心协力、群防群控是环境污染事件处置成功的有力保障。

二、某石化厂装置着火环境应急处置事件

（一）基本情况

某年7月11日凌晨4：10，位于某省某市大亚湾石化区的某石化厂一生产装置着火，虽然到7：10火情已得到控制，但为防止装备爆炸，消防水泵继续喷水进行冷却，至18：00消防喷水全面停止。消耗消防用水量达5.87万m³，其中4.8万m³进入事故应急池，其余后期的消防废水暂存于厂区内雨水沟中。18：30第一场暴雨前，有300多m³消防废水残留在雨水沟，暴雨致少量消防水随雨水从地面溢流出厂。23：00第二场暴雨发生，企业来不及将雨水沟内消防水和雨水全部泵入油罐围堰储存，再次导致雨水沟内部分消防水随雨水溢流出厂，流入岩前河（泄洪道，周边无其他企业和居民），造成岩前河污染，并有少量小鱼死亡，但岩前河入海口围油栏以外附近海域没有受到污染。

（二）应急处置

1.现场指挥和监察情况

事发后，该公司立即启动应急响应，应急指挥领导小组第一时间赶赴现场指挥，现场人员及时切断进料，与其他区域进行有效隔离，工艺联锁全部投用，全厂外排系统全部关闭，其他生产单元降量生产，上下游装置均得到有效隔离。市、管委会政府以及环保等部门迅速赶赴现场参与应急处置。省环保厅在7月11日8时许接报后，立即派出环境监察人员赶往现场调查处置。生态环境部对此次事件高度重视，部领导和应急办主任第一时间作出重要指示；12日，应急办领导率工作组赴现场协调、指导应急处置工作。

7月11日5：05，区环保局接到报告，局领导带队于6：00许到达现场后，立即成立临时现场指挥组。环境监察人员检查发现，企业雨水外排阀门紧闭，消防废水进入事故应急池，应急池液面离池顶有4m多，预计可容纳废水3.5万m³。

省、市环保部门有关人员到达现场后，联合区环保部门组成环保指挥组，加强对事故废水的监控。9：30，未发现有废水排入外环境，事故应急池液面离池顶约2.2m，剩余容积1.8万m³，环保指挥组要求企业密切关注事故应急池液位状况，并建议废水向南厂区事故应急池转移。11：00，环保指挥组现场巡查发现应急池水位上升较快，紧急向指挥中心报告，建议企业准备输送泵及海上事故防范措施，并建议管委会启动海事与海洋应急预案，要求企业在岩前河入海口布控多道围油栏及配备足够量的吸油毡。12：30左右企业启动应急输送泵，将雨水沟消防废水泵入附近围堰，减缓事故应急池的容纳压力。但由于企业启动的应急输送泵能力有限，转移废水能力远远小于消防废水的产生量，事故应急池液面仍持续上涨，可能导致事故废水从雨水外排阀门外溢。为此，环保指挥组马上联系石化区企业提供防爆泵，并在该市范围内联系购买防爆泵，以增强输送废水能力，确保输送到围堰的废水大于消防来水，保持事故应急池及雨水沟水位稳定，使水位上升得到控制，并逐步下降。

11日18：30，当地出现第一场暴雨，厂区内大量雨水汇集雨水系统，雨水沟水位继续上升，事故应急池基本蓄满。尽管加大从雨水沟向原油储罐围堰的泵入力度，但仍有少量经雨水稀释的消防废水经雨水沟排出。环保指挥组立即调动输送泵，继续加强泵输能力，事故应急池液位得到有效控制。

11日23：00，出现第二场暴雨，历时30～40min，降雨量达40mm，厂区雨量预计为6.8万m³，雨水连同雨水沟内消防水通过雨水沟上部外溢出厂，但事故应急池污水和围堰内消防废水基本未外排。由于企业在厂区采用吸油毡、活性炭等除油材料对浮油等进行处理，并在岩前河入海口预设了两道围油栏进行防护，区环保局组织专业救援队伍对围油栏油污进行清理，减轻了对近岸海域的影响。

12日，针对雨水监控池总排放口及周边水体有不同程度的超标现象，区环保局发函督促企业尽快处理事故废水，要求企业将事故应急池、围堰及雨水沟等所有废水尽快处理达标排放。当日，企业调集了5台消防车，11台槽罐车将雨水沟污水转移石化区污水处理厂处理。

12日下午，生态环境部工作组抵达事发现场后，会同有关部门等部门立即查看了岩前河河道及入海口。企业已经在河道上设立3道围油栏，拦截河道中的污水。工作组发现河道上没有明显油污，但存在少量死鱼。入海口处海域没有明显污染迹象。工作组还查看了企业事故应急池、雨水沟、防火围堰、事故核心区等，对应急处置和监测工作作出指导，连夜召开现场会听取了企业、地方政府和环保部门的汇报，传达了部领导指示，并对下一步工作提出了建议：一是迅速切断污染源，厂方采取一切措施将厂区内现存的全部泄漏的物料、消防水和雨水在3天之内做到安全处置，防止第三次泄漏至外环境。二是不能对海洋造成污染，当地政府应该对岩前河河道内的污水处置工作负责，采取一切措施降低污染物浓度。三是及时发布信息，当地政府及时发布因暴雨导致泄漏行为演变为排污行为造成环境污染的信息，并高度重视岩前河河道内出现的死鱼，立即请海洋渔业部门对死鱼进行检测，正确引导舆论，维护社会稳定。四是全面排查，企业应进一步自查，消除隐患，彻底查清事件原因，避免此类事件再次发生。五是事后评估，地方政府应对此事件进行全面评估，评估其对环境造成的影响。

在工作组的指导和建议下，企业12日连夜采取以下措施对存放的消防水和雨水进行处理：一是对厂区事故应急池中存放的消防废水和雨水，组织槽罐车转运至大亚湾清源污水处理厂（大亚湾石化区污水处理厂），同时用水泵向企业污水处理厂转输（该污水处理厂位于南厂区，满负荷处理能力为600m³/h）。二是对事故核心区内雨水沟采取上下游截断的措施，将污染最重的150m雨水沟内约800m³污水，采用吸油毡清除表面油污，废油毡委托危废处理单位妥善处理，污水用罐车运送至污水厂处理，已经运送约520m³。三是对1、2号防火围堰内存放的约1.3万m³消防水和雨水（从雨水沟中抽出的后期消防水和雨水，污染浓度比事故应急池浓度低），通过吸油毡进行收油处理。同时与3、4号防火围堰底部打通，降低1、2号围堰溢出风险。四是做好事故应急池围堰和厂界防泄漏扩散工作。对事故应急池围堰利用沙袋堆垒加高，同时利用沙袋对厂界（钢丝网）进行堆垒，防止再次降雨对外环境造成污染。此外，7月13日地方政府还组织人员在做好围油栏拦截的基础上，又在岩前河河道中第二道、第三道围油栏中间修筑了活性炭吸附坝并使用聚丙烯酰胺沉淀，对流入河道中的有害物质进行处理。

根据事态发展，省环境监测中心进一步完善了应急监测方案，要求市、区环境监测站对岩前河上游、下游及雨水监控池、围堰、雨水沟、雨水监控池总排口等点位进行滚动监测，全面监控水质变化情况。区环保局制定了事故处置后续监管方案，环境监察人员对事故现场进行24小时值守监控。至15日晚上，围堰南污水进入雨水监控池，围堰北、雨水监控池闸门前水质监测达标，达标雨水经雨水监控池总排口排放。至18日下午，芳烃罐区围堰周边污水已全部排入雨水监控池，随即启动消防水车对事故周边雨水沟进行清洗并将清洗水一并排入事故应急池，全厂雨水系统投入正常运行。同时，事故应急池内废水以400t/h的速度进入企业污水处理厂处理。至8月11日，事故应急池内所有事故废水全部处置完毕，并对北厂区事故应急池进行人工清理。

（三）经验启示

本次事件从2011年7月11日4：10发生至18时消防喷水全面停止，虽然消防水用量巨大，但全部进入事故应急池、围堰或雨水沟中，意想不到的是18：30和23时出现两场暴雨，最终还是导致了部分消防废水进入外环境中。13日晚，生态环境部工作组会同华南环保督察中心，组织省、市、区三级环保部门、市政府、市海洋渔业局及企业分析原因如下。

1.企业应急准备不足

事发前，企业未能采取有效措施，尽可能减少事故应急池已储存的1万 m^3 的水量，导致应急池有效容积利用不充分。企业水泵储备不足，事故处理期间不能及时调集足够的水泵，无法满足从北厂区事故应急池和围堰向南厂区事故应急池、污水处理厂快速传输的需要。此外，消防喷水降温持续时间长达14小时，消防水利到达5.87万 m^3，超过设计最大事故用水和初期雨水总量以及事故应急池的容量极限。

2.对强降雨影响估计不足

11日中午，省环保厅现场人员从气象部门了解到当天将有强降雨，及时通知了企业，要求做好应急准备。15：00，当地三防办通过短信发布强降雨预报，地方政府现场指挥部以及省、市、区环保部门再次要求企业做好防范准备。企业虽采取了一定的防范措施，但因对消防废水的产生量和事故应急池的储存能力、降雨强度等因素引发环境风险估计不足，未做好充分的应对准备工作。短时间内两场降雨，雨量大，且企业厂区集雨面积大，雨水沟地势低，导致大量雨水和消防水漫过雨水沟，通过厂区地面溢流出厂。

3.企业和石化区环境应急预警能力有待加强

企业在接到强降雨天气预报后，没有预计到强降雨会造成地面溢流。强降雨发生后，企业没有采取在厂界内和雨水沟周围设置围堰的措施。另外，石化区应急预案不够完善，相关企业应急设施没有综合利用和资源共享，防止意外排海污染的相关控制措施不完备、应急物资储备不足。

通过此次事件，得出的经验启示如下。

1.企业应做好环境风险防范工作

各类存在环境风险隐患的企业，尤其是石化企业应当经常性开展环境风险隐患排查，采取有效的环境风险防控措施，储备充足的环境应急物资，完善应急池等应急收集设施。按要求设计事故应急池，既要考虑容纳装置或储罐泄漏的物料，也要考虑消防废水和初期雨水，保证在污染治理设施不能正常运转或因生产安全事故及自然灾害等导致泄漏行为时，保障污染物和泄漏物质的集中收集，防止排向外环境。按要求，完善企业环境应急预案，增强预案的科学性、针对性和可操作性，并实现预案的动态管理。

2.严防生产安全事故转化为环境污染事件

生产安全事故发生后，快速准确阻断泄漏物进入外环境是事态处置的关键。此次事故中，现场指挥部及企业贯彻了"防止泄漏物进入外环境"这一思想，采取了综合而有序的措施，分轻重缓急对污染源附近的雨水沟内高浓度消防废水和雨水先行处置，同时分别降低事故应急池、雨水沟、围堰水位，此外还对厂界进行补缺加高，有效降低了降雨造成泄漏物进入外环境的风险。

3.石化园区企业之间应加强联动

石化园区内应加强与周边企业的沟通，建立联动互助机制。一旦发生突发事件，可以临时使用相邻企业的事故应急池，调用应急物资，迅速控制事态扩大。

（四）石化园区应加强环境应急管理工作

在推动企业做好环境风险防范工作的基础上，石化园区管理部门也要进一步加强园区环境应急管理工作，完善区域应急预案布局，协调区内相关企业的应急设施实现综合利用、资源共享，完善环境风险防控设施，储备相关应急物资。

参考文献

[1]刘雪婷.现代生态环境保护与环境法研究[M].北京：北京工业大学出版社，2023.

[2]李向东.环境监测与生态环境保护[M].北京：北京工业大学出版社，2022.

[3]宋伟，张城城.环境保护与可持续发展[M].北京：冶金工业出版社，2021.

[4]聂菊芬，文命初，李建辉.水环境治理与生态保护[M].吉林人民出版社，2021.

[5]谢淑华，段昌莉，刘志浩.城市生态与环境规划[M].武汉：华中科技大学出版社，2021.

[6]张克胜.生态社会 城市生态环境污染及防控研究[M].青岛：中国海洋大学出版社，2022.

[7]黄国勤.生态学与打好污染防治攻坚战[M].北京：中国环境出版集团，2022.

[8]谢秋凌.环境污染与生态破坏法律责任研究[M].昆明：云南人民出版社，2021.

[9]李玉超.水污染治理及其生态修复技术研究[M].青岛：中国海洋大学出版社，2019.

[10]宋忠贤，焦桂枝.大气污染控制工程[M].上海：复旦大学出版社，2022.

[11]高红，陈曦.大气污染治理技术[M].天津：天津科学技术出版社，2020.

[12]胡智泉.生态环境保护与可持续发展[M].武汉：华中科技大学出版社，2021.

[13]梁佳，刘佳，薛丽洋.环境应急管理工作指南[M].北京：中国环境出版集团，2022.

[14]张英菊，刘娟，张大伟.生态文明视角下突发环境事件应急管理问题研究[M].成都：西南交通大学出版社，2023.

[15]陈晓刚.园林植物景观设计[M].北京：中国建材工业出版社，2021.

[16]陆娟，赖茜.景观设计与园林规划[M].延吉：延边大学出版社，2020.

[17]戴欢.园林景观植物[M].武汉：华中科学技术大学出版社，2021.

[18]潘远智.园林花卉学[M].重庆：重庆大学出版社，2021.

[19]田雪慧.园林花卉栽培与管理技术[M].长春：吉林科学技术出版社，2020.

[20]温亚利.城市林业[M].北京：中国林业出版社，2020.